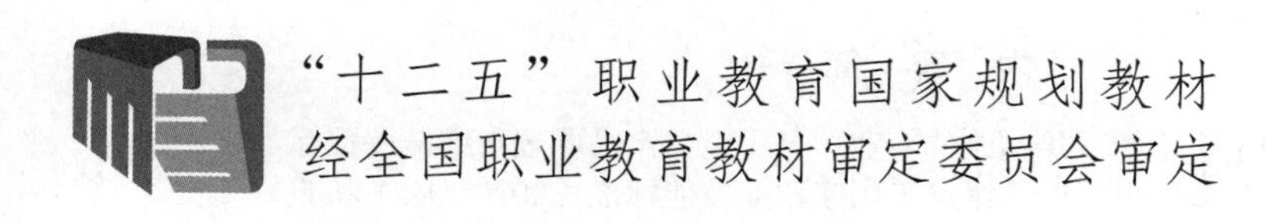

中等职业教育电类专业共建共享系列教材

日用电器产品原理与维修

（第二版）

主　编　杨清德　王　英

副主编　鲁世金　彭贞蓉　王　毅

科学出版社

北　京

内容简介

本书根据电子电器应用与维修专业“日用电器产品原理与维修课程标准”的要求，与家用电子产品维修工国家职业技能标准（2020年版）和职业教育“1+X”证书标准对接，采用项目引领、任务导向的教学模式编写。全书共15个项目，包括电吹风、蒸汽挂烫机、料理机、消毒柜、电热水器、电油汀、电饭锅、电烤箱、电热饮水机、微波炉、电磁炉、抽油烟机、空调扇、扫地机器人、空气净化器等日用电器产品的拆装与维修等内容。

本书为项目课程，配套丰富的教学资源；包括详细操作视频和教学PPT等，是中等职业学校电子电器应用与维修专业理实一体化活页式新形态教材，也可作为短期职业技能培训教材，还可作为家用电子产品维修工的参考书籍。

图书在版编目（CIP）数据

日用电器产品原理与维修 / 杨清德，王英主编 . —2 版. —北京：科学出版社，2021.10

ISBN 978-7-03-067639-9

Ⅰ. ①日… Ⅱ. ①杨… ②王… Ⅲ. ①日用电气器具-理论-中等专业学校-教材 ②日用电气器具-维修-中等专业学校-教材 Ⅳ. ① TM925

中国版本图书馆CIP数据核字（2020）第270249号

责任编辑：陈砺川　赵玉莲 / 责任校对：王万红
责任印制：吕春珉 / 封面设计：东方人华设计部

科学出版社 出版
北京东黄城根北街16号
邮政编码：100717
http://www.sciencep.com

三河市骏杰印刷有限公司印刷
科学出版社发行　各地新华书店经销

*

2012年5月第 一 版　开本：787 × 1092 1/16
2021年10月第 二 版　印张：17
2021年10月第十次印刷　字数：403 000

定价：53.00元

（如有印装质量问题，我社负责调换〈骏杰〉）
销售部电话 010-62136230　编辑部电话 010-62138978-1020

第二版前言

本书根据教育部颁布的《职业教育专业目录（2021年）》及电子电器应用与维修专业课程设置的要求编写。本书第一版在2012年被遴选为中等职业教育“十二五”国家规划教材，受到广大师生好评，历经多次重印。多年来，编者不断总结教材的核心优点，归纳存在的不足，对教材陆续做了修订，至第二版。本版亦遵循国务院《国家职业教育改革实施方案》有关“三教”（教师、教材、教法）改革、“1+X”证书制度（学历证书+若干职业技能等级证书）的指导思想以及教育部《职业院校教材管理办法》的有关精神，根据电子电器应用与维修专业人才培养方案和课程标准的要求做了修订，采用理实一体化项目教学的体例编写，对任务及相关要求、完成该任务所需理论知识及工作步骤、完成任务过程中可能出现的问题及解决对策，以及举一反三地思考相似任务等内容进行了精心设计，利用生活中常见电器产品，有针对性地设置教学活动，使学生能在做中学、学中做，将教、学、做更好地结合起来。

本书对内容的安排和深度、难度把握，重在培养学生的基本实践技能，并配套传授相关的专业知识，为学生的职业生涯奠定坚实的基础。在知识的传授和职业技能训练中，注意培养学生职业意识、职业道德、安全意识、质量意识、环保意识及团队合作精神。

本书注重突出以下特点。

1．编写宗旨立足于培养学生职业能力，着眼于学生职业生涯的发展，力求把工作现场有机融入实训教学，把对学生职业素养的培养融入教学过程中。

2．教学内容选择紧密结合生产及生活实际，最大限度地融入了新知识、新技术、新工艺、新材料、新产品，力求体现职业教育教材改革与教法改革的取向，使课程内容更加完善；力求与家用电子产品维修工国家职业技能标准（2020年版）和职业教育“1+X”证书考核标准对接，以适应中职毕业生获取“多证书”的需要，并充分体现职业教育服务社会、服务企业的特点。

3．版式图文并茂，有利于激发学生的学习兴趣，适合中职学生对事物的认知过程和心理、生理特点。实训的操作过程直观，具有较强的可操作性。

4．活页式教材，可根据需要组合或增删项目。各校可以根据具体情况选择全部或部分项目进行教学。

5．配套丰富的教学资源，包括详细操作视频和教学PPT等，可登录www.abook.cn下载使用。

本书参考教学学时数为68学时，建议学时安排如下表所列。

教学项目	建议学时
项目1　电吹风的拆装与维修	3
项目2　蒸汽挂烫机的拆装与维修	3
项目3　料理机的拆装与维修	4
项目4　消毒柜的拆装与维修	5
项目5　电热水器的拆装与维修	3
项目6　电油汀的拆装与维修	3
项目7　电饭锅的拆装与维修	6
项目8　电烤箱的拆装与维修	5
项目9　电热饮水机的拆装与维修	4
项目10　微波炉的拆装与维修	5
项目11　电磁炉的拆装与维修	5
项目12　抽油烟机的拆装与维修	5
项目13　空调扇的拆装与维修	5
项目14　扫地机器人的拆装与维修	6
项目15　空气净化器的拆装与维修	6
合计	68

本书是重庆市教育科学研究院“十三五”规划重点课题——“‘三教’改革背景下中职新型活页式教材开发与应用”和“‘三教’改革视域下的中等职业教育智慧教研模式建构与应用研究”的研究成果之一，在编写过程中得益于重庆市教育科学研究院、重庆市电类专业中心教研组、重庆市教学专家杨清德工作室以及各位作者所在单位的大力支持，在此谨向为本书做出贡献的专家和老师们致以诚挚的敬意和由衷的感谢！

本书由杨清德、王英担任主编，鲁世金、彭贞蓉、王毅担任副主编。项目1由王然、蒲志渝编写，项目2、项目3由吕盛成、邓亚丽编写，项目4、项目5由鲁世金编写，项目6由王英、刘琪编写，项目7、项目8由刘琪编写，项目9由谭久刚编写，项目10由王毅、谭久刚编写，项目11、项目12由彭贞蓉、蒲志渝编写，项目13至项目15由谭云峰、杨清德编写，全书由杨清德负责统稿。

全书涉及新技术、新产品内容较多，由于作者水平有限，加之日用电器产品更新换代较快，书中难免有不当之处，恳请广大读者批评指正，以便修订完善。主编的电子邮箱：370169719@qq.com。

编　者

2021年5月

第一版前言

本书是根据2010年教育部颁布的《中等职业学校专业目录》中，关于电子电器应用与维修专业日用电器产品原理与维修教学内容要求编写的理实一体化中等职业学校专业课程教材。在编写过程中，遵循《国家中长期教育改革和发展规划纲要（2010—2020年）》有关中等职业教育教学的指导思想，参照本课程大纲的要求，采用理实一体化教学方式，充分体现“做中教”“做中学”的职业教育新理念。在内容的安排和深度、难度的把握上，重在培养学生的基本实践技能，并配套传授相关的专业知识，为学生的职业生涯奠定坚实的基础。在知识的传授和职业技能训练中，注意培养学生职业意识、职业道德、安全意识、质量意识、环保意识及团队合作精神。按照中等职业教育发展的现状和趋势，本书注重突出以下特点。

1. 本书的编写以就业为导向，以学生为中心，以培养学生职业能力为核心，着眼于学生职业生涯的发展，力求把企业的工作现场有机地融入实训教学中，把学生职业素养的培养融入教学过程中。本书采用项目教学模式，以任务引领整个教学过程。

2. 本书根据课程教学目标、企业岗位需求、行业标准、生产生活实例以及中职学生身心特点选取教学素材，教学内容剪裁体现了必需、够用、实用的特点。教学题材紧密结合生产实际，贴近学生生活，把生产中的新知识、新技术、新工艺、新材料最大限度地融入教学内容中，力求体现职业教育改革的取向和课程内容知识的创新，以适应与当代职业活动的对接；力求与中级家用电子产品维修工的职业技能标准对接，以适应对中职生的“双证制”教育，并充分体现了职业教育服务社会、服务企业的特点。

3. 教学内容编排由浅入深、由易到难，采用图文并茂的呈现方式，有利于激发学生的学习兴趣，适合中职学生对事物的认知过程和心理、生理特点。实训的操作过程直观，具有较强的可操作性。

4. 本书涉及的日用电热电动器具类型较多，各学校可以根据具体情况选择项目进行教学。

本书参考教学学时数为68学时，建议学时安排如下表所列。

	教学项目	建议学时
	项目1　电吹风的拆装与维修	3
选学	项目2　电熨斗的拆装与维修	3
	项目3　电动剃须刀的拆装与维修	4
选学	项目4　消毒柜的拆装与维修	5
选学	项目5　电热水器的拆装与维修	5
	项目6　红外电暖器的拆装与维修	3
选学	项目7　电油汀的拆装与维修	5
	项目8　电饭锅的拆装与维修	5
	项目9　电热饮水机的拆装与维修	5
	项目10　微波炉的拆装与维修	5
	项目11　电磁炉的拆装与维修	5
	项目12　台扇的拆装与维修	5
选学	项目13　吊扇的拆装与维修	5
	项目14　抽油烟机的拆装与维修	5
	项目15　洗衣机的拆装与维修	5
	合计	68

本书在编写过程中得到了教育部职业技术教育中心研究所邓泽民教授的直接指导，得益于他们主持研究的国家社会科学基金“十一五”规划“以就业为导向的职业教育教学理论与实践研究”的子课题“以就业为导向的中等职业教育电子类专业教学整体解决方案研究”成果。本书是以此成果作为重要支撑而开发出的电子类专业系列教材之一。本书在编写过程中还得益于中国高校电子学会重庆职教分会会长曾祥富研究员、中国高校电子学会重庆职教分会的主要领导成员重庆工商学校辜小兵老师、宁波市教研室林如军主任等的大力支持，使本书得以顺利完成，在此谨向他们致以诚挚的敬意和由衷的感谢！

王　英　王　毅

2011年12月6日

目　录

课程准备

日用电器拆装与维修工具及仪表

工欲善其事，必先利其器。在日用电器产品的安装与维修操作中，正确选择和使用工具，是保证人身设备安全、确保操作质量的重要因素之一。由于本课程的各项操作都离不开工具和仪表，所以在后续各项目实践操作之前，我们以课程准备的形式，介绍在日用电器拆装与维修中常用的工具和仪表，以利于后面使用。鉴于多数工具和仪表已在专业基础课程介绍，有的已经过实训，为了节省篇幅，这里我们只做简略说明。

0.0.1 认识日用电器拆装与维修的通用电工工具和常用仪表

1 通用电工工具

通用电工工具是电气操作的基本工具。工具不合规格、质量不好或使用不当，都将影响操作质量，降低工作效率，甚至造成事故。对于电气操作人员，必须掌握电工常用工具的结构、性能和正确的使用方法。常用的通用电工工具如图0-1所示。

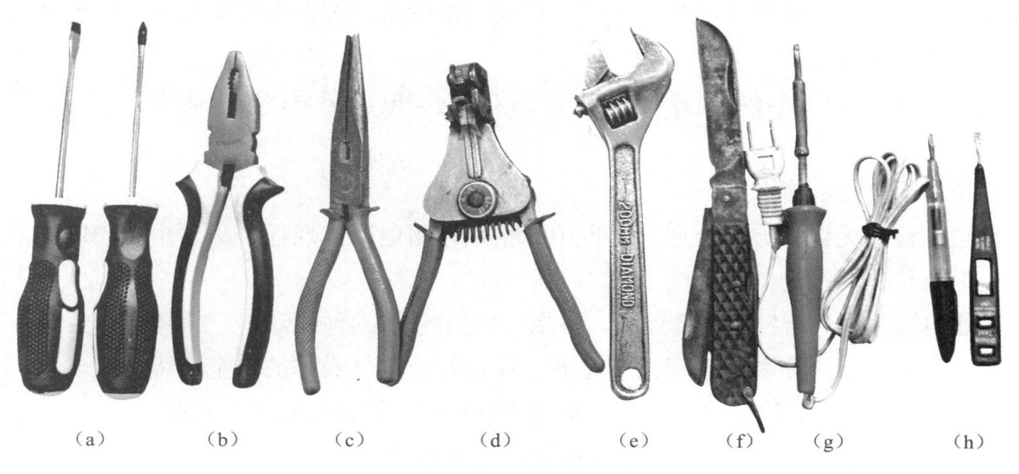

图0-1 常用的通用电工工具

在图0-1中，从（a）至（h）依次是：

一字形、十字形螺钉旋具：用于旋动螺钉；

钢丝钳：用于剪切导线、金属丝，剥削导线绝缘层，起拔螺钉等；

尖嘴钳：用于在较狭小空间操作及钳夹小零件、金属丝等；

剥线钳：剥削导线线头绝缘层；

扳手：用于旋动带角的螺钉螺母；

电工刀：剥削导线绝缘层，削制其他物品；

电烙铁：焊接电路、元器件等；

试电笔：左边一支为氖管式，右边一支为数字式，用于检验线路和电器是否带电。

2 常用仪表

在电工操作中，电工测量是不可缺少的一个重要组成部分，它的主要任务是借助各种电工仪表，对电气设备或电路的相关物理量进行测量，以便了解和掌握电气设备的特性和运行情况，以及电气元器件的质量情况。可见，认识并正确掌握电工仪表的使用是十分重要的。日用电器产品维修时常用的仪表是万用表，如图0-2所示。

图0-2　万用表

万用表是一种多功能、多量程的便携式电工仪表，万用表又叫多用表、三用表、复用表。一般万用表可测量直流电流、直流电压、交流电压、电阻和音频电平等，有些万用表还可测量电容器、晶体管共发射极直流放大系数hFE等。

0.0.2 日用电器产品拆装与维修的安全操作要求

1）使用的工具完好并符合技术要求，不得因工具原因造成人身和器材损伤。

2）仪表使用注意不得拨错挡位、选错量程或接错电路，否则会损坏仪表、增大测量误差或不能测量。

3）实训的电气设备和线路，未经验电，一律视为有电，必须切断电源后方可触及并进行操作。

4）严禁湿手装修电动机。

5）在全面检查无误后方可通电，通电中严格执行用电操作规程，必须由教师监护，确保人身和设备安全。

6）在通电过程中，若发生温度过高、冒烟、强烈震动、异响等应该立即断电。

7）电动机装修实训室要保持清洁、整齐；保持符合电气操作的安全环境；操作过程和实训结束以后，将工具、仪表、器材摆放规范，符合文明操作要求。

8）爱护工具设备，节约器材。注意发扬团队合作精神。

项目 1

电吹风的拆装与维修

学习目标

知识目标 ☞

1. 了解电吹风的类型与结构。
2. 理解电吹风电路工作原理。
3. 掌握电吹风技术标准。
4. 了解电吹风常用的电动机结构。
5. 了解PTC电热元件。
6. 了解电吹风的选购、使用与维护。

技能目标 ☞

1. 会拆卸与组装电吹风。
2. 能认识电吹风的主要部件。
3. 会检测电吹风的主要部件。
4. 能排除电吹风故障。

电吹风又称干发器、吹风机，主要用于吹干头发和定型头发，但也可供实验室、理疗室及工业生产、美工等方面做局部干燥、加热和理疗之用，是家庭常见的日用电器。

任务1.1 电吹风的拆卸与组装

任务目标

1. 会拆卸与组装电吹风。
2. 能认识电吹风的主要部件。

任务分析

拆卸与组装电吹风的工作流程如下。

确定电吹风的类型 ⇨ 认识电吹风的外形结构 ⇨ 拆卸电吹风及认识电吹风主要部件 ⇨ 组装电吹风

1.1.1 实践操作：拆卸与组装电吹风

1 确定电吹风的类型和认识电吹风的外形结构

微课 拆卸电吹风

微课 组装电吹风

电吹风的类型很多，常见的电吹风类型如图1-1所示。

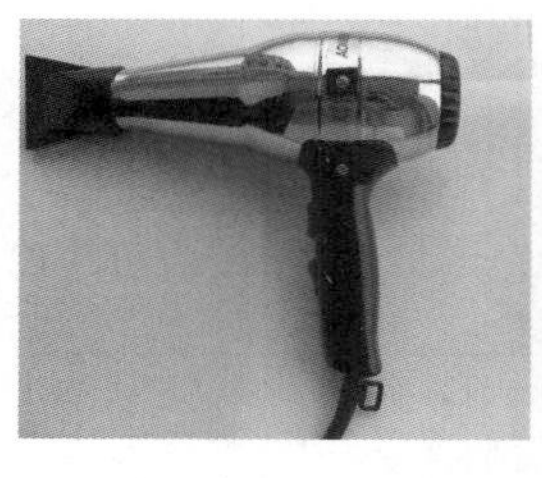

（a）串激式电吹风（金属外壳）

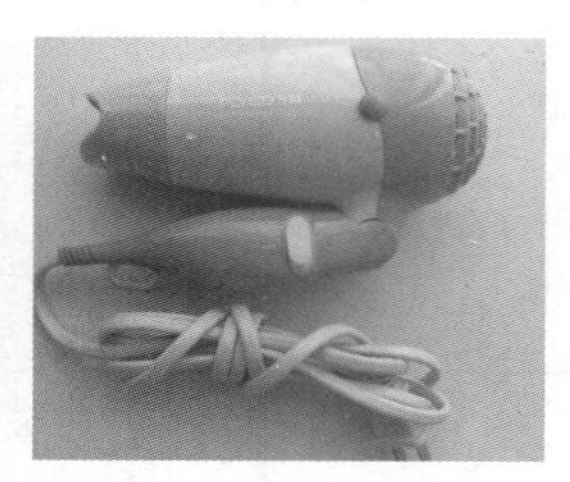

（b）永磁直流式电吹风（折叠全塑）

（c）感应离心式电吹风

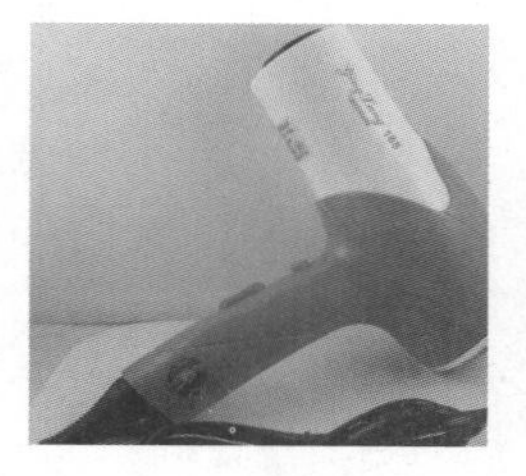

（d）多功能电吹风

图1-1 常见的电吹风类型

图1-2所示为800W飞科FH6202永磁直流式电吹风的外形结构。图1-3所示为1600W RCE-1800串激式电吹风的外形结构。从外形来看，它们都有电源线、手柄、开关、前筒、进/出风口等部件。

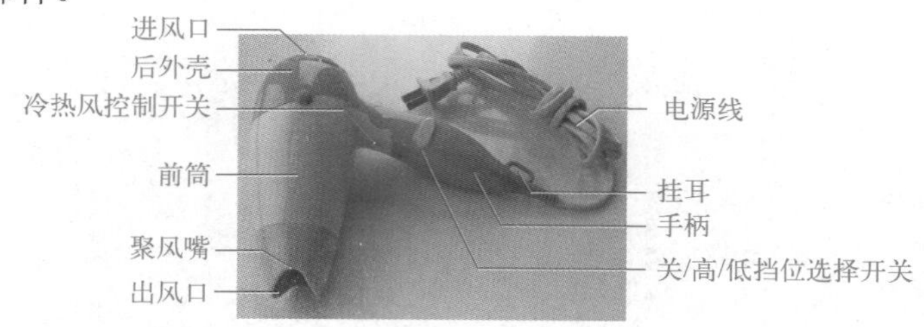

图1-2 FH6202永磁直流式电吹风的外形结构

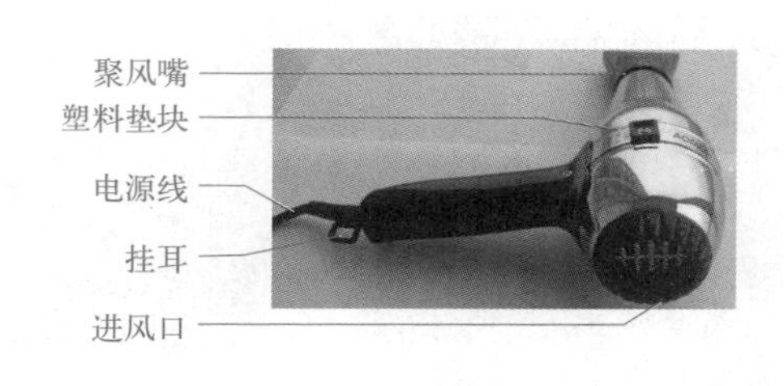

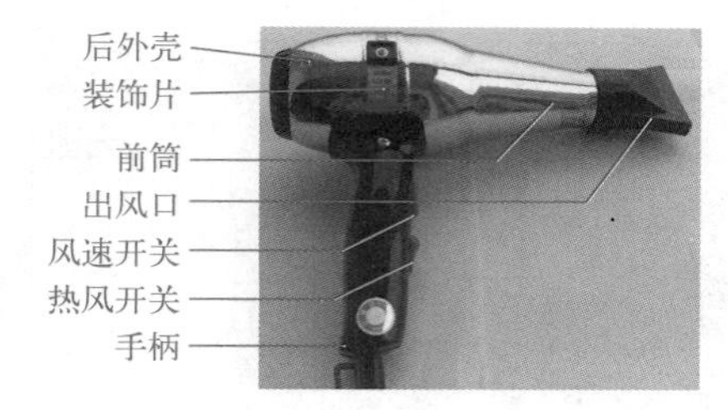

图1-3　RCE-1800串激式电吹风的外形结构

2 拆卸电吹风

拆卸电吹风之前应先准备好相应的电工工具、标签、笔、纸及装有螺钉和小零件的塑料盒等。

（1）拆卸 RCE-1800 串激式电吹风

RCE-1800串激式电吹风主要采用螺钉固定，其拆卸步骤如下。

第一步　拆卸RCE-1800电吹风的手柄和壳体，并认识其部件。

① 用螺钉旋具旋下固定手柄的螺钉，揭开手柄，记录线路连接情况和两个选择开关。	② 用螺钉旋具旋下塑料垫块的螺钉，取出前筒及云母筒，认识电吹风的部件。
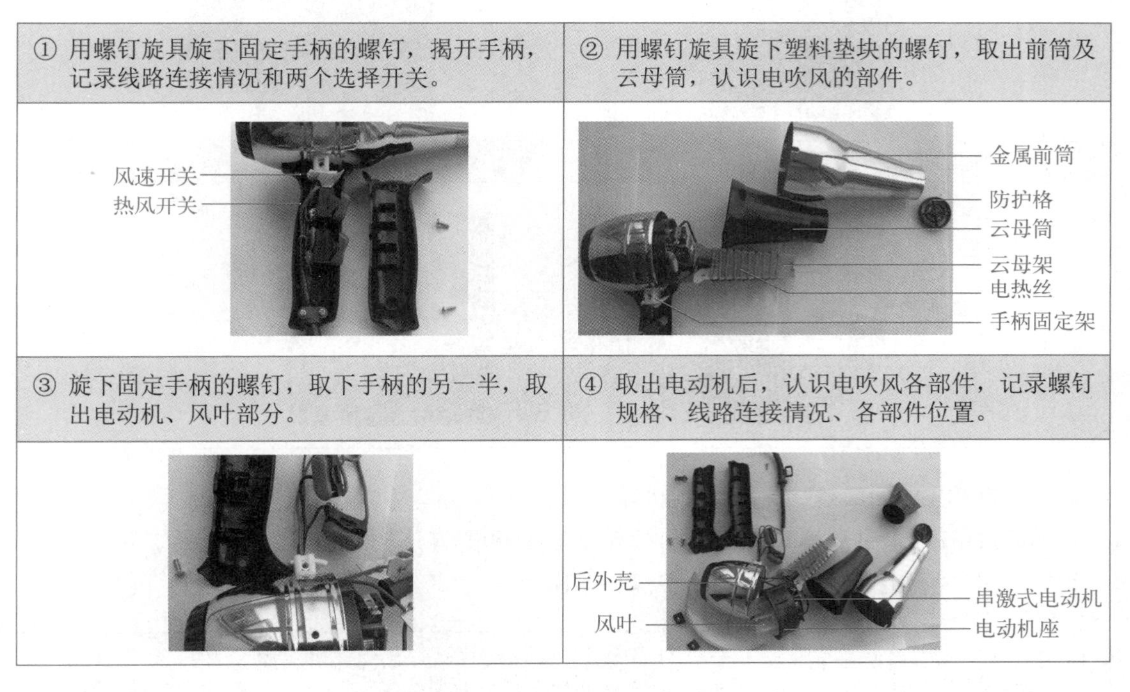	
③ 旋下固定手柄的螺钉，取下手柄的另一半，取出电动机、风叶部分。	④ 取出电动机后，认识电吹风各部件，记录螺钉规格、线路连接情况、各部件位置。

第二步　分离RCE-1800电吹风的电热部分和电动部分。

① 使用电烙铁拆卸各焊接点。	② 使用电烙铁烫开开关上的焊接点，取下开关。
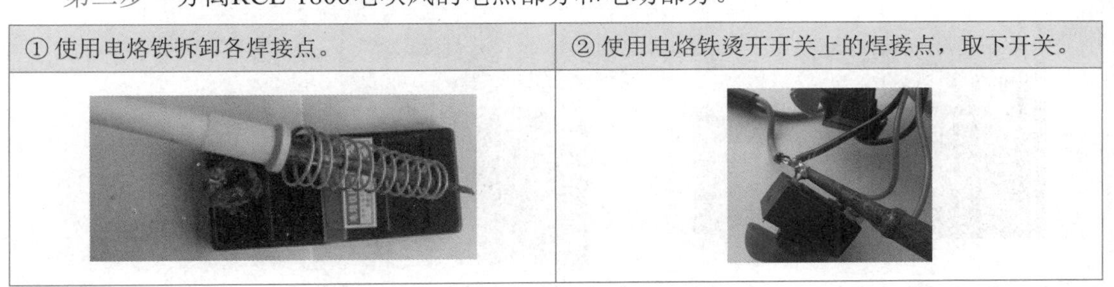	

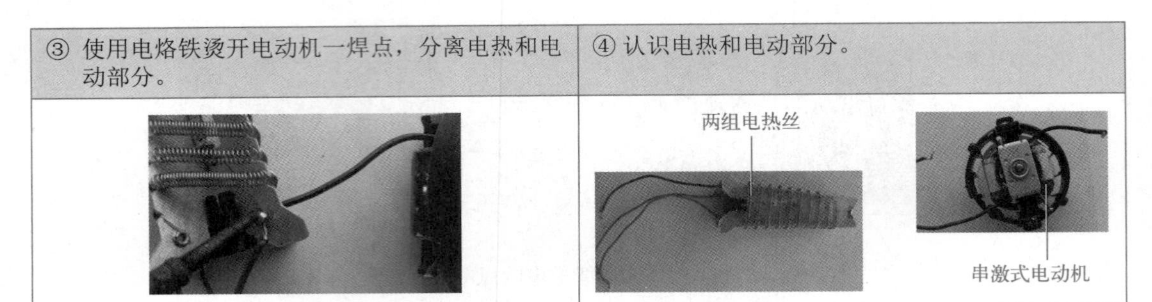
③ 使用电烙铁烫开电动机一焊点，分离电热和电动部分。

④ 认识电热和电动部分。

第三步　拆卸RCE-1800电吹风的电动机和风叶。

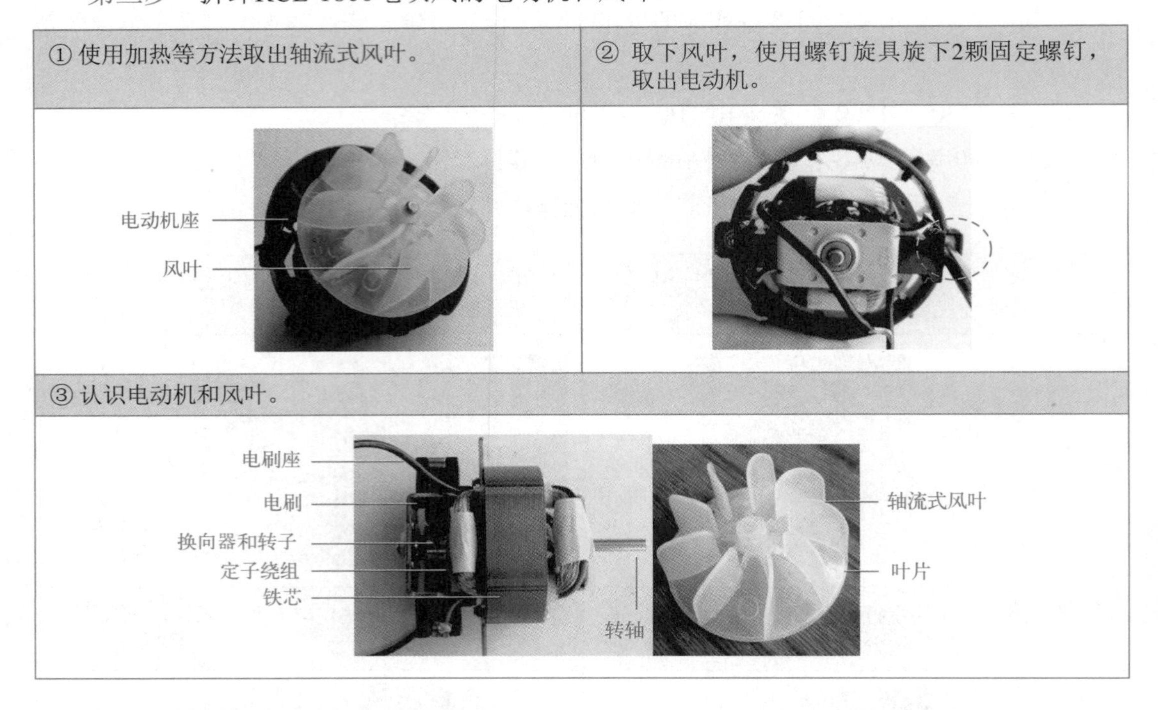
① 使用加热等方法取出轴流式风叶。

② 取下风叶，使用螺钉旋具旋下2颗固定螺钉，取出电动机。

③ 认识电动机和风叶。

（2）拆卸 FH6202 永磁直流式电吹风

拆卸FH6202永磁直流式电吹风同拆卸RCE-1800的方法相同，其拆卸步骤如下。

第一步　拆卸FH6202电吹风的手柄和壳体。

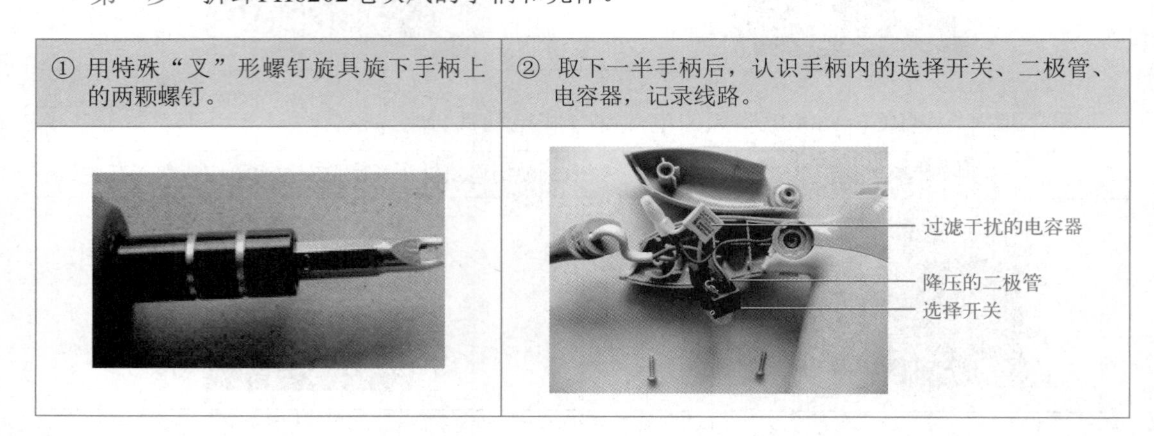
① 用特殊“叉”形螺钉旋具旋下手柄上的两颗螺钉。

② 取下一半手柄后，认识手柄内的选择开关、二极管、电容器，记录线路。

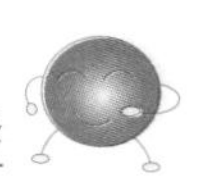

③ 用一字螺钉旋具撬开前筒与后壳间的卡扣，分离前筒与后外壳，从壳体内取出电动机和电热丝，认识其部件。

两半手柄
挡位选择开关
冷热风控制开关
云母筒
风叶与电动机
云母架
后外壳
前筒

第二步　分离FH6202电吹风的电热部分与电动部分。使用电烙铁拆焊，即可分离。

第三步　拆卸FH6202电吹风的电动部分，包括电动机和风叶。

① 认识电动部分各部件。	② 电烙铁拆焊后，再拆卸电动部分。

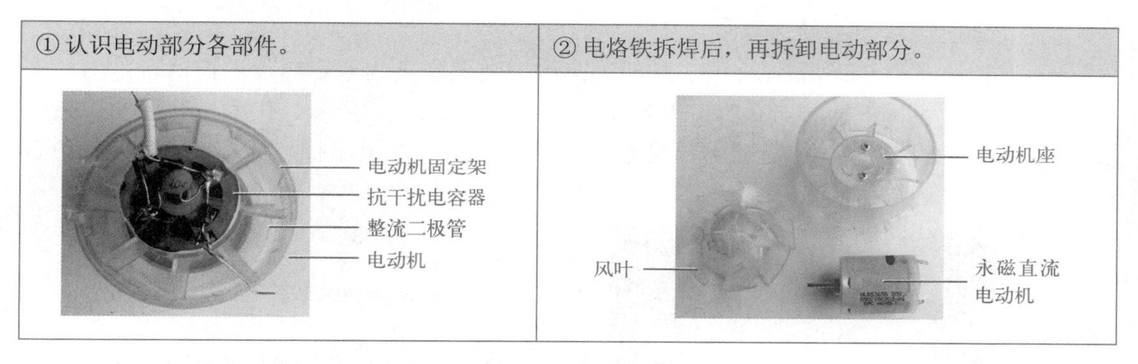

至此，串激式和永磁直流式电吹风的拆卸过程结束。可见，它们都是由手柄、开关、前筒、后外壳、电热丝、风叶、电动机和电动机固定架等部件构成的。

3 认识电吹风的主要部件

（1）认识 RCE-1800 电吹风电路的主要部件

1）挡位开关。电吹风有风速和热风两个挡位选择开关，其外形如图1-4所示。其中，风速挡位选择开关完成“关/高风挡/低风挡”；热风挡位选择开关完成“关/高热量/低热量”转换。型号均为KND-2，规格均为10A 250V，产品认证为CQC。

2）二极管。该电吹风在风速挡位选择开关处，采用了一只降压二极管，型号为1N5408，如图1-5所示。该电吹风通过二极管降压实现低速挡。

图1-4　电吹风的挡位选择开关

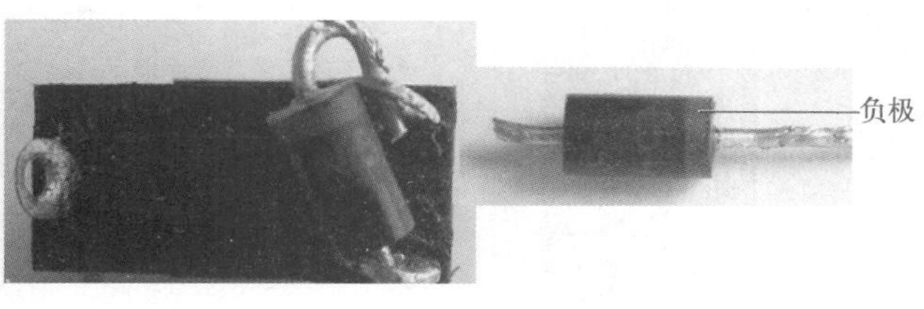

图1-5　电吹风的降压二极管

3）电热丝（电热元件）。该电吹风采用了两组发热元件，即两根电热丝，其为合金电热丝，外形如图1-6所示。

4）串激式电动机（串励式电动机）。串激式电动机动力强劲，可采用220V交流电直接供电，也可使用直流电供电，降低供电电压即可实现调速，其外形如图1-7所示。串激式电动机主要由定子铁芯、两组励磁绕组、转子铁芯、电枢绕组、电刷座、电刷、换向器、轴承和轴组成。该电动机采用电枢绕组串在两励磁绕组中间的方式。

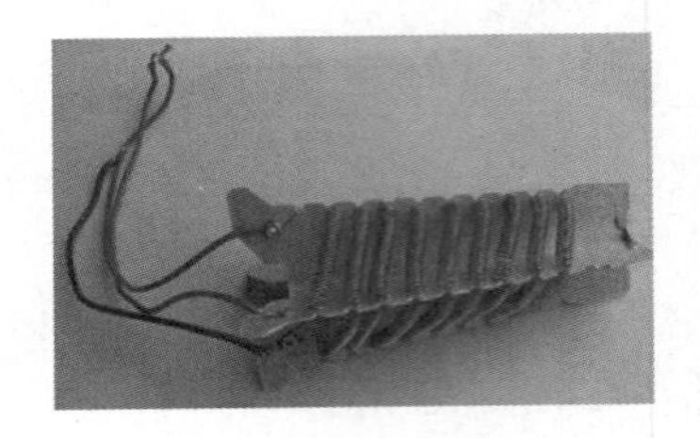

图1-6　两组电热丝绕在云母架上

图1-7　串激式电动机外形

5）温控器（过热保护器）。电吹风的过热保护装置实质为双金属片温控器，是由热膨胀系数不同的两种金属薄片轧制结合而成的，如图1-8所示。作为电吹风的过热保护元件，常温下它处于闭合状态，当温度过高（这里温控点为128℃）时自动断开，冷却后又闭合。

(a) 温控器外形

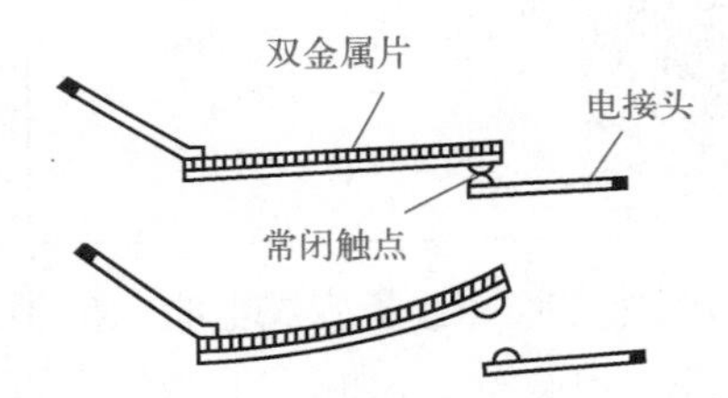

(b) 温控器的闭合和断开示意图

图1-8　电吹风的温控器

（2）认识 FH6202 电吹风电路的主要部件

FH6202电吹风电路主要部件的名称、基本外形、电路符号和主要作用如表1-1所示。

表1-1　FH6202电吹风电路主要部件的名称、基本外形、电路符号和主要作用

部件名称	基本外形	电路符号	主要作用	部件名称	基本外形	电路符号	主要作用
挡位开关		0 I II	关/高/低挡选择	温控器		ST	常温下闭合，过热(128℃)断开，实现保护
冷热风开关		SB	热风/冷风选择，为常闭复位开关	降压二极管	1N5399	VD	半波整流降低电压，实现低挡功能

续表

部件名称	基本外形	电路符号	主要作用	部件名称	基本外形	电路符号	主要作用
降压电阻丝		R	完成降压，经整流后为直流电动机供电	整流二极管	1N4007	VD	将交流电整流为直流电，为直流电动机供电
电热丝		EH	通电发热，产生热量	瓷片电容器	0.1μF	C	滤除电刷转动时产生的干扰信号
永磁直流电动机		M	产生旋转动力，带动风叶旋转	MPX电容器		RC	滤除电动机转动时产生的干扰信号

4 组装电吹风

电吹风检视工作结束后，必须重新装配电吹风，其组装过程与拆卸过程相反。RCE-1800串激式电吹风的组装步骤如下。

第一步　组装电动部分。将串激式电动机装入电动机固定架（即电动机座）内，注意方位，固定螺钉；再将风叶安装在转轴上，注意风叶要安装到位。

第二步　组装电热部分。2组电热丝、温控器、4根引出导线按原来状态铆接牢固。

第三步　电热与电动部分合拢。将电动机中1根短的引线焊接在电热丝蓝色接线处。

第四步　固定电动和电热部分（固定在外壳内）。

① 把手柄固定架装入后外壳指定位置。	② 4根导线穿过固定架孔。	③ 电动机部分放入后外壳内，再将装饰片、塑料垫片一起用2颗螺钉稍微固定电动机部分。
④ 把电热部分放在电动机上，云母筒套在电热部分外部。	⑤ 防护格放在顶上。	⑥ 将金属前筒套在外部，与后外壳套在一起；最后固定2颗螺钉。

第五步　安装开关与手柄。

① 将固定开关的一半手柄用螺钉固定在手柄固定架上；用电烙铁焊接各开关、二极管和电源线。	② 固定电源线。	③ 最后安装并固定手柄的另一半。

FH6202电吹风的组装方法与RCE-1800电吹风的组装方法相同。

注意事项：组装好电吹风后，检查外观，按动各开关，判断其是否灵活。在插头处用万用表检测电吹风断开和闭合时的阻值（闭合时阻值应有几十欧以上），一切正常后才能通电试机。

操作评价　电吹风的拆卸与组装操作评价表

评分内容	技术要求	配分	评分细则	评分记录
认识外形	能正确描述电吹风外形部件名称	10	操作错误每次扣1分，扣完为止	
拆卸电吹风	1．能正确顺利拆卸	20	操作错误每次扣2分	
	2．拆卸的配件完好无损，并做好记录	10	配件损坏每处扣2分	
认识部件	能够认识串激式电吹风组成部件的名称	10	操作错误每次扣1分	
组装电吹风	1．能正确组装并还原整机	20	操作错误每次扣2分	
	2．螺钉装配正确，配件不错装、不遗漏	20	错装、漏装每处扣2分	
安全文明生产	能按安全规程、规范要求操作	10	不按安全规程操作酌情扣分，严重者终止操作	
额定时间	每超过5min扣5分			
开始时间	结束时间	实际时间		成绩
综合评议意见				

1.1.2 相关知识：电吹风的类型与结构

电吹风的类型按送风方式可分为离心式和轴流式两种，如图1-9和图1-10所示；按驱动电动机的类型可分为交流感应式、交直流两用的串激式和永磁直流式；按发热元件不同，有电热丝式和 PTC 半导体陶瓷元件自控式；按外壳材料可分为金属式、全塑料式、金属塑料镶配式；按额定功率分有 350W、550W、750W、800W、1000W、1200W、1250W、1600W 等多种类型。

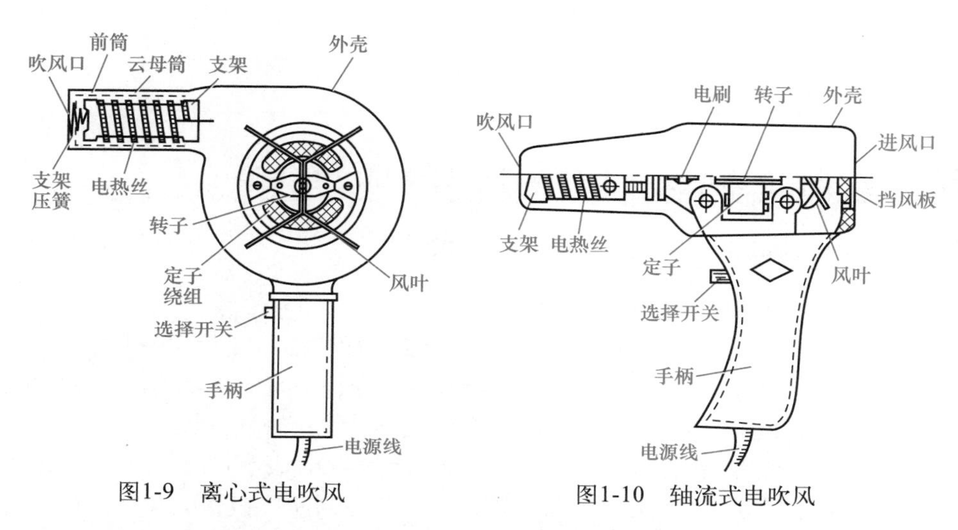

图1-9　离心式电吹风　　　图1-10　轴流式电吹风

电吹风由外壳、电动机、风叶、电热元件和选择开关等基本结构组成。

外壳既是结构件的保护层，又是装饰层，一般用金属薄板压制，或用工程塑料注塑。永磁式和串励式电动机转速高，多用于轴流式电吹风；感应式电动机转速低，多用于离心式电吹风。风叶用金属薄板或塑料制成。电热元件一般由合金电热丝缠绕在瓷质或云母支架上构成，并设有过热保护装置。用 PTC 陶瓷作为电热元件的电吹风，其自身就有过热保护功能。

电吹风的工作原理较简单：电吹风通电后，电动机带动风叶转动，从进风口吸入空气，经电热元件，从出风口送出热风、温风或冷风。通常，只有当电吹风的风扇转动后，电热元件才能加热，以避免机件过热而损坏。

任务1.2 电吹风的维修

任务目标

1. 会检测电吹风的主要部件。
2. 学会维修电吹风的方法，能排除电吹风的故障。

任务分析

电吹风出现故障时，需要检测并维修电吹风。因此，必须学会识别与检测电吹风的主要部件，学会维修电吹风的方法，从而排除电吹风的故障。

1.2.1 实践操作：电吹风主要部件检测与常见故障排除

1 检测电吹风的主要部件

（1）RCE-1800电吹风主要部件的检测

1）挡位开关。使用数字万用表DT9205的200Ω挡进行检测，在按动各挡位时，分别检测两个开关的各引脚通断情况，判断各引脚间的关系和质量，检测方法如图1-11所示。

2）二极管。如图1-12所示，使用数字万用表DT9205的二极管挡位，红表笔接二极管正极，黑表笔接二极管的负极时，万用表显示为499，表示正向导通压降为0.499V；对调两表笔时显示1，表示反向不导通。由此可判断二极管的正、负极和质量。

图1-11　万用表检测各引脚关系和质量

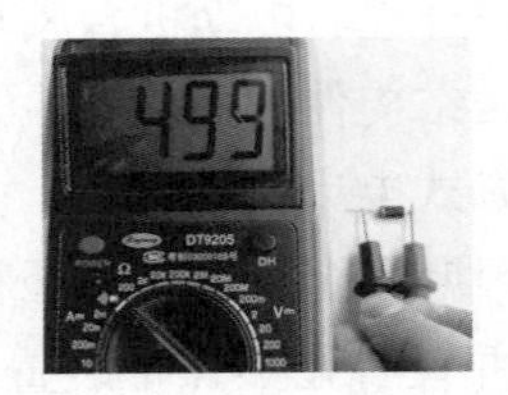

图1-12　检测二极管的正向压降

3）电热丝（电热元件）。检测电吹风电热丝的方法如图1-13所示，电吹风使用两组电热丝，阻值均为55Ω左右，通过检测判断其功率及质量。

4）串激式电动机。检测方法如图1-14所示，使用数字万用表可分别检测电枢绕组、

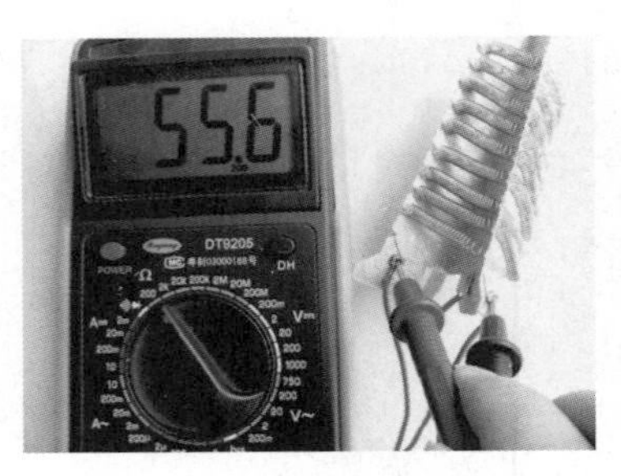

图1-13　一组电热丝的阻值

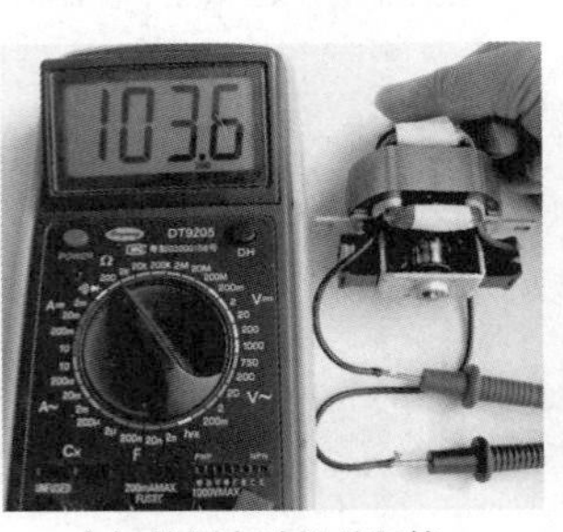

（a）检测电动机总阻值

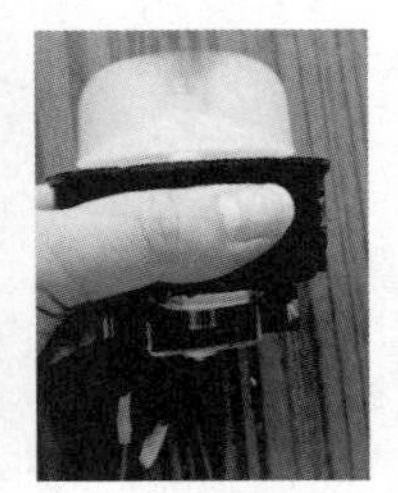

（b）通电试电动机

图1-14　检测电吹风的串激式电动机

两组励磁绕组之间的阻值；也可连接一电源线，通电 110V（交直流均可）查看转动动力、风速及电刷的火花大小、噪声等情况，但此种方法需注意安全。

5）温控器（过热保护器）。常温下使用万用表的欧姆挡检测为0，使用电烙铁等方法对金属片加热，到一定温度时可见动静触点断开，冷却后又可见两触点闭合。损坏后可修复或更换同规格温控器。

（2）FH6202 电吹风主要部件的检测

FH6202电吹风主要部件的检测如表1-2所示。

表1-2　FH6202电吹风主要部件的检测方法

部件名称	检测方法（数字万用表DT9205检测）	部件名称	检测方法（数字万用表DT9205检测）
挡位开关	在按动各挡位时，万用表欧姆挡$R\times200$，检测开关的3个接线间通断情况，判断各引脚关系和质量	温控器（双金属片）	万用表检测，常温下应闭合，用电烙铁对其金属加热后能断开，冷却后又能闭合，为正常
冷热风控制开关	万用表欧姆挡$R\times200$，检测两引脚常态下为0，处于闭合状态，按下按钮应断开，放手后又闭合	降压二极管	万用表的二极管挡测得正向压降为0.67V，则黑表笔接地为负极；反向压降为1，则正常
降压电阻丝	万用表欧姆挡$R\times2\text{k}\Omega$，检测红线与蓝线间阻值约为250Ω（冷态阻值）	整流二极管	万用表的二极管挡判断二极管正负极性和质量
电热丝（电热元件）	万用表欧姆挡$R\times200$，检测黑线与蓝线间阻值约为75Ω（冷态阻值）	瓷片电容器104	万用表电容挡200nF挡，测量其容量约为90μF，则正常；也可用指针式万用表的$R\times10\text{k}$挡检测其质量
永磁式直流电动机	外壳标示型号，万用表欧姆挡$R\times200$，检测电动机阻值为10Ω左右；也可直接在两引脚加9～30V的直流电压，应转动	MPX电容器0.1μF	万用表欧姆挡$R\times2\text{M}$挡检测阻值应为1MΩ，否则损坏

2 排除电吹风常见故障

通过维修电吹风的典型故障，可学会排除电吹风故障技能。

典型故障一：通电后电动机运转正常，但出风不热

故障现象　RCE-1800串激式电吹风，通电后电动机运转正常，但吹出的风不热。

故障分析　由RCE-1800电吹风故障现象，结合该电吹风的工作原理图可判断，电动机部分正常，故障在电热部分。原因可能是：温控器开路、电热丝开路、热风选择开关开路或电热部分线路出现开路性故障。

检修过程

第一步　将风速选择开关转换在Ⅱ的位置（即高速挡），热风选择开关在 0 位；用万用表在电源插头处测量电动机阻值应为 100Ω 左右，如图 1-15 所示。

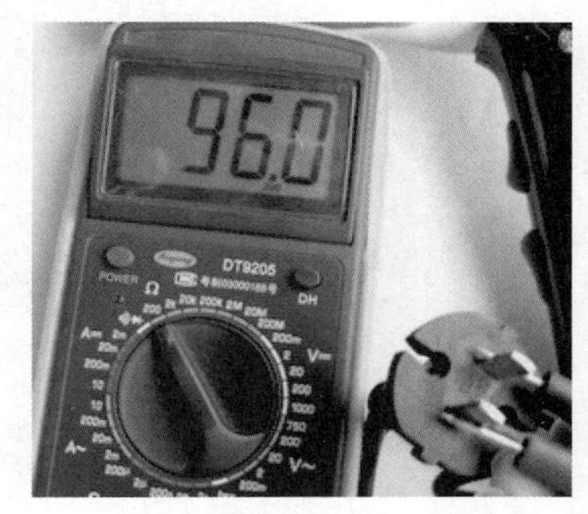

图1-15　插头处检测电动机阻值

第二步　将热风选择开关分别转换在Ⅰ和Ⅱ，实

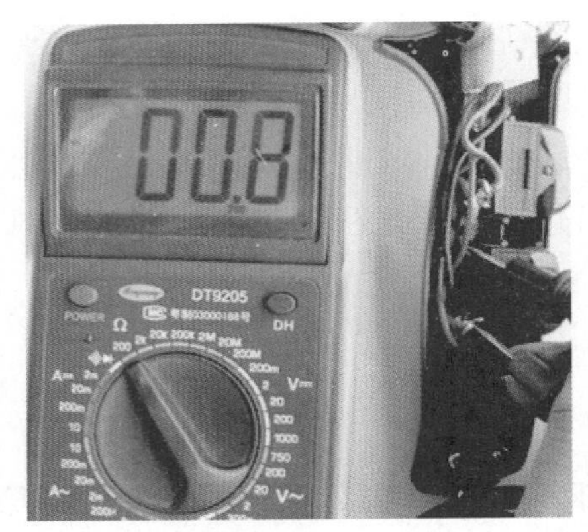

图1-16　检测热风开关正常

际阻值应不同，但测得阻值均不变，说明电热部分开路。

第三步　打开手柄，检测热风开关，转换挡位检测该开关正常，如图1-16所示。

第四步　旋松电吹风装饰片上2颗螺钉两端，拔出前筒，用万用表检测云母架上两组电热丝阻值正常，再检测双金属片温控器阻值为∞。

排除故障　通过以上检测，判断故障为温控器开路，经仔细观察发现，动触点上翘，动静触点不能接触。修复双金属片的位置，检测导通后再用电烙铁加热试验，恢复正常。

典型故障二：通电后电动机不转，电热丝发红

故障现象　FH6202电吹风通电后电动机不转，电热丝发红。

故障分析　由FH6202电吹风电路原理图可知，发热部分正常，说明电源供电部分、挡位选择开关等公用部分正常；故障在电动部分，原因可能是降压电阻丝开路、整流二极管开路、电动机损坏、电刷不能接触或风扇被卡住。

检修过程

第一步　将挡位选择开关转换在II的位置（即高速高热挡），万用表在电源插头处测量阻值应为60Ω左右，按下冷热风按钮，阻值显示为∞，说明加热部分正常，故障在电动部分。

第二步　拆卸手柄后，再撬开电吹风前后外壳，取出电热部分，检测降压电阻丝阻值约为250Ω，正常。

第三步　检测桥式整流二极管也正常。

第四步　检测电动机阻值为∞，说明电动机损坏。

第五步　拆卸风叶、电动机座，取出电动机；拆卸电动机，取出转子和电刷部分，发现一根电刷弹簧片掉落，如图1-17所示。

图1-17　拆卸电动机检查电刷部分

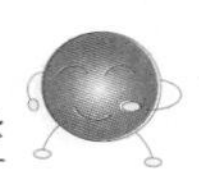

排除故障　仔细检查电刷支撑的弹簧片，看是否能修复；若不能修复则只有更换电动机。

操作评价　电吹风的维修操作评价表

<table>
<tr><th>评分内容</th><th colspan="3">技术要求</th><th>配分</th><th colspan="2">评分细则</th><th>评分记录</th></tr>
<tr><td rowspan="2">检测电路中部件</td><td colspan="3">1．能正确检测电热部分部件的好坏</td><td>20</td><td colspan="2">操作错误每次扣2分</td><td rowspan="2"></td></tr>
<tr><td colspan="3">2．能正确检测电动部分部件的好坏</td><td>20</td><td colspan="2">操作错误每次扣2分</td></tr>
<tr><td rowspan="3">排除电吹风的故障</td><td colspan="3">1．能够正确描述故障现象、分析故障，确定故障范围及可能原因</td><td>20</td><td colspan="2">缺少一项扣5分，扣完为止</td><td rowspan="3"></td></tr>
<tr><td colspan="3">2．能够正确拆装电吹风</td><td>10</td><td colspan="2">操作错误每次扣2分</td></tr>
<tr><td colspan="3">3．能够由故障现象逐个排除，确定故障点，并能排除故障点</td><td>10</td><td colspan="2">不能，扣10分；基本能，扣5～10分</td></tr>
<tr><td>电吹风的安全使用</td><td colspan="3">安全检查，正确使用电吹风</td><td>10</td><td colspan="2">操作错误每次扣5分</td><td></td></tr>
<tr><td>安全文明操作</td><td colspan="3">能按安全规程、规范要求操作</td><td>10</td><td colspan="2">不按安全规程操作酌情扣分，严重者终止操作</td><td></td></tr>
<tr><td>额定时间</td><td colspan="3">每超过5 min扣5分</td><td></td><td colspan="2"></td><td></td></tr>
<tr><td>开始时间</td><td></td><td>结束时间</td><td></td><td>实际时间</td><td></td><td>成绩</td><td></td></tr>
<tr><td>综合评议意见</td><td colspan="6"></td><td></td></tr>
</table>

1.2.2　相关知识：电吹风的工作原理与电动机

1　电吹风电路的工作原理

（1）RCE-1800 串激式电吹风

如图1-18所示为串激式电吹风电路原理图。

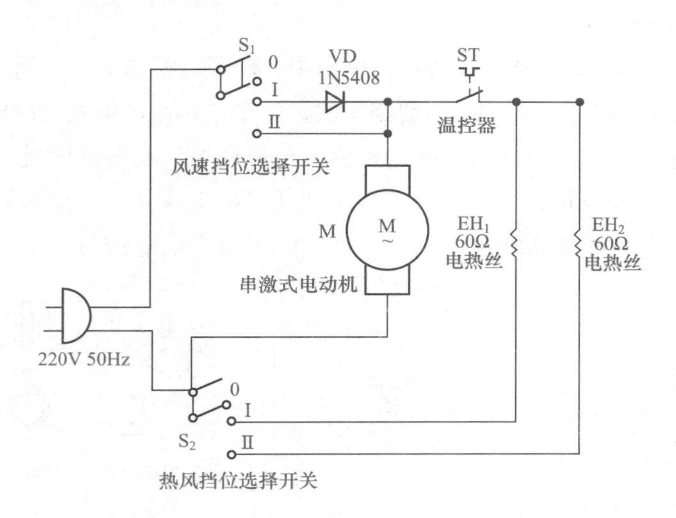

图1-18　串激式电吹风电路原理图

开关S_1、S_2均为双刀三位开关，在0位时，开关均处于断开状态。当S_1断开S_2闭合时，电路仍处于断开状态，不能加热；S_2断开S_1闭合在Ⅰ位时，二极管VD半波整流，压降约一半加在电动机上，实现低速吹冷风；S_1闭合在Ⅱ位时，电压全压加在电动机上，实现高速吹冷风。

在S_1闭合的情况下，S_2在Ⅰ位时，只有EH_1导通发热，实现低速吹热风；在Ⅱ位时，EH_1和EH_2均导通，实现高速吹热风。

（2）FH6202永磁直流式电吹风

图1-19所示为永磁直流式电吹风电路原理图。开关S有3个挡位，在0时，电路断电。在Ⅰ时，输入电压通过二极管VD后降低约一半，加在电热丝上，实现低速吹热风，同时经R_2降压后加在电动机上的直流电压有十多伏，实现低速吹风；在Ⅱ时，220V输入电压全加于电热丝上，实现高速吹热风，同时经R_2降压，再经VD_1～VD_4桥式整流产生二十多伏的直流电压加在电动机上，实现高速吹风。

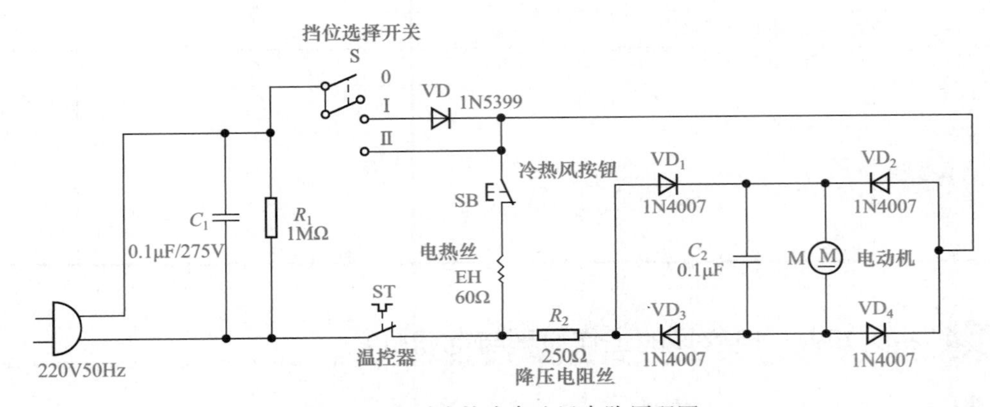

图1-19　永磁直流式电吹风电路原理图

2 永磁直流电动机、单相串励电动机和单相交流感应式电动机

（1）永磁直流电动机

永磁直流电动机的结构如图1-20所示，由定子、转子、换向器、电刷构成。定子由两块永久磁铁制成；转子由转子铁芯和电枢绕组组成，转子铁芯由三翼式的硅钢片叠压而成。

其工作原理是直流电流经电刷、换向片流入电枢绕组，通电线圈受磁场力开始转动，为保证电枢按同一个方向转动，每转一个角度就通过换向片从一个电极转向另一个电极。它只能通过直流供电，改变所加直流电的极性，即可改变电枢转向。

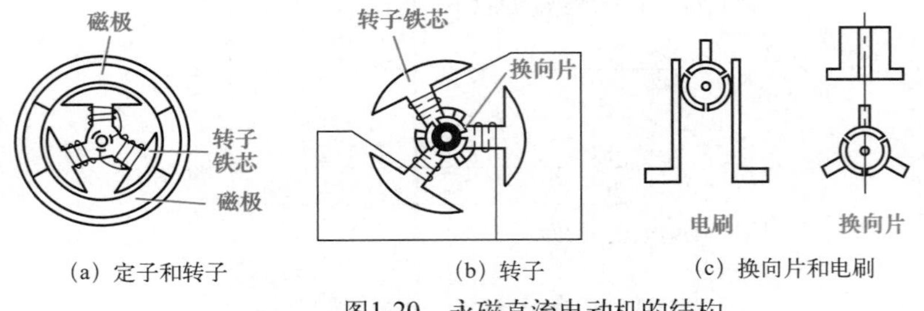

(a) 定子和转子　(b) 转子　(c) 换向片和电刷

图1-20　永磁直流电动机的结构

（2）单相串励电动机（串激式电动机）

单相串励电动机的结构如图1-21所示，由定子、转子、换向器、电刷构成。定子由定子铁芯和励磁绕组构成，转子由转子铁芯和电枢绕组组成。其特点是既可使用交流电也可使用直流电、转速高、易于调速、结构复杂、噪声大、有电磁干扰。

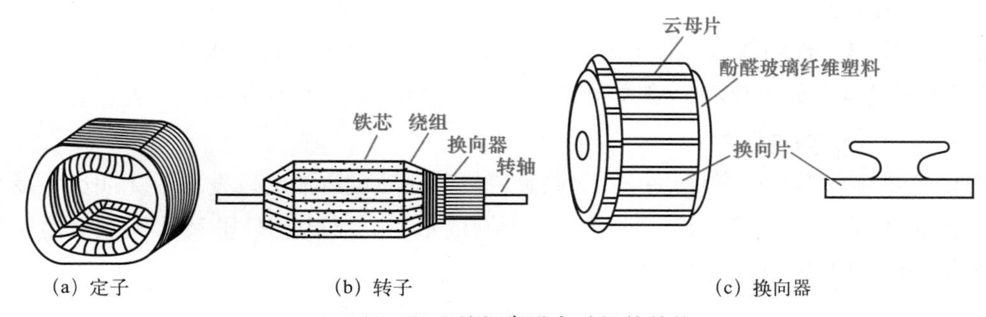

图1-21　单相串励电动机的结构

励磁绕组与电枢的两种串联方式如图1-22所示，电枢绕组串在两励磁绕组中间，两励磁绕组串联后再与电枢绕组串联。改变励磁绕组或电枢绕组其中任一电流方向，即可改变转向。

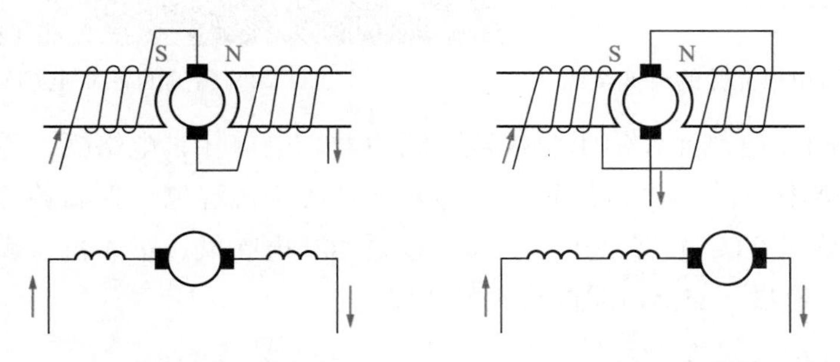

（a）电枢绕组串在两只励磁绕组中间　（b）两只励磁绕组串联后再串电枢绕组

图1-22　串励电动机励磁绕组与电枢绕组的连接方式

直流电源供电时，同直流串励电动机；交流电源供电时，产生的电磁转矩方向不变。所以称为交直流通用电动机。

（3）单相交流感应式电动机

交流感应式电动机由定子、转子构成，定子由定子铁芯和定子绕组组成，转子一般由转子铁芯和笼型转子绕组组成。感应式电动机就是靠定子通过的交流电产生了旋转磁场，旋转磁场切割转子中的导体，转子导体中产生感应电流，转子的感应电流产生了一个新的感应磁场，两个磁场相互作用则使转子转动。

3 PTC电热元件

PTC（positive temperature coefficient，正温度系数）电热元件是一种具有正温度系数的半导体发热元件，实际上是一种具有正温度系数的热敏电阻。它是钛酸钡（$BaTiO_3$）掺和微量稀土元素，采用陶瓷制造工艺烧结而成。PTC 电热元件的温度特性如图 1-23 所示，在温度较低时，PTC 元件的电阻率随温度的升高而下降，呈 NTC 特性，即负温度系数特性；当温度达到某一值 T_P（居里点）时，转化为明显的正温度系数特性，电阻率随温度急剧上升（可达几个数量级），使流过元件的电流迅速减小，从而起到自动调节功率的作用。PTC 电热元件具有温度自限能力。

在 PTC 电热元件中掺入微量元素可改变居里温度。例如，掺入锡（Sn）、锶（Sr）、锆（Zr）可使居里点向低温移动；掺入铜（Cu）、铅（Pb）则可使居里点向高温移动，从而制作出不同温度的电热元件。

PTC 电热元件具有许多优点：自动恒温，自动适应电压波动，发热时无明火不易引起燃烧，安全可靠，使用寿命长；能够制成不同的形状、结构和外形尺寸，以满足不同需要。常见的PTC电热元件如图1-24所示。

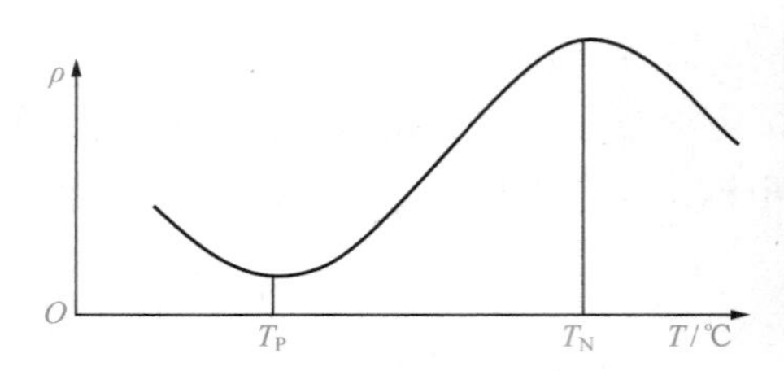

图1-23　PTC 电热元件的温度特性

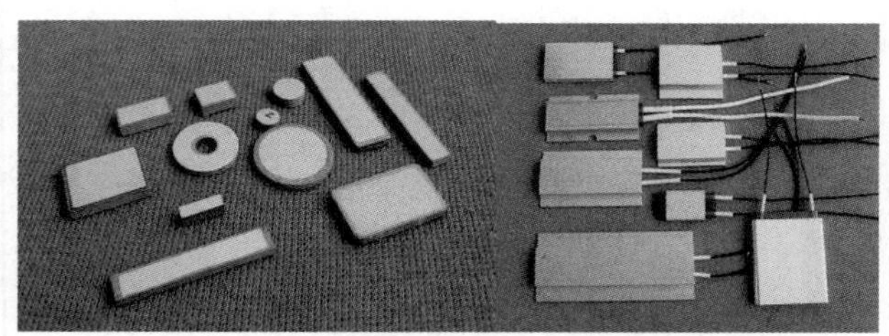

图1-24　常见的 PTC 电热元件

普通实用型 PTC 电热元件用于驱蚊器、暖手器、电熨斗、电烙铁、卷发烫发器等，其功率不大，热效率高；自动恒温型 PTC 电热元件用于恒温槽、保温箱等，其恒温特性好、热效率高；热风 PTC 电热元件用于温风取暖器、电吹风、干衣机、烘干设备等，其输出热风功率大、速热、安全，能自动调节功耗。

4 电吹风的维护方法

1）保持清洁。电吹风使用后应及时清理尘屑，防止堵塞风道和损坏元件。

2）定期加油。对电动机的轴承和其他旋转部位应加注微量润滑油，以降低摩擦、延长使用寿命。

3）放置场合。电吹风应放置在干燥场合，以防受潮漏电和损坏电热丝。

思考与练习

1．电吹风电动机的主要类型有________、________、________。

2．电吹风的电热元件常有____________和____________。

3．电吹风主要由______、______、______、______、______、______等几部分组成。

4．电吹风电热丝的作用是__________，风叶的作用是__________。

5．电吹风通电后只有冷风，没有热风，是何原因？如何排除该故障？

项目 2

蒸汽挂烫机的拆装与维修

学习目标

知识目标

1. 了解蒸汽挂烫机的规格及结构特点。
2. 理解蒸汽挂烫机的工作原理。
3. 掌握蒸汽挂烫机的技术标准。
4. 知道选购、使用与维修蒸汽挂烫机的常识。

技能目标

1. 会拆卸与组装蒸汽挂烫机。
2. 会检测蒸汽挂烫机的主要部件。
3. 能排除蒸汽挂烫机的常见故障。

蒸汽挂烫机也叫挂式熨斗、立式烫斗，是一种通过灼热的水蒸气不断接触衣物，软化衣物纤维组织的日用电器产品。通过“拉”“压”“喷”的动作使衣物平整顺滑，灼热的水蒸气更具有清洁消毒的作用，用于服装专卖店、宾馆、酒店、家庭等。蒸汽挂烫机只需加水通电1分钟，即可喷出高压蒸汽，对准衣物皱处喷射，使衣物平整、柔顺，无须烫衣板，省略了平时烫衣的烦琐步骤。产品同样适用于衣服、窗帘、地毯的熨烫和消毒，使用简单、操作方便，节约能源和时间，是当今现代家庭常备的日用电器之一。

任务2.1 蒸汽挂烫机的拆卸与组装

任务目标

1. 会拆卸与组装蒸汽挂烫机。
2. 能认识蒸汽挂烫机的主要部件。

任务分析

1. 确定蒸汽挂烫机的类型。
2. 认识蒸汽挂烫机的外形结构。
3. 认识蒸汽挂烫机内部的主要部件。

拆卸与组装蒸汽挂烫机的流程如下。

确定蒸汽挂烫机的类型 ⇨ 认识蒸汽挂烫机的外形结构 ⇨ 拆卸蒸汽挂烫机的主要部件 ⇨ 认识蒸汽挂烫机内部主要部件 ⇨ 检测主要部件 ⇨ 组装蒸汽挂烫机

2.1.1 实践操作：拆卸与组装蒸汽挂烫机

微课 拆卸蒸汽挂烫机

微课 组装蒸汽挂烫机

1 确定蒸汽挂烫机的类型

蒸汽挂烫机的类型主要有手持式蒸汽挂烫机、普通蒸汽挂烫机、压力型蒸汽挂烫机3种，如图2-1所示。现代家庭主要使用普通蒸汽挂烫机。

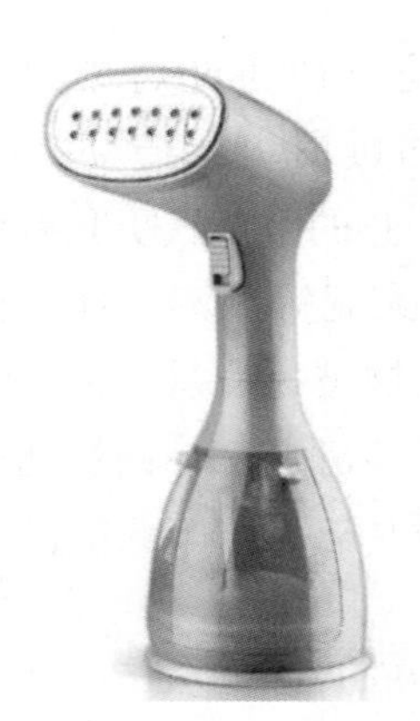

(a) 手持式蒸汽挂烫机

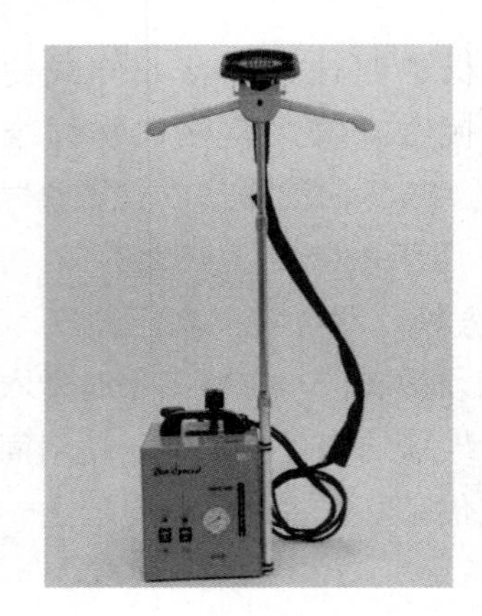

(b) 普通蒸汽挂烫机

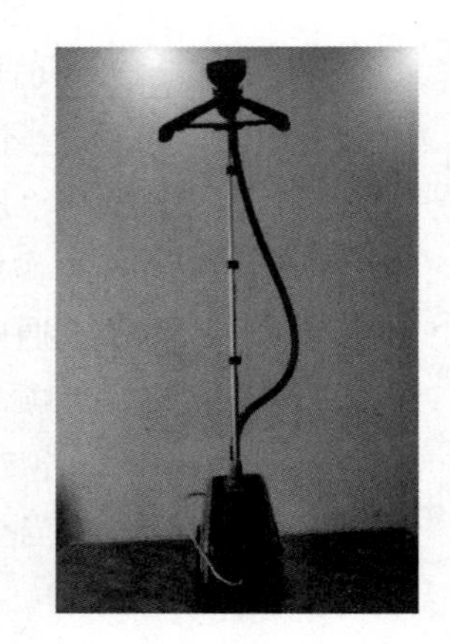

(c) 压力型蒸汽挂烫机

图2-1 常见的蒸汽挂烫机

2 认识普通蒸汽挂烫机的外形结构

图2-2所示为贝尔莱德GS28-BJ蒸汽挂烫机外形。

挂烫机的品种、规格虽各异，但都离不开内芯（蒸汽发热器）、机身外壳、水箱、蒸汽喷头、蒸汽软管、伸缩杆和衣架等主要部件，其各部件的基本功能如表 2-1 所示。

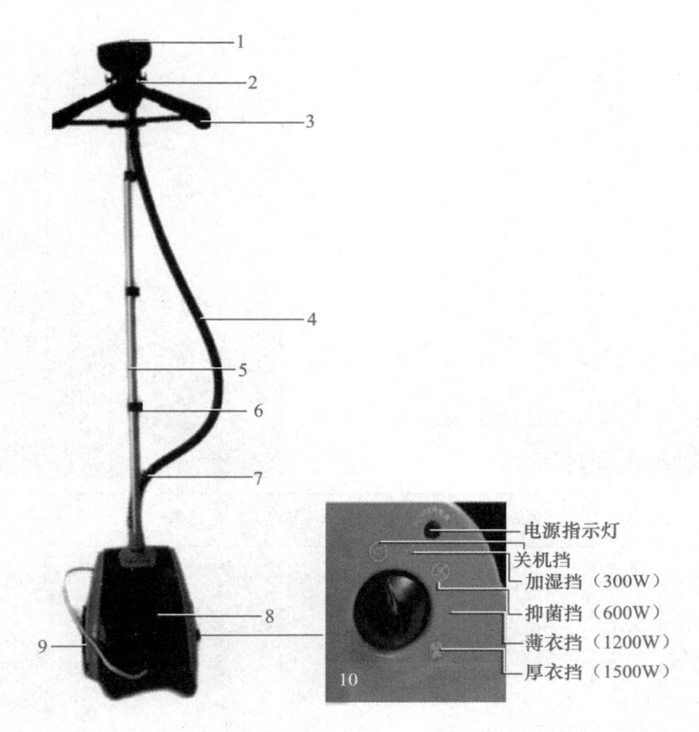

图2-2　贝尔莱德GS28-BJ蒸汽挂烫机外形

表2-1　各部件的基本功能

编号	部件名称	基本功能
1	蒸汽喷头	输出蒸汽
2	蒸汽喷头挂架	挂放蒸汽喷头
3	衣架	支撑衣服
4	蒸汽软管	传输蒸汽
5	伸缩杆	调节熨烫的高度
6	伸缩杆接头	固定伸缩杆
7	软管接头	固定蒸汽软管
8	水箱	储存纯净水
9	方向轮	便于改变移动的方向
10	电源开关	接通和切断电源

3 拆卸贝尔莱德GS28-BJ蒸汽挂烫机

拆卸之前应先将挂烫机水箱中的水排尽，准备好相应电工工具、标签、笔、纸及装有螺钉、小零件的塑料盒等。拆卸过程中要随时记录螺钉的规格、安装位置，以及导线的连接情况，必要时贴上标签。其拆卸步骤如下。

<table>
<tr><td>① 取下蒸汽喷头。</td><td>② 收折伸缩杆和衣架。</td></tr>
<tr><td></td><td></td></tr>
<tr><td>③ 拆下伸缩杆。</td><td>④ 拆下蒸汽软管。</td></tr>
<tr><td></td><td></td></tr>
<tr><td>⑤ 拆下水箱。</td><td>⑥ 拆掉后轮外壳。</td></tr>
<tr><td></td><td>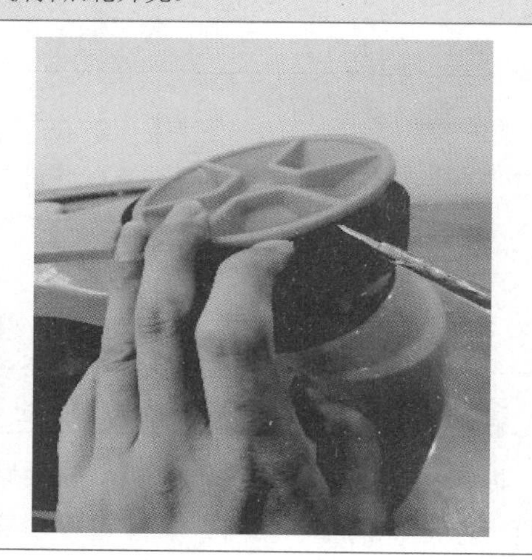</td></tr>
</table>

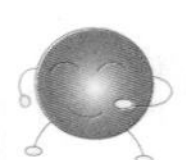

⑦ 取下后轮。

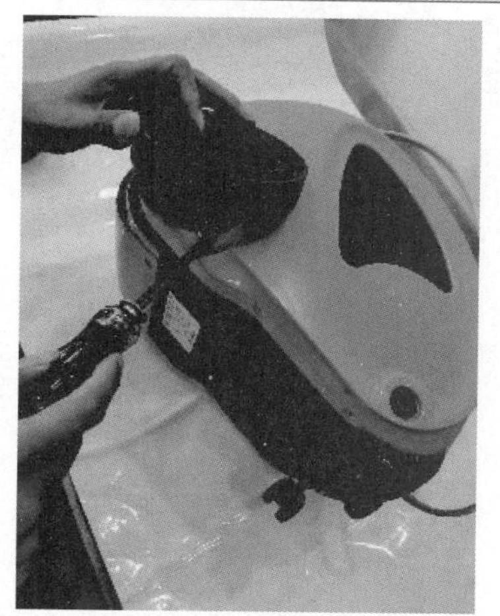

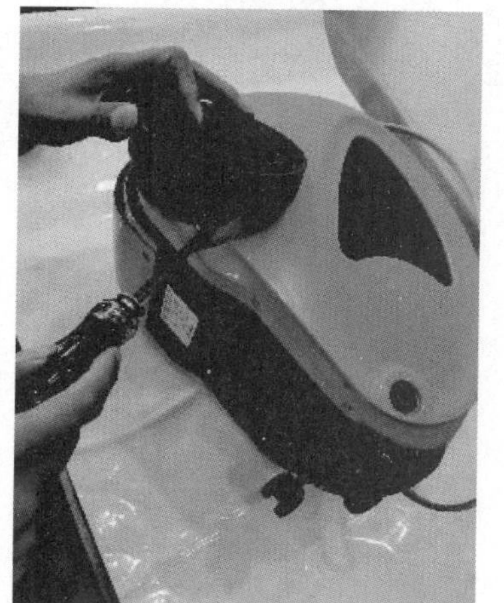

⑧ 拆掉后轮底部外壳螺丝。

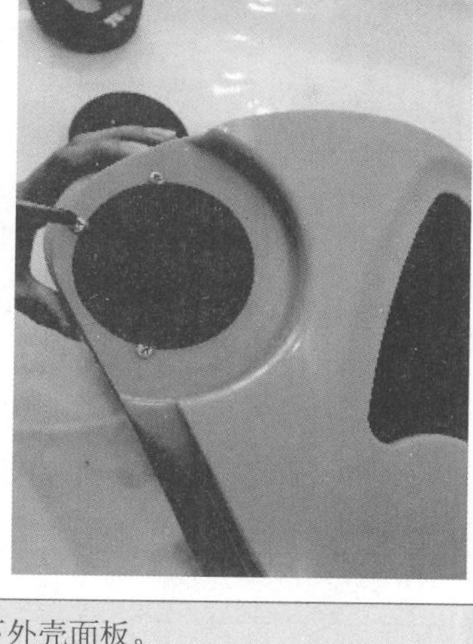

⑨ 拆掉两侧外壳螺丝。

⑩ 取下外壳面板。

⑪ 拆掉后壳面板螺丝。

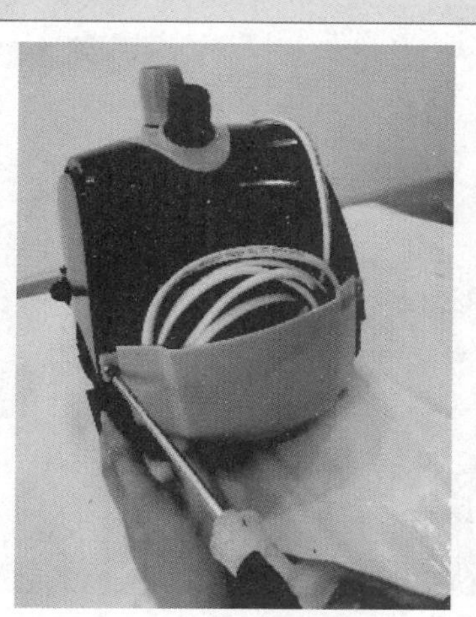

⑫ 取下后壳面板。

⑬ 拆掉底板螺钉。	⑭ 取下底板。
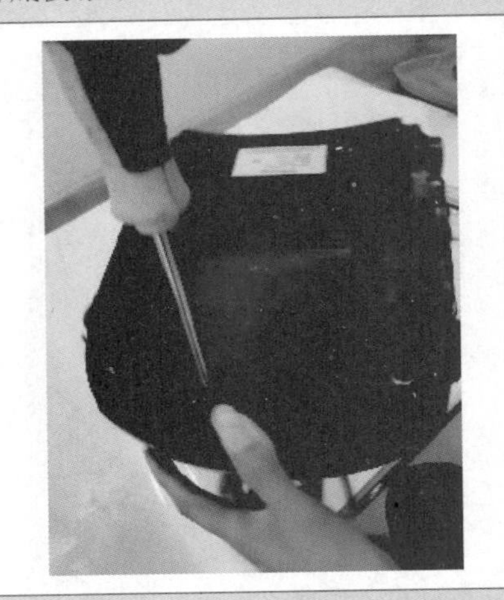	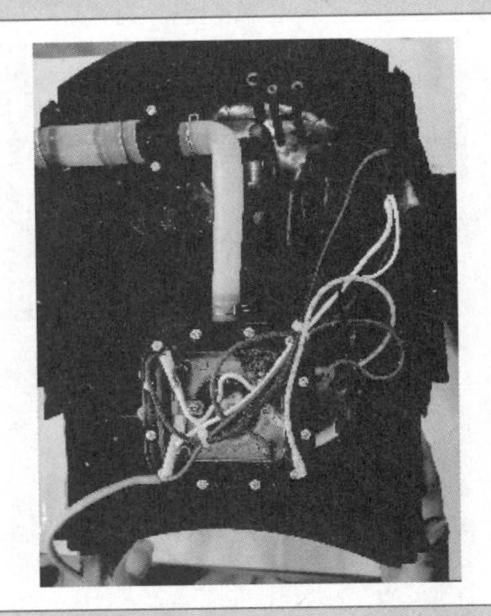
⑮ 拆掉保险管的螺钉。	⑯ 取出保险管。
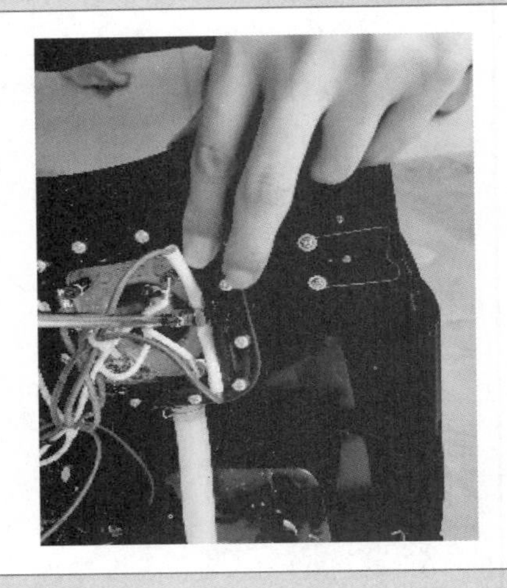	
⑰ 取下温控器。	⑱ 拆下挡位旋钮。
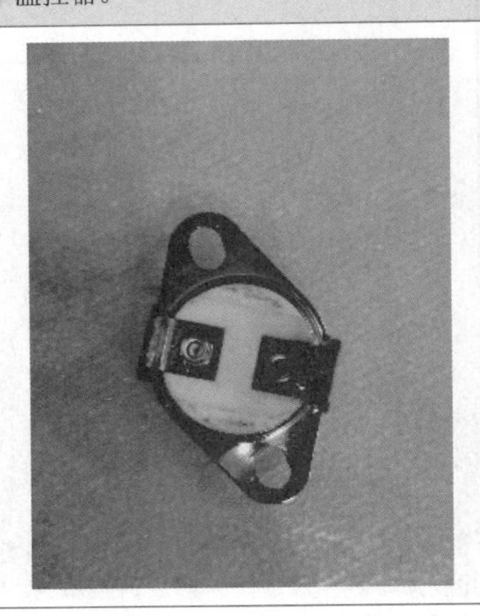	

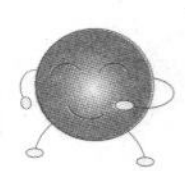

⑲ 拆掉挡位开关螺钉。	⑳ 取下挡位开关。
	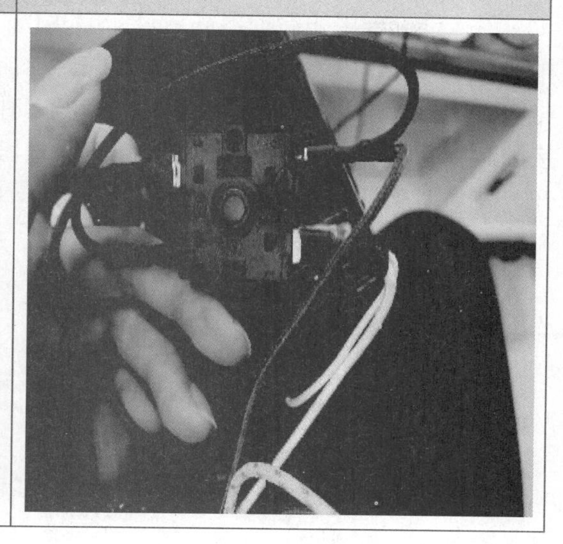

4 认识蒸汽挂烫机内部的主要部件

贝尔莱德GS28-BJ蒸汽挂烫机内部结构如图2-3所示，主要由蒸汽发热器、温控器、超温熔断器和挡位开关组成。

图2-3　贝尔莱德GS28-BJ蒸汽挂烫机内部结构

（1）蒸汽发热器

该蒸汽挂烫机的发热器采用的是铝合金发热器，其电热元件通常采用电热管，规格为220V/50Hz/500W，电热管浇铸在发热器中，在外留有引脚便于接线，如图2-4所示。

（2）温控器

该挂烫机采用的温控器规格是KSD301/12A/250V/50℃，动作方式为常开型，它是一种用双金属片作为感温组件的温控开关。当挂烫机正常工作时，双金属片处于自由状态，与触点处于断开状态；当温度达到动作温度时，双金属片受热产生内应力而迅速动作，连接触点接通电路，从而起到控温作用；当电器冷却到复位温度时，双金属片与触点自动打开，恢复正常工作状态。温控器如图2-5所示。

图2-4　蒸汽发热器　　　　图2-5　温控器

（3）超温熔断器

超温熔断器又称为热熔断器、热熔断体或温度熔丝。该挂烫机中的超温熔断器采用的规格为250V/10A/240℃，如图2-6所示。

图2-6　超温熔断器

超温熔断器的感温材料采用低熔点合金，超过额定温度就会熔断实现保护，属于一次性保护元件。其主要作用在控温器或限温器失灵时，能确保电气设备安全，以防发生火灾。

（4）挡位开关

该挂烫机的挡位开关有 5 个引脚，共 5 个挡位，分别是关机挡、加湿挡（300W）、抑菌挡（600W）、薄衣挡（1200W）和厚衣挡（1500W），如图 2-7 所示。

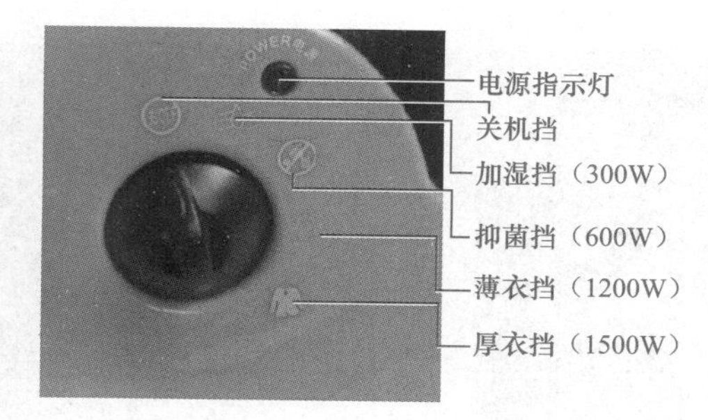

图2-7　挡位开关

5 组装贝尔莱德GS28-BJ蒸汽挂烫机

当挂烫机维修结束后，必须重新组装挂烫机，组装贝尔莱德GS28-BJ蒸汽挂烫机的操作过程与拆卸过程相反，其步骤如下。组装过程中应注意螺钉的规格和位置。

第一步　用黄腊管绝缘超温熔断器，并将超温熔断器固定在发热器的底板上，再用两颗螺钉固定好双金属温控器并插上连接线，如图2-8所示。

（a）安装超温熔断器

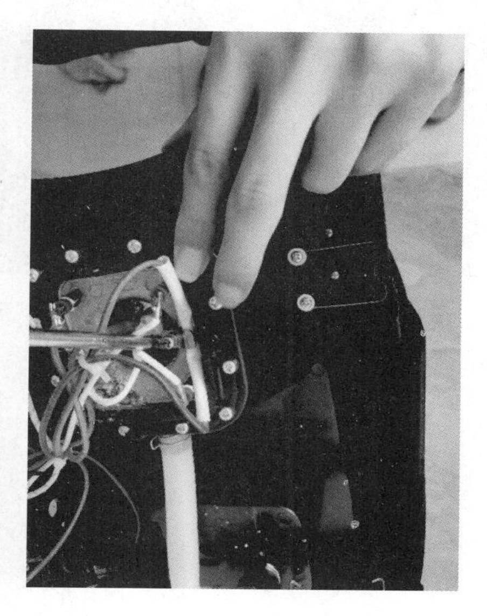

（b）安装双金属温控器

图2-8　安装底板

第二步　安装挡位开关，如图2-9所示。

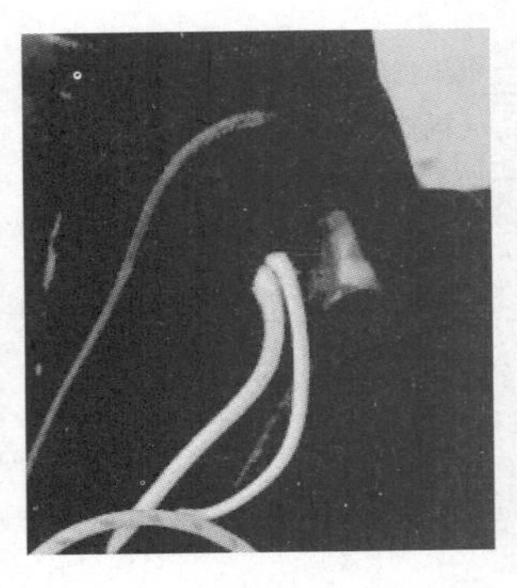

(a) 将挡位开关复位

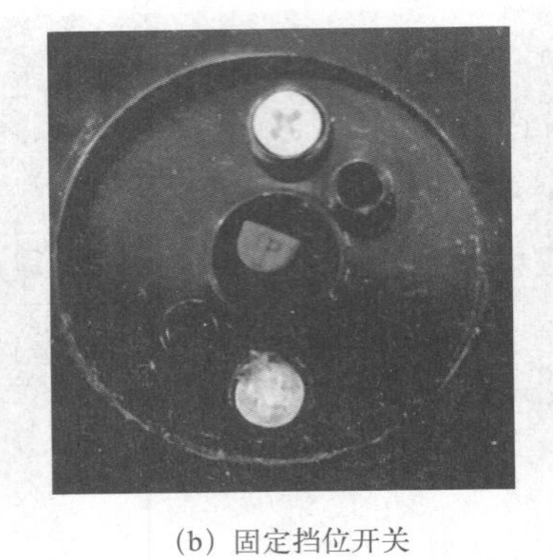

(b) 固定挡位开关

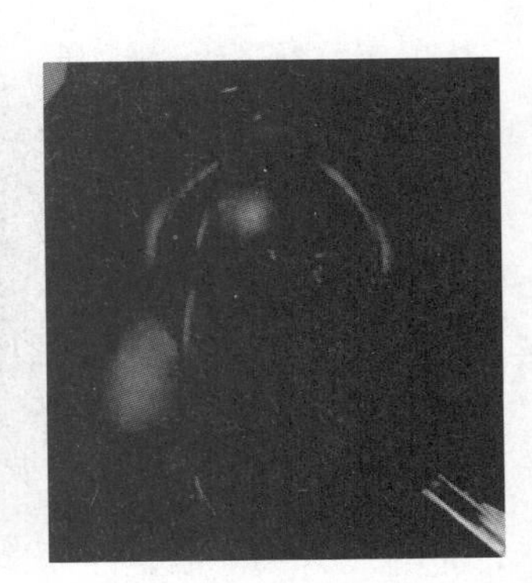

(c) 装上旋钮

图2-9 安装挡位开关

第三步 安装底板和外壳，如图2-10所示。

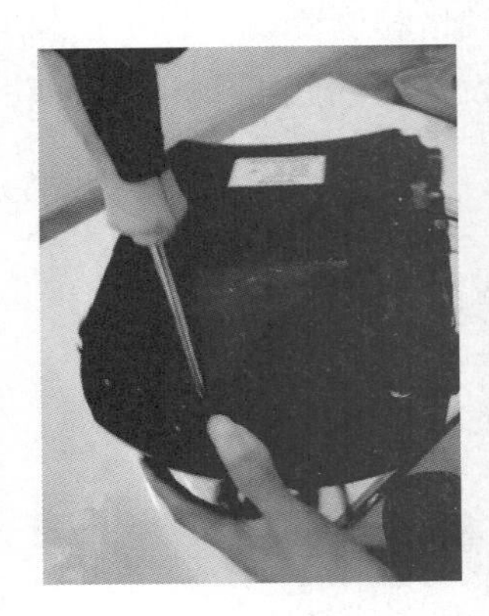

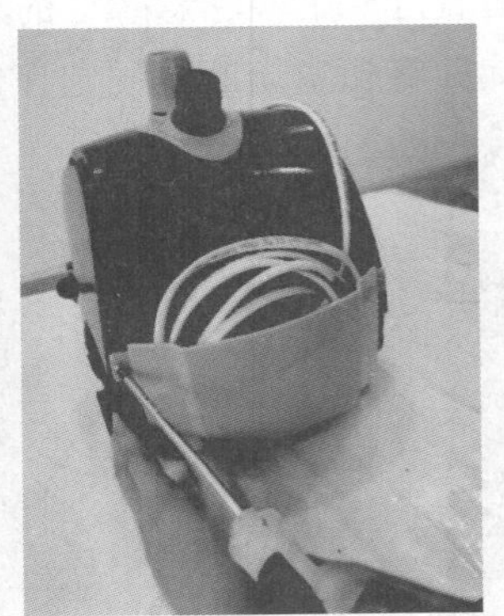

图2-10 安装底板和外壳

第四步 安装其余配件，完成安装如图2-11所示。

图2-11 完成安装其余配件

操作评价 蒸汽挂烫机的拆卸与组装操作评价表

评分内容	技术要求		配分	评分细则		评分记录
认识挂烫机外形	1．能正确写出外观部件名称		5	操作错误每次扣0.5分，扣完为止		
	2．能正确描述外观部件的功能及特点		10			
拆卸挂烫机	1．能正确按照步骤和方法，顺利拆卸		15	操作错误每次扣1分		
	2．拆卸的配件完好无损，并做好记录		15	配件损坏每处扣2分		
认识挂烫机电路元件	能够认识挂烫机电路组成元件的名称、规格、功能		20	答错每次扣2分，扣完为止		
组装挂烫机	1．能正确组装、还原整机		15	操作错误每次扣2分		
	2．螺钉装配正确，配件不错装、不遗漏配件		10	错装、漏装每处扣2分		
安全文明生产	能按安全规程、规范要求操作		10	不按安全规程操作酌情扣分，严重者终止操作		
额定时间	每超过5min扣5分					
开始时间		结束时间		实际时间		成绩	
综合评议意见						

2.1.2 相关知识：蒸汽挂烫机的类型、结构及其主要参数

1 挂烫机的分类

① 普通挂烫机：一般采用直通式蒸汽发热原理，其蒸汽压力小，蒸汽流量一般只有25g/min，只能用于熨烫薄的衣服，厚重衣服熨烫效果较差。

② 强力蒸汽挂烫机：一般采用水泵抽水，同时发热器封闭设计，其蒸汽压力大，蒸汽流量大，蒸汽喷射距离远，熨衣速度快，熨烫厚重衣服效果明显。

③ 变频蒸汽挂烫机：所谓变频挂烫机就是采用变频技术，控制水泵抽水，以及蒸汽控制，从而达到静音、节能、蒸汽大且稳定的效果。

2 蒸气挂烫机的结构

① 内芯：市场上主流品牌的蒸汽挂烫机采用的都是锌合金发热器，使用寿命在10年，性价比高。还有一些品牌采用铜发热器，其一般在服装店使用。铜发热器材质分为铜塑和全铜，铜塑的发热器品质相对要差很多。

② 外壳：多为轻巧的高性能工程塑胶外壳，华美流线设计，不变色，更不易变形。简

单的结构使整机的使用、维修更简单，实现极优的性能价格比。也有一些高档品牌采用航空材料加镀油处理的外壳.

③ 喷头：喷头采用碳纤维增强塑料比普通塑料耐摔，市面上销售的蒸汽挂烫机喷头大多数还是在使用普通塑料。喷头采用碳纤维增强塑料比采用PC/航空工程塑料架构要好，配锈钢面板可保坚固耐用与最佳熨烫效果。配上熨衣毛刷可完全替代平板熨斗使用。

④ 蒸汽导管：采用优质环保原材料，耐高温、耐酸碱，坚韧牵靠，无毒，无塑胶味，长久使用不老化，外层普遍采用布套的形式，采用环保蒸汽管告别烫完衣服后满屋子的塑胶味。

3 蒸气挂烫机的优点

① 安全、环保：研究表明，经常使用平板熨斗压熨容易损坏衣服面料，对高档面料更是如此（如发硬与老化），而使用蒸汽挂烫机是在自然悬挂状态下进行熨烫，在重力与高温蒸汽（温度在98℃左右）双重作用下能轻松熨好，并保持最佳穿着形状。

② 方便、快捷：喜欢逛时装店购物的朋友与店员能亲身感受到，衣服挂上瞬间就能熨好，甚至无须弯腰熨烫，一大堆衣服片刻即熨烫完毕，并且衣服能以最佳效果展示在顾客面前。

③ 干净：蒸气挂烫机熨衣时与衣服接触部位（喷头出气部位）离蒸汽源相距很远，采用的生活用水因高温产生的污垢绝不会像平板熨斗或蒸汽熨衣刷那样容易喷沾到衣服上，而是完全保留在相距很远的底部发热炉储垢室中（位于挂烫机发热炉的最底端）。

④ 省事：蒸汽挂烫机装一次水能熨50件左右的衣服，对经常有衣服熨的现代家庭而言，加一次水可使用一周左右，这点优势平板熨斗自叹不如，且平板熨斗配套使用的熨衣板很容易脏，取用放置都很麻烦不方便。

⑤ 环保：蒸气挂烫机熨衣时与衣服接触部位（喷头出气部位）离蒸汽源很远，采用的生活用水因高温产生的污垢不像平板熨斗或蒸汽熨衣刷那样容易喷沾到衣服上，而是完全保留在相距很远的底部发热器储垢室中（位于挂烫机发热炉的最底端）。同时，高温蒸汽还具有除尘、杀菌、消毒的功效。

4 蒸气挂烫机的主要参数

① 额定功率。
② 蒸气流量。
③ 水箱容量。
④ 蒸汽压力。
⑤ 出汽时间。
⑥ 机身档位。

任务2.2 蒸汽挂烫机的维修

任务目标

1. 会检测蒸汽挂烫机的主要部件。
2. 学会维修挂烫机的方法，能排除蒸汽挂烫机的常见故障。

任务分析

挂烫机出现故障时，需要检测、维修挂烫机，因此必须学会检测挂烫机的主要部件，学会维修挂烫机，排除挂烫机故障。

2.2.1 实践操作：蒸汽挂烫机主要部件检测与常见故障排除

微课

检测蒸汽挂烫机的主要部件

1 检测蒸汽挂烫机的主要部件

（1）超温熔断器

超温熔断器的检测方法如图2-12所示，用数字万用表的欧姆挡测其两端电阻，阻值接近0表明导通可以使用，若为∞表明内部已损坏不能使用。超温熔断器损坏后将造成挂烫机因不能通电而无法正常工作，它属于易损件，损坏后无法修复，只能更换相同规格的超温熔断器。

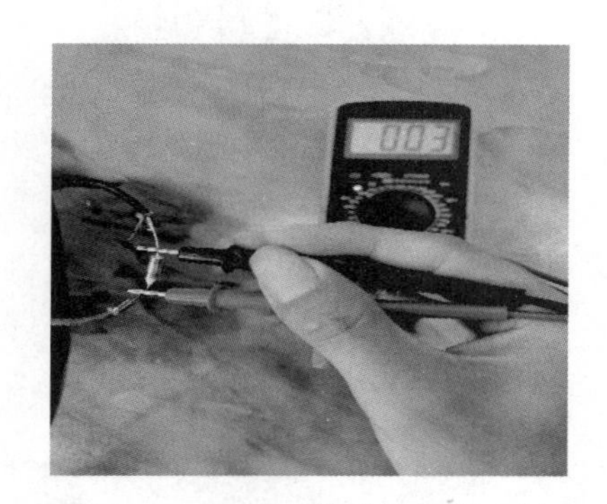

图2-12　超温熔断器的检测方法

（2）温控器

贝尔莱德GS28-BJ蒸汽挂烫机采用的是KSD301型12A/250V/50℃温控器，其工作原理是温控器上热敏元件的电阻值随温度变化而变化。当检测到发热室温度达到50℃时，内部继电器将自动切断电源停止加热，当温度下降至低于50℃时，内部继电器又将自动闭合，继续加热，因此需通过测量温控器的冷态电阻和热态电阻来判断其好坏。用数字万用表的欧姆挡测其冷态电阻，阻值接近0表明内部接通正常，将温控器加热到50℃后再测热态电阻，阻值为∞表明内部断开正常，如图2-13所示。

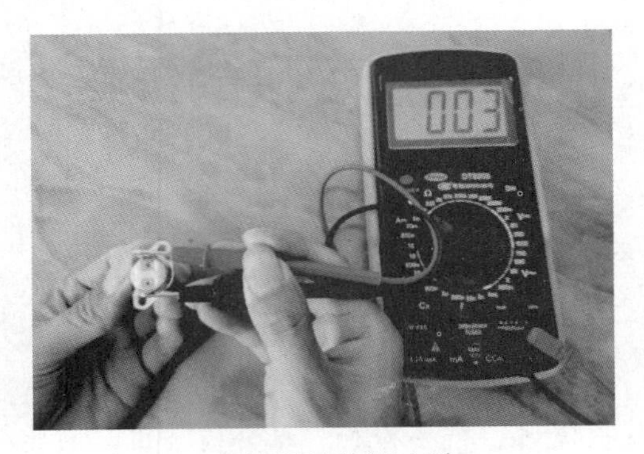

图2-13　温控器的检测方法

（3）发热丝

贝尔莱德GS28-BJ蒸汽挂烫机的发热丝由两组发热丝首尾相连组合而成，内部结构如图2-14所示。其中一组发热丝功率较大，另一组功率较小，工作时有两组发热丝单独工作和组合工作3种方式，从而得到3种不同的发热量供选择。判断发热丝的好坏通常采用测量发热丝阻值的方法，两组发热丝都有固定阻值但不相同，且发热丝的阻值之和等于总的首尾端阻值，如图2-15所示。

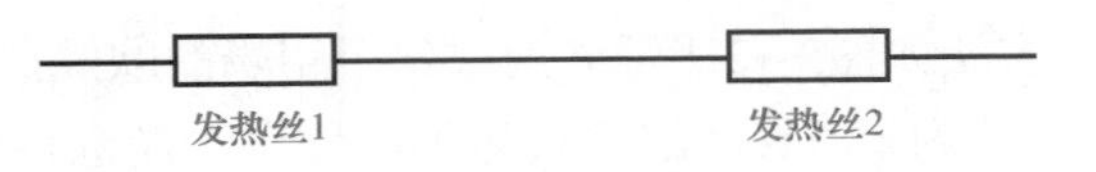

图2-14　发热丝内部结构图

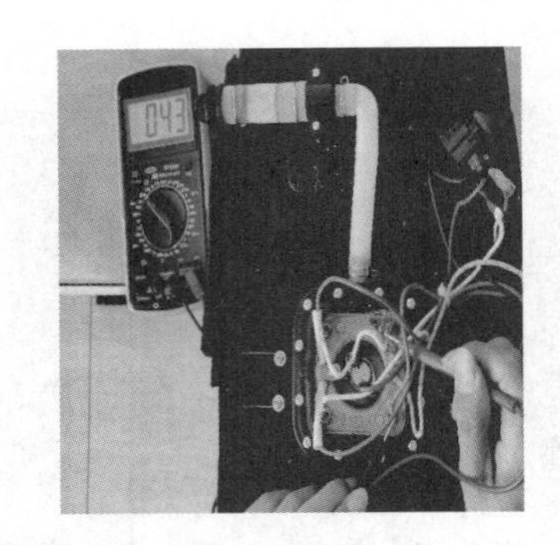

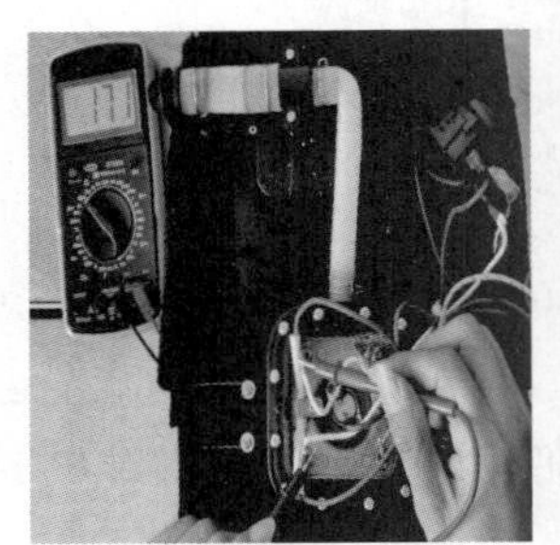

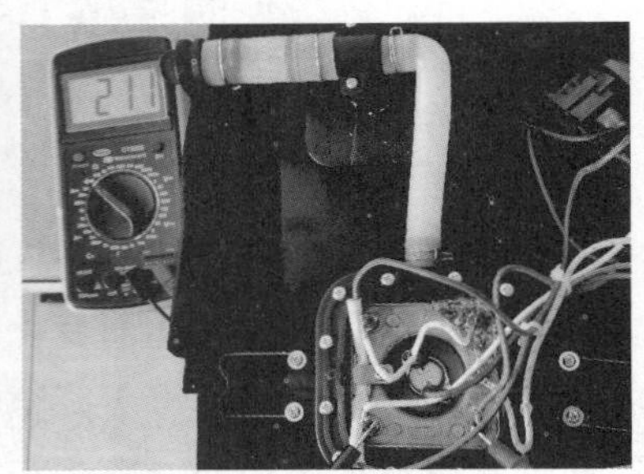

图2-15　发热丝阻值测量方法

（4）挡位开关

贝尔莱德 GS28-BJ 蒸汽挂烫机的挡位开关采用的是 5 脚 5 挡开关，由一个一开关和一个双开关组合而成，内部原理图如图 2-16（a）所示。挡位分为关机挡（各脚都不通）、加湿挡（开关 1、2 脚接通）、抑菌挡（1、2、3 脚接通）、薄衣挡（4、5 脚接通）和厚衣挡（1、2 脚接通同时 4、5 脚接通），检测方法是测量挡位对应的引脚，观察是否接通，接通为正常，未接通则为损坏，测量方法如图 2-16（b）～（d）所示。

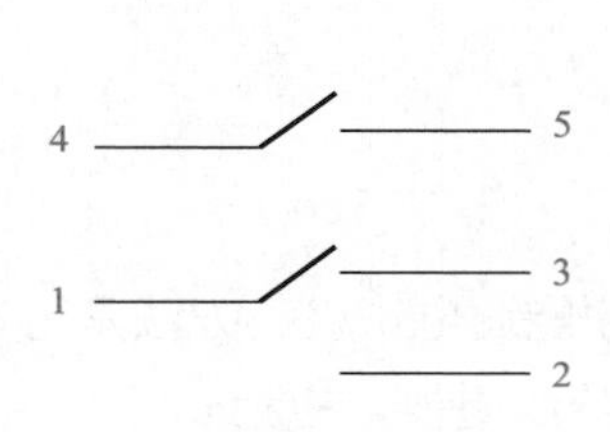

（a）挡位开关内部原理图

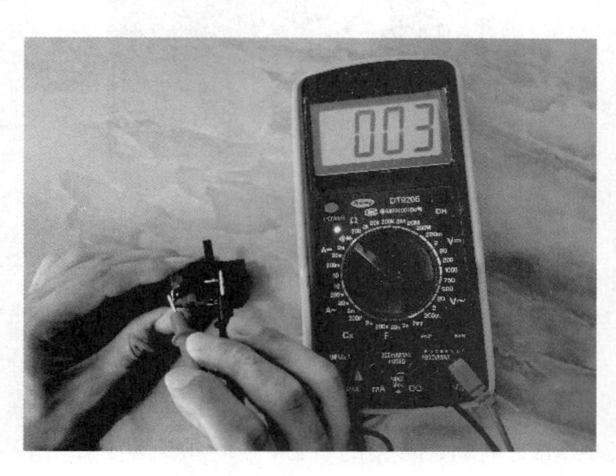

（b）测量1、2脚

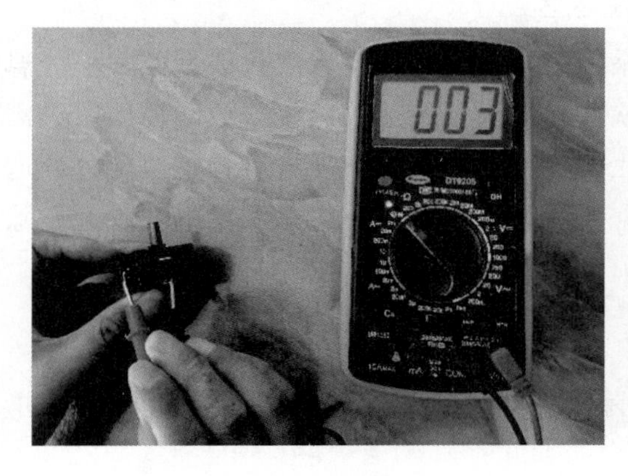

（c）测量1、3脚

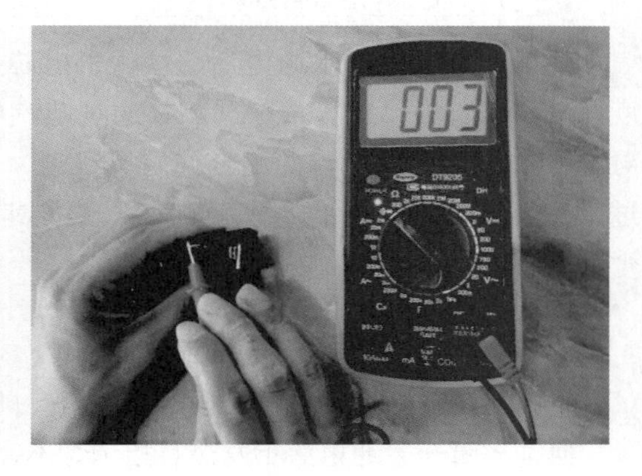

（d）测量4、5脚

图2-16　挡位开关原理图及测量方法

（5）电源插头

挂烫机功率较大，因此电源线损坏率很高。电源线损坏会出现断路现象，导致电源不能接通挂烫机，检测方法主要是用数字万用表的蜂鸣挡检测电源线零线和火线的连接点分别与电源插头的零线端和火线端两点之间线路的通断情况，测量方法如图2-17所示。

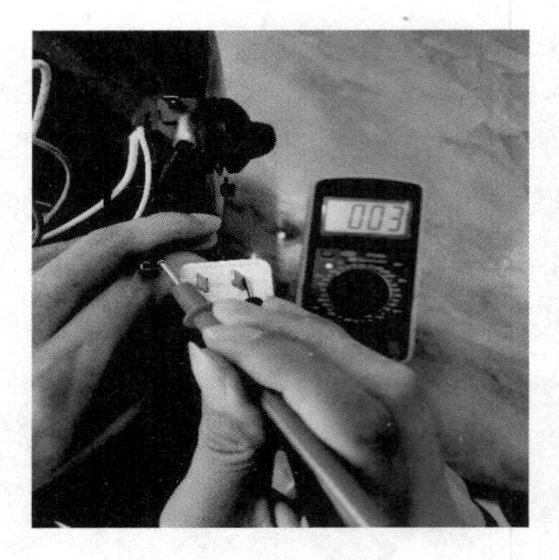

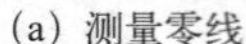
(a) 测量零线

(b) 测量火线

图2-17　电源插头测量方法

2 组装结束的检测

当挂烫机重新组装后，必须先进行检测，确认正常后才能通电试机。方法是用万用表的200MΩ挡检测插头的“L”和“E”两端，检测挂烫机的绝缘阻值，应为∞。

3 贝尔莱德GS28-BJ蒸汽挂烫机的工作原理

其工作原理是加水通电后，挂烫机内芯采用的发热器使常温水汽化成高温（一般温度在98℃以上）、高压水蒸气，并通过蒸汽软管和喷头将灼热水蒸气释放。使用中只需对准衣物皱褶处喷射，并配合使用裤线夹、毛刷、除尘刷、熨衣衬板等挂烫机配件，通过“拉”“压”“喷”的动作平整衣服和布料，使衣物达到平整、柔顺和除螨、除菌、除尘的效果。

4 排除挂烫机的常见故障

下面通过维修挂烫机的典型故障，学会排除蒸汽挂烫机故障的技能。

典型故障一：通电后不发热且指示灯不亮

故障现象　贝尔莱德GS28-BJ蒸汽挂烫机，通电后不发热且指示灯不亮。

故障分析　由该挂烫机的现象分析，故障原因可能是电源连接线路及接头不良，或超温熔断器烧断，或温控器开路。

检修过程

第一步　拆开挂烫机底板，找到电源线的输入端，用万用表的蜂鸣挡分别检测火线和零线与电源插头之间线路的通断情况，如均导通，说明电源线正常。

第二步　检测温控器，用万用表欧姆挡$R\times200$k挡检测其常态阻值，阻值为∞表示正常；再加温到50℃，阻值为0，表明正常。

第三步　用万用表的蜂鸣挡测量超温熔断器两端阻值，阻值为∞，正常阻值应为0，由此可判断超温熔断器已烧断。

故障排除 拆下超温熔断器，更换一只同规格的超温熔断器，将其连接好，绝缘好。重新组装好挂烫机，检查无误后，装入纯净水通电加热，挂烫机一切恢复正常。

典型故障二：通电指示灯亮，挂烫机不出蒸汽，无烧水声

故障现象 贝尔莱德GS28-BJ蒸汽挂烫机，通电后电源指示灯亮，无烧水声，也不出蒸汽。

故障分析 电源指示灯亮表明电源部分是好的，无烧水声表示发热器没有工作，故障原因有过滤网堵塞、水泵内芯片被水垢黏结、水槽里储物槽未放到位、水箱内水量过少，发热器损坏。

检修过程

第一步 清洗过滤网和水泵内芯片，故障仍存在。

第二步 检查水箱水位，正常。

第三步 检查水槽里储物槽，已放好，正常。

第四步 用万用表检查发热器的阻值，阻值为∞，正常应为几十到几百欧，表明发热器损坏。

故障排除 拆下发热器，更换一个同规格的发热器，将其连接好，重新组装好挂烫机并检查无误后，装入纯净水通电加热，挂烫机一切恢复正常。

典型故障三：通电指示灯亮，挂烫机不出蒸汽，有烧水声

故障现象 贝尔莱德GS28-BJ蒸汽挂烫机，通电后电源指示灯亮，有烧水声，但不出蒸汽。

故障分析 电源指示灯亮表明电源部分是好的，有烧水声表明发热器正常运作，故障原因有蒸汽连接口的防尘垫没有拔掉、水箱没有放到位、水量未达到指定水位、蒸汽发热器出口被杂物堵塞。

检修过程

第一步 检查蒸汽软管防尘垫，已拔掉。

第二步 检查水箱位置和水位，正常。

第三步 检查蒸汽出口，出口被衣服的纤维堵住。

故障排除 关掉电源，用细铁丝将每一个出气小孔轻轻捅几下，把杂物取出，再通电加热，有蒸汽出来，挂烫机恢复正常。

操作评价 挂烫机的维修操作评价表

评分内容	技术要点	配分	评分细则	评分记录
检测挂烫机电路部件	1．能正确使用万用表	5	操作错误每次扣1分	
	2．能正确检测主要部件，判断其性能	10	测错每个扣5分	
挂烫机重装后的检测	1．能养成通电前检测的习惯	10	操作错误每次扣2分	
	2．能判断重装后挂烫机性能	10	不能判断扣2～10分	

续表

评分内容	技术要点		配分	评分细则		评分记录
挂烫机常见故障的排除	1．能够正确描述故障现象、分析故障，确定故障范围及可能原因		20	不能，每项扣5分，扣完为止		
	2．能够正确拆装挂烫机		10	不能，扣10分，基本能扣5分		
	3．能够由原因逐个确定故障点，并能排除故障点		10	不能，扣10分，基本能扣5～10分		
挂烫机的使用	能正确使用、维护挂烫机		15	操作错误每次扣2分		
安全文明生产	能按安全规程、规范要求操作		10	不按安全规程操作酌情扣分，严重者终止操作		
额定时间	每超过5min扣5分					
开始时间		结束时间		实际时间		成绩	
综合评议意见						

2.2.2 相关知识：蒸汽挂烫机的工作原理与维护

1 挂烫机的工作原理

挂烫机加水通电后，挂烫机内芯的发热器使常温水汽化成高温（一般温度在98℃以上）、高压水蒸气，并通过蒸汽软管和喷头将灼热水蒸气释放。

由于挂烫机采用的是高温汽化的水蒸气来软化衣物纤维，在使用过程中，要避免高热的水蒸气对人造成的烫伤。所以一般在使用挂烫机时，都是采用夹子，将衣物固定，拉平，以便于操作。

2 挂烫机的维护方法

（1）除水垢

长时间使用挂烫机，蒸汽喷射量比以前明显减少，烫衣服的效果越来越差，因为蒸汽挂烫机主体内金属部位上有石灰或沉淀水垢，应当及时进行清理。除水垢及石灰沉淀的方法如下。

1）水箱里加入柠檬酸10g左右或滴入几滴米醋，再往水箱中加入2/3容量的纯净水。

2）开启电源后，喷射蒸汽，等待柠檬酸与水的混合物减少到一半时停止。

3）关闭电源，10min后，把水箱里的柠檬酸与水的混合物完全排掉。

4）请重复以上过程2～3次后，最后一次添满纯净水进行喷射蒸汽。此时，石灰沉淀已经完全除掉。

（2）清洁水箱

1）清洁水箱，一般每3个月进行一次。

2）清洗前，请确认已拔出插头，切断电源。

3）先取下安全帽，在容器内加满清水，用拇指堵塞容器的口部，摇动一会儿后倒空。重复以上步骤，2～3次后即可清洁干净。

4）切不可在清水中加入除垢剂等化学溶剂。

3 挂烫机的使用注意事项

1）使用前小心喷气孔有热凝水点喷出。

2）应垂直上下移动熨烫，平面熨烫会导致喷头喷水。

3）挂烫机不能放置在液体中，也不能淋水。

4）注意插头、插座及电源安全，不要拖拽或拉拔插头。

5）拔出插头后勿让插头接触发热的地方，待挂烫机机身冷却并排空水箱后才可以收存。

6）长时间不用时，应排空挂烫机水箱，拔出电源插头。

7）请勿使用损坏插座，插座如有损坏须请专业人员维修。不正确的维修方法会导致设备损伤，引发火警及触电事故。

8）使用挂烫机时注意其机械运作，应在远离小孩的地方使用，以免发生危险。

9）勿触摸发热位置或接触蒸汽，防止热水和热气烫伤。

10）如发现电源线有损伤，请到指定维修点更换。

思考与练习

1. 挂烫机的类型主要有______、______和______3种。

2. 贝尔莱德GS28-BJ蒸汽挂烫机内部结构主要由______、______、______和______4部分组成。

3. 贝尔莱德GS28-BJ蒸汽挂烫机挂烫机采用的温控器规格是______。

4. 贝尔莱德GS28-BJ蒸汽挂烫机的挡位有______、______、______和______4个。

5. 拆卸挂烫机时应注意哪些事项?

6. 简述蒸汽挂烫机的工作原理。

7. 分析蒸汽挂烫机不出蒸汽的原因。

8. 简述蒸汽挂烫机使用中的注意事项。

项目 3

料理机的拆装与维修

学习目标

知识目标 ☞

1. 了解料理机的类型及结构。
2. 理解料理机的工作原理。
3. 掌握料理机的技术标准。

技能目标 ☞

1. 会拆卸与组装料理机。
2. 能认识料理机的主要部件。
3. 会检测料理机的相关部件。
4. 能排除料理机的常见故障。

料理机是集打豆浆、磨干粉、榨果汁、打肉馅、刨冰等多功能于一体，用于制作果汁、豆浆、果酱、干粉、刨冰、肉馅等多种食品的家用电器，属于榨汁机功能多元化的产品之一。

任务3.1 料理机的拆卸与组装

任务目标

1．会拆卸与组装料理机。

2．能认识料理机的主要部件。

任务分析

拆卸与组装料理机的工作流程如下。

确定料理机的类型 ⇨ 认识料理机的外形结构 ⇨ 拆卸与认识料理机 ⇨ 认识料理机的主要部件 ⇨ 组装料理机

3.1.1 实践操作：拆卸与组装料理机

微课 拆卸料理机

微课 组装料理机

1 确定料理机的类型

料理机分为手持式料理机、个人便携料理机、普通台式料理机、台式+便携一体高性能料理机、高性能台式料理机等，如图3-1所示。料理机一般由主机和容杯组成，其中主机包含串激电动机、控制面板、线路板、外壳、通风装置等，容杯由杯体、刀组、杯帽、杯盖组成。

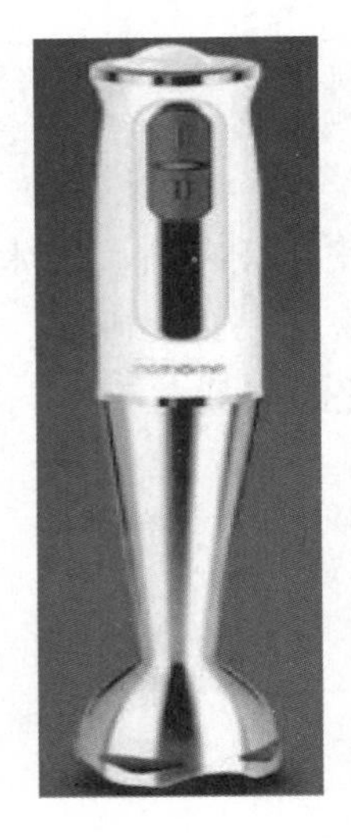

(a) 手持式料理机

(b) 个人便携料理机

(c) 普通台式料理机

图3-1　常见的料理机

（d）台式+便携一体高性能料理机　　　　（e）高性能台式料理机

图3-1（续）

2 认识料理机的外形结构

普通台式料理机是较为常见的类型。从外形看，它由主机、容杯、杯帽、杯盖组成，图3-2所示为东菱（Donlim）DL-PL025普通台式料理机外形图。

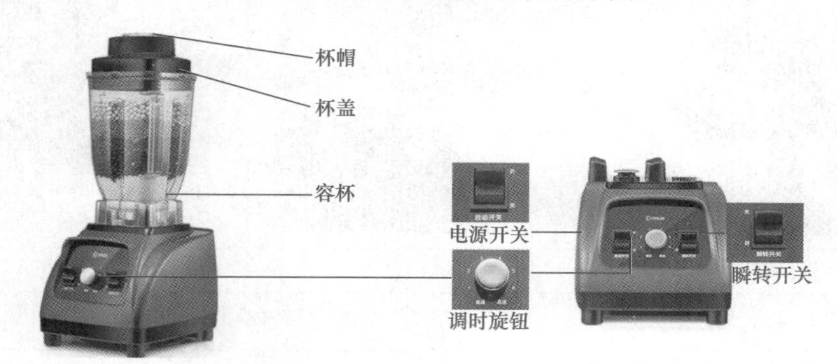

图3-2　东菱（Donlim）DL-PL025普通台式料理机外形图

3 拆卸普通台式料理机

普通台式料理机的拆卸方法较简单，这里以东菱（Donlim）DL-PL025普通台式料理机为例学习拆卸方法。

第一步　拆卸料理机外壳，取出电路板、电动机、限位开关等。

① 找到底座螺钉的胶帽，用工具把底座螺钉的胶帽拆除。	② 用工具把底座的螺钉拆除。	③ 打开底座盖板。
		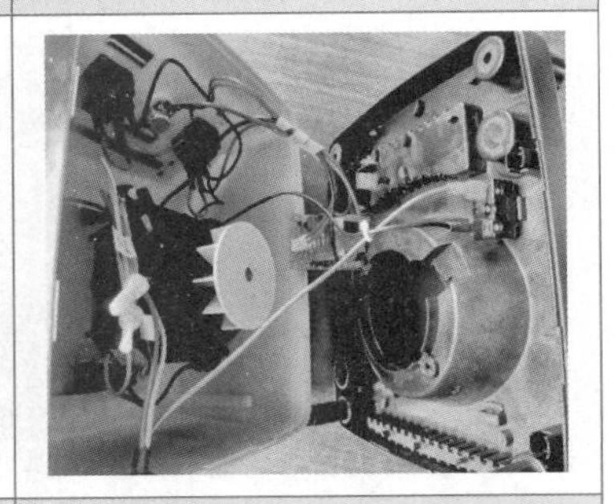
④ 取下保险管连接线。	⑤ 旋转保险管和后壳的螺母，拆除保险管。	⑥ 拆卸电路板连线，拆卸电路板与后盖的螺钉。
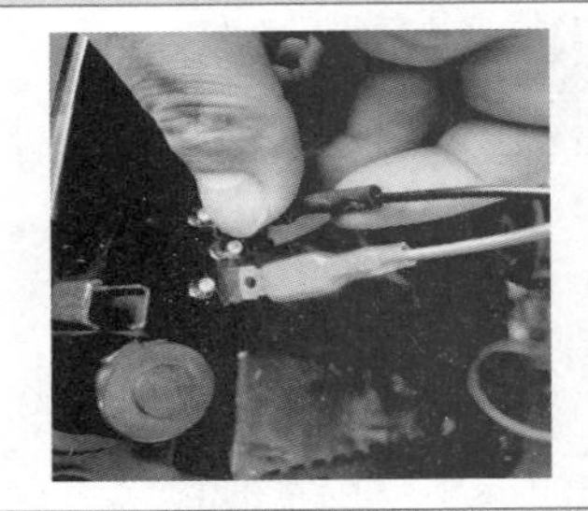		
⑦ 分离后盖后找到电动机旁的限位器连线并拆下。	⑧ 拆除限位器上的螺钉取下限位器。	⑨ 拆除电动机与壳体上的螺钉。
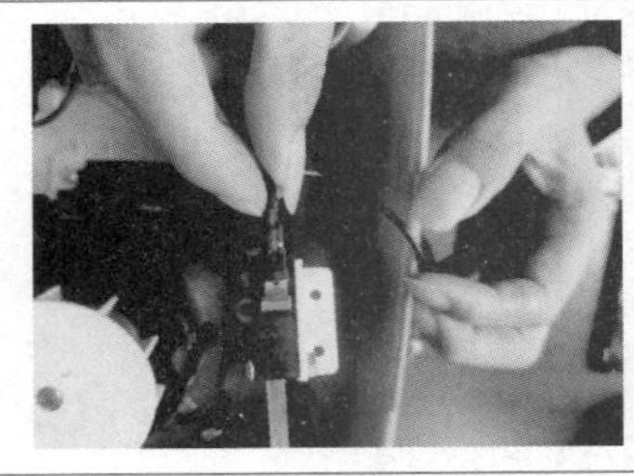	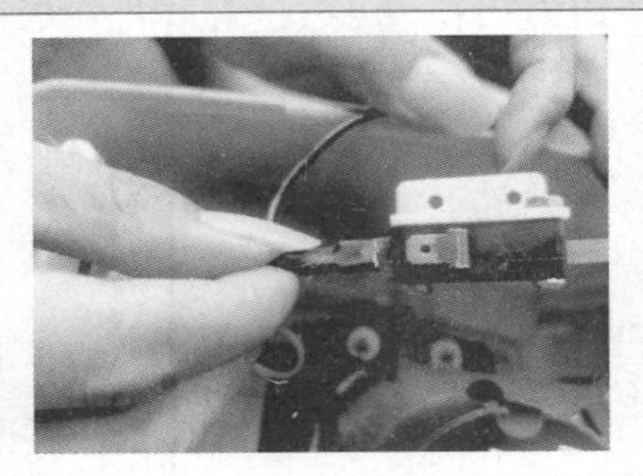	

第二步　分解电动机与壳体。

① 拆卸电动机与壳体上的螺钉。	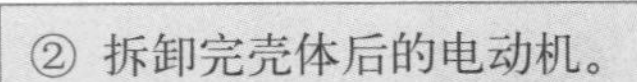② 拆卸完壳体后的电动机。

第三步 拆除主板上的所有插线以及散热片。

① 拆除主板上的所有插线。	② 拆除主板的散热片。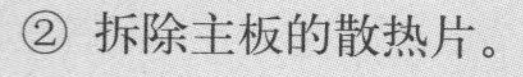
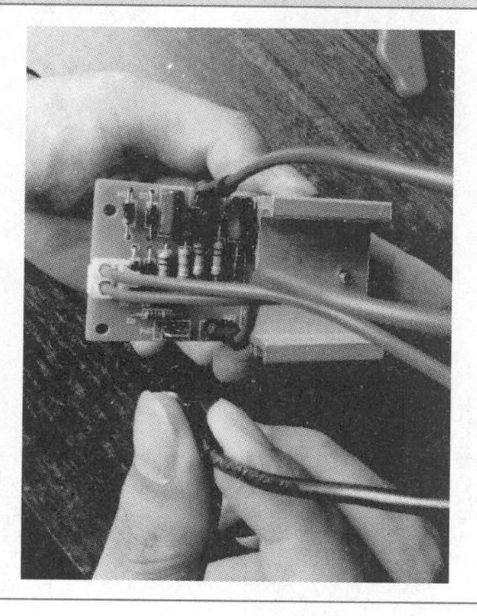	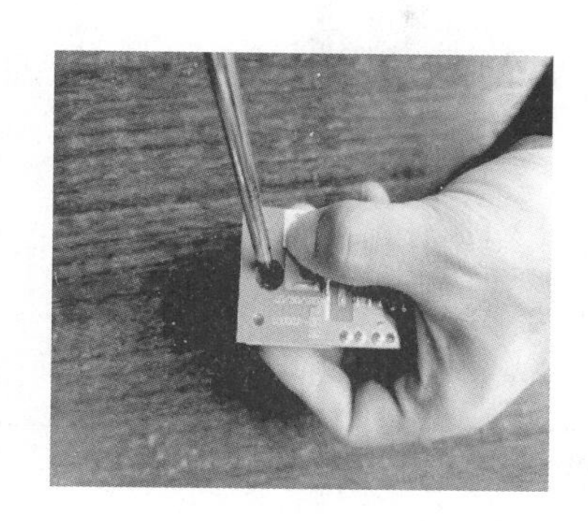

4 认识料理机的主要部件

1）限位器：能够控制线路的通断，起到保护作用，外观如图3-3所示。

2）保险管：保护线路，当线路发生过载或者短路时，保险管烧断从而保护电路，外观如图3-4所示。

3）串激式电动机：串激式电动机动力强劲，可采用220V交流电直接供电，也可使用直流电供电，降低供电电压即可实现调速，其外形如图3-5所示。串激式电动机主要由定子铁芯、两组励磁绕组、转子铁芯、电枢绕组、电刷座、电刷、换向器、轴承和轴组成。该料理机的电动机采用电枢绕组串在两励磁绕组中间的方式。

图3-3 限位器

图3-4 保险管

图3-5 串激式电动机

4）调速开关（电位器）：改变电阻值调节电动机的转速，外观如图3-6所示。

5）启动开关：开关置于上端为开，置于下端为关，外观如图3-7所示。

6）瞬转开关：接通瞬转开关时，料理机会瞬间以最高速度旋转，外观如图3-8所示。

7）双向可控硅：能够控制电动机的速度，外观如图3-9所示。

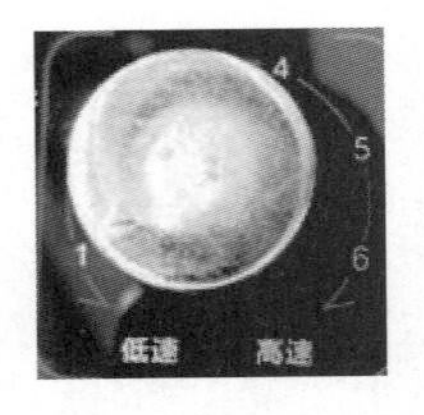

图3-6　调速开关（电位器）

图3-7　启动开关

图3-8　瞬转开关

图3-9　双向可控硅

东菱（Donlim）DL-PL025 料理机主要部件的名称、基本外形、电路符号和作用如表3-1所示。

表3-1　料理机主要部件的名称、基本外形、电路符号和作用

部件名称	基本外形	电路符号	主要作用	部件名称	基本外形	电路符号	主要作用
调速开关（电位器）			改变电阻，从而改变电路的电流	限位器			没有东西的时候不工作，保护作用
串激式电动机		M	产生旋转动力，带动刀具旋转	保险管		保险 Fuse	保护电路，当电路短路或者过载时烧断
双向可控硅			根据电路中电压的大小，控制导通的电流大小	二极管		VD	单向导通

5 组装料理机

料理机各部件检视工作结束后，必须重新装配料理机，其组装过程与拆卸过程相反。东菱（Donlim）DL-PL025 料理机的组装步骤如下。

第一步　组装电动机部分。将串激式电动机装入电动机固定架（即电动机座）内，注意方位，固定螺钉，再将风叶安装在转轴上，注意风叶要安装到位。

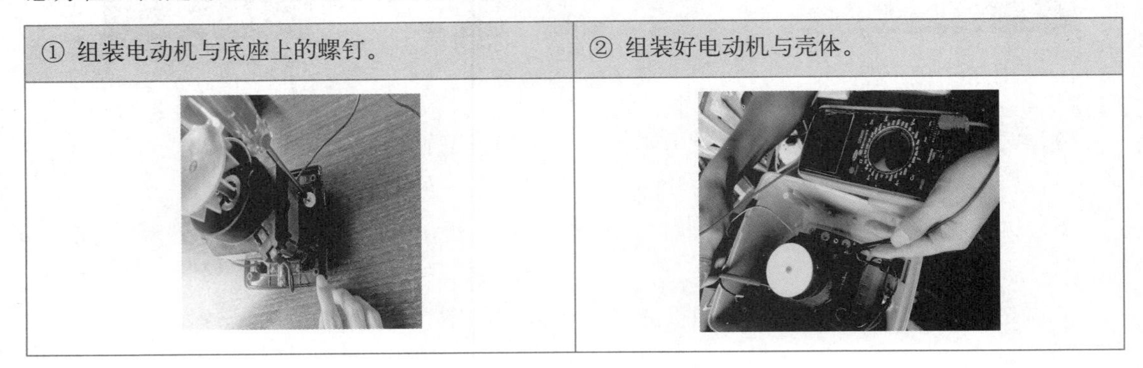

第二步 插上主板上的所有插线，安装好主板上的散热器。安装限位器和保险管，并插上相关所有插线。最后装好底座。

① 插上主板上的所有插线并固定。	② 装好限位器的插线。	③ 固定限位器。
④ 插上保险管连接线。	⑤ 固定保险管。	⑥ 插上所有插线后，将前后壳组装起来。
⑦ 用工具把底座的螺钉组装好。	⑧ 用工具把底座螺钉的胶帽还原。	⑨ 组装好底座所有螺钉的胶帽。

操作评价 料理机的拆装与维修操作评价表

评分内容	技术要求	配分	评分细则	评分记录
认识外形	能正确描述料理机外观部件的名称	10	操作错误每次扣1分，扣完为止	
拆卸料理机	1．能正确顺利拆卸	20	操作错误每次扣2分	
	2．拆卸的配件完好无损，并做好记录	10	配件损坏每处扣2分	
认识部件	认识料理机组成部件的名称	10	操作错误每次扣1分	
组装料理机	1．能正确组装、还原整机	20	操作错误每次扣2分	
	2．螺钉装配正确，配件不错装、不遗漏配件	20	错装、漏装每处扣2分	
安全文明操作	能按安全规程、规范要求操作	10	不按安全规程操作酌情扣分，严重者终止操作	

续表

评分内容	技术要求		配分	评分细则		评分记录
额定时间	每超过5min扣5分					
开始时间		结束时间		实际时间		成绩	
综合评议意见						

3.1.2 相关知识：料理机的类型、结构及其技术标准

1 料理机的类型和基本结构

普通台式料理机由主机、杯体及其附件组成，如图3-10所示，一般采用杯体和主机分离的设计方式。主机包括高速串激式电动机、传动器件、安全开关组件、电动机安装支架、控制按键、外观壳体以及散热系统。杯体由传动器件、刀座组、杯体、杯盖、投料盖以及密封件组成。

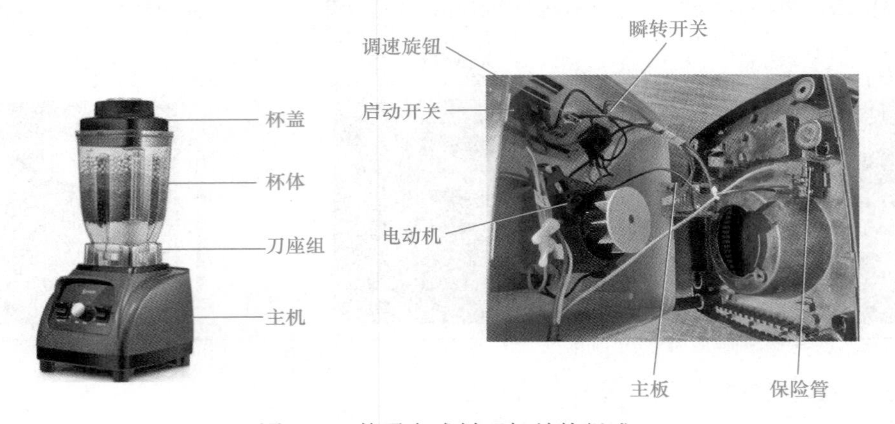

图3-10　普通台式料理机结构组成

2 料理机的技术标准

以东菱（Donlim）DL-PL025普通台式料理机为例，其技术标准如下。

1）使用环境：海拔高度≤ 1000m；周围温度为-5 ～ 40℃；相对湿度≤ 90%（温度为 25℃）；空气中无易燃性、腐蚀性气体或导电尘埃。

2）最大转速：料理机的最大转速为35000 r/min。

3）电源线长度：1.25m。

4）额电功率：1350W。

5）额电频率：50HZ。

6）额定容量：2.5L。

任务3.2 料理机的维修

任务目标

1. 会检测料理机的主要部件。
2. 学会维修料理机。

任务分析

学会检测料理机的主要部件，学会维修料理机。

3.2.1 实践操作：料理机主要部件检测与常见故障排除

微课　检测料理机的主要部件

1 检测料理机的主要部件

（1）电动机

电动机检测方法如图3-11所示，使用万用表测电动机两端电阻，阻值为几欧则可用，为∞则损坏，为0说明内部短路。电动机损坏后将造成料理机不能使用。

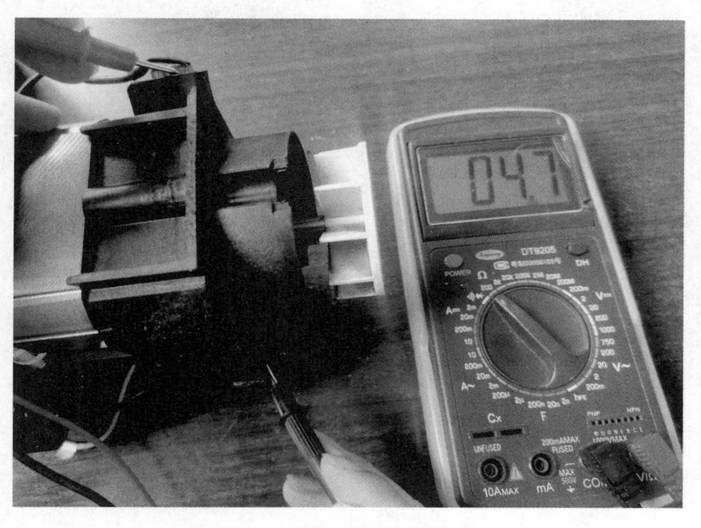

图3-11　电动机检测方法

（2）保险管

保险管检测方法如图3-12所示，使用万用表的蜂鸣挡检测保险管的两端，表盘数值趋近于0或者为0，为正常。若数值为1，说明保险管已烧断。

图3-12　保险管检测方法

（3）限位器

限位器检测方法如图3-13所示，接通限位器，使用万用表的蜂鸣挡检测保险管的两端，表盘数值趋近于0或者为0；不接通限位器时，数值为1为正常。当接通和不接通限位器表盘数值都为1时，表明内部出现断路现象；当接通和不接通限位器表盘数值都为0时，表明限位器内部有短路现象。

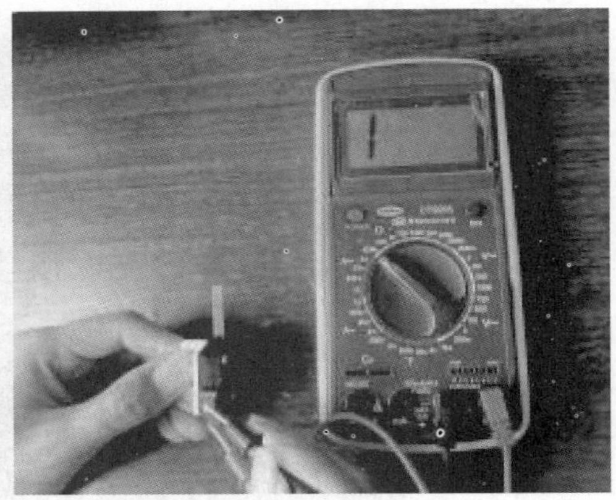

图3-13　限位器检测方法

（4）调速控制板及电位器

电位器检测方法如图3-14所示，使用万用表的交流电压挡检测电动机两端的电压，调节电位器观察表盘电压值的变化，若有变化表明调速控制板和电位器都运转正常，若无变化表明调速控制板或电位器已损坏，这时需要将电位器拆下来测量其电阻值的变化情况。如果测得阻值可以在0到最大值之间连续变化，且最大值和标称值相等则表明电位器运转正常，问题出在调速控板上；如果电位器的阻值不能连续变化，则表明电位器已损坏。

图3-14 电位器检测方法

2 排除料理机常见故障

通过维修料理机的典型故障，学会排除料理机故障的技能。

典型故障一：料理机启动时刀片不旋转，有电流声

故障现象 东菱（Donlim）DL-PL025 料理机启动时刀片不旋转，电动机有电流声。

故障分析 刀片不旋转。

电动机有电流声说明电动机已通电，而刀片不旋转的故障原因有电动机转子卡住或加入食材太大、太多。

检修过程

第一步 接通瞬转开关，观察到刀片仍不旋转。

第二步 切断电源，将容杯里的食材倒出来，用筷子轻轻转动刀片，若刀片能够转动则表明电动机转子没被卡住。

第三步 放好容杯，接通电源，打开电源开关，观察到刀片能够转动。

故障排除 将食材切成小块且食材不超过料理机最大容量，打开电源后料理机能够正常工作。

典型故障二：料理机电源指示灯亮，启动时刀片不旋转，无电流声

故障现象 东菱（Donlim）DL-PL025 料理机电源指示灯亮，启动时刀片不旋转，电动机无电流声。

故障分析 电源指示灯亮，表明通电正常，刀片不旋转且电动机无电流声的原因通常有电动机未通电和电动机线圈烧毁两种情况。

检修过程

第一步 切断电源，拆开料理机外壳，找到电动机的两条供电线，接通电源并使用万用表的交流600V电压挡测量其工作电压，若为220V表明电动机已得电。

第二步 切断电源，用万用表的欧姆挡测量电动机线圈电阻值，结果为∞，表明电动机已损坏。

故障排除 更换同型号的电动机，测量其阻值，为几百欧姆，正常；组装好料理机，

通电试机，恢复正常。

典型故障三：料理机电源指示灯不亮，电动机不工作

故障现象　东菱（Donlim）DL-PL025 料理机电源指示灯不亮，电动机不工作且无电流声。

故障分析　电源指示灯不亮，表明电路没有通电，故障原因可能是电源线损坏、保险管损坏、启动开关损坏、限位开关没接通。

检修过程

第一步　切断电源，拆开料理机外壳，找到电源输入线接头，利用万用表蜂鸣挡分别测量火线和零线的导通情况，结果阻值都为0且蜂鸣器鸣叫，表明电源线正常。

第二步　找到保险管，用万用表的蜂鸣挡测量其导通情况，结果阻值为0且蜂鸣器鸣叫，表明保险管正常。

第三步　找到启动开关，用万用表的表蜂鸣挡测量其导通情况。当开关置于开时，阻值为0且蜂鸣器鸣叫；开关置于关时，阻值为∞，表明启动开关正常。

第四步　找到限位开关，用万用表的蜂鸣挡分别测量放上容杯和不放上容杯时限位开关的导通情况，结果放上容杯和不放在容杯阻值都为∞，表明限位开关已损坏。

故障排除　更换同型号的限位开关，组装好料理机，通电指示灯亮，打开启动开关，料理机正常工作。

典型故障四：料理机的电动机不能调节速度

故障现象　东菱（Donlim）DL-PL025 料理机不能调节电动机速度。

故障分析　电动机不能调速，表明通电正常，电动机正常，故障原因可能是调速控制器损坏，电位器损坏。

检修过程

第一步　断开电源，拆开料理机外壳，找到电位器，用万用表的欧姆挡检查电位器的阻值，结果电位器阻值能连续可调且最大值和标称阻值相等，表明电位器没有损坏。

第二步　找到调速控制器的输出端，用万用表的交流电压挡测量其输出电压，调节电位器，发现电压值没有变化，表明调速控制器已损坏。

故障排除　更换同型号的调速控制器，组装好料理机，通电启动后调速正常。

3.2.2 相关知识：料理机的工作原理与维护

1 料理机的工作原理

料理机采用超高速电动机，带动不锈钢刀片，在杯体内对食材进行超高速切割和粉碎，从而打破食材中细胞的细胞壁，将细胞中的维生素、矿物质、植化素、蛋白质和水分等充分释放出来。

2 料理机的维护

1）使用后可在容杯中装入适量的清水，开机15s左右，则可以清除刀上的食物杂质。

2）使用后随即清洗，将容杯、刀座组件等部件用水冲洗，若加工了油腻性食物，则用洗涤剂清洗，然后用清水洗干净并擦干，注意不要用腐蚀性清洗用品。主机用干净的湿布擦拭干净即可。整机应放在阴凉干燥处，以免电动机受潮。

3）如果搅拌肉馅，在刀头处经常会有碎肉末难以清理。首先需要在搅拌肉时多放些油，这样会减轻它的黏性，搅拌完后，可用剩下的干馒头渣，再进行搅拌，这时可以将附着在刀头上的残渣直接去除。

4）如果干磨花椒、辣椒、带有刺激味道的大料等，一些细小的粉末很难处理，需要先用洗涤剂进行清洗，再用干布擦拭，最后用开水进行烫洗，这样能将刀头缝隙中的细末充分溶解或冲刷掉，清洗的比较干净。

5）鲜榨果汁后的清洗，水果中含有大量的纤维，特别是芒果和橙子等水果，如果进行搅拌的话，就会在刀头处堵塞很多果肉。清洗时须将刀头处堵塞的纤维条按其缠绕的方向慢慢抽出，不要过于用力，其他的可用钢丝球进行刷洗，同样不要过于用力，以免弄坏刀头。

6）每次使用完料理机后，应该用开水烫一下，避免滋生细菌，影响家人健康和下一次的使用。

思考与练习

1．料理机拆卸的要点是________________________。

2．料理机的基本结构分为__________和__________。

3．料理机的主机由______、______、______、______和______组成。

4．简述料理机的分类。

5．简述料理机的拆卸步骤。

6．如果料理机出现刀头不能转动故障，应该怎样检修？

7．如何维护料理机？

项目 4
消毒柜的拆装与维修

学习目标

知识目标

1. 了解消毒柜的类型、结构。
2. 理解消毒柜的工作原理。
3. 掌握消毒柜的技术标准。
4. 了解消毒柜的选购、使用与维护。

技能目标

1. 会拆卸与组装消毒柜。
2. 能认识消毒柜的主要部件。
3. 会检测消毒柜相关部件。
4. 能排除消毒柜的常见故障。

消毒柜是指通过紫外线、远红外线、高温、臭氧等方式给食具、餐具、毛巾、衣物、美容美发用具、医疗器械等物品进行杀菌消毒、保温除湿的工具。外形一般为柜箱状，柜身大部分材质为不锈钢。

任务4.1 消毒柜的拆卸与组装

任务目标

1. 会拆卸与组装消毒柜。
2. 能认识消毒柜的主要部件。

任务分析

拆卸与组装消毒柜的工作流程如下。

确定消毒柜的类型 ⇨ 拆卸与认识消毒柜 ⇨ 认识消毒柜的主要部件 ⇨ 组装消毒柜

4.1.1 实践操作：拆卸与组装消毒柜

微课 拆卸与组装消毒柜

1 确定消毒柜的类型

消毒柜按消毒方式可分为电热（远红外）食具消毒柜、臭氧食具消毒柜、紫外线食具消毒柜、组合型食具消毒柜等。消毒柜一般由箱体、门体、搁架、消毒部件等几部分组成。图4-1所示为常见的几种消毒柜。

（a）电热食具消毒柜

（b）臭氧食具消毒柜

（c）紫外线食具消毒柜

（d）立式组合型食具消毒柜

（e）电脑控制嵌入组合型食具消毒柜

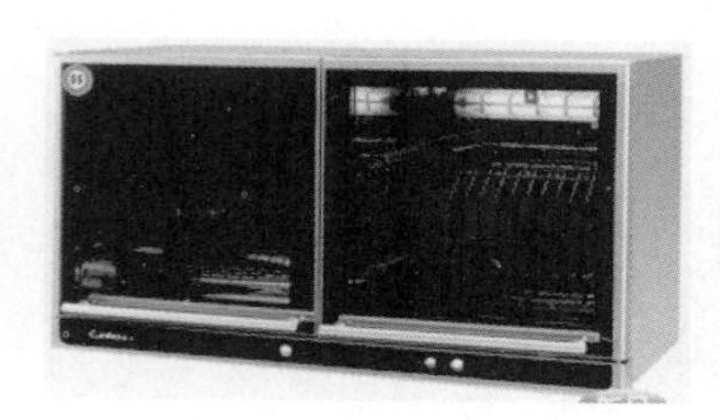

（f）壁挂卧式组合型食具消毒柜

图4-1　常见的消毒柜

组合型食具消毒柜被大多数家庭选用。图4-2所示为ZLP63组合型食具消毒柜。它是臭氧加远红外线高温消毒的三功能消毒柜，可采用落地与挂壁两种安装方式。从外部结构看，它包含上下两柜门、磁性密封条、盛装食具的箱体、搁架、石英电热管、温控器、按钮开关、臭氧发生器等。

图4-2　ZLP63组合型食具消毒柜外部结构图

2 拆卸与认识消毒柜

消毒柜的拆卸方法较简单，但因固定螺钉规格较多，为避免混淆，需要分类放置打上记号，以便于安装。消毒柜拆卸步骤如下。

第一步　拆卸与认识消毒柜背板和箱内搁架。

① 选取合适的十字螺钉旋具，按图示逆时针方向旋下消毒柜背面的24颗螺钉。	② 放置好螺钉，双手取下消毒柜背板。认识保温材料，以及消毒柜电路的连接线路、元件。

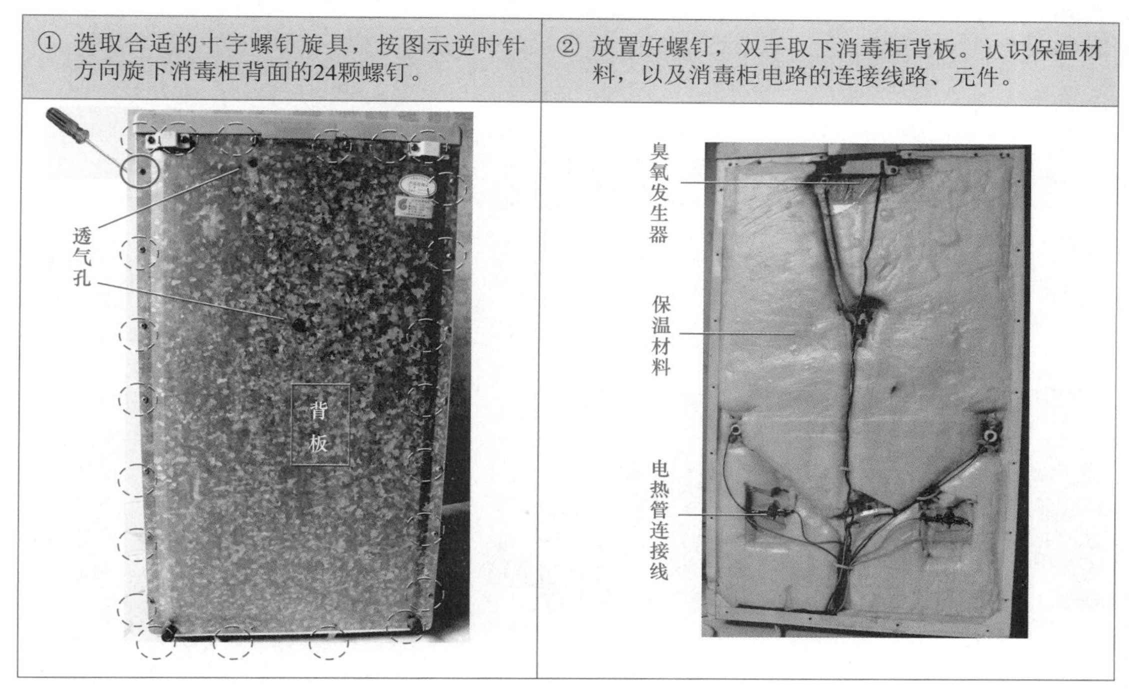

③ 打开上下柜门，取出消毒柜消毒室内的3个搁架。	④ 上部消毒室的臭氧发生器采用卡扣安装方式，下部的温控器、石英电热管采用螺钉固定方式。
	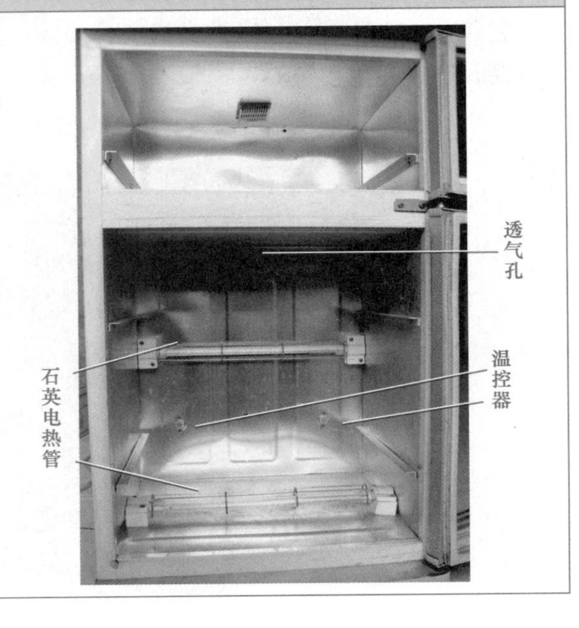

第二步　拆卸与认识消毒柜高温箱。

① 选取合适的十字螺钉旋具，旋下保护石英电热管钢架固定螺钉。	② 取下钢架，用尖嘴钳或扳手旋下石英电热管两端固定连接线路的螺帽。	③ 取下两根石英电热管，小心放置在安全、平稳的地方。
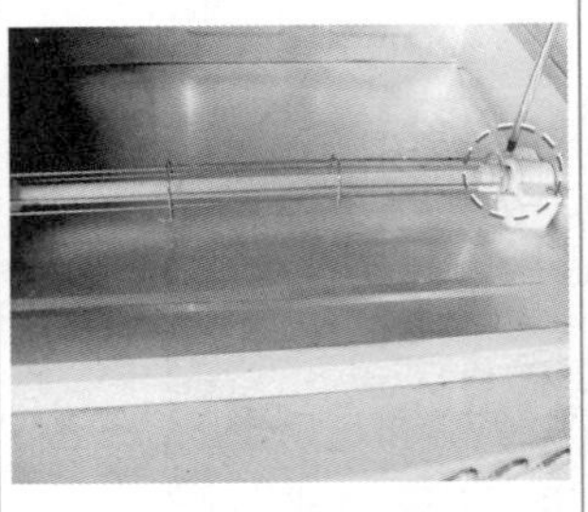	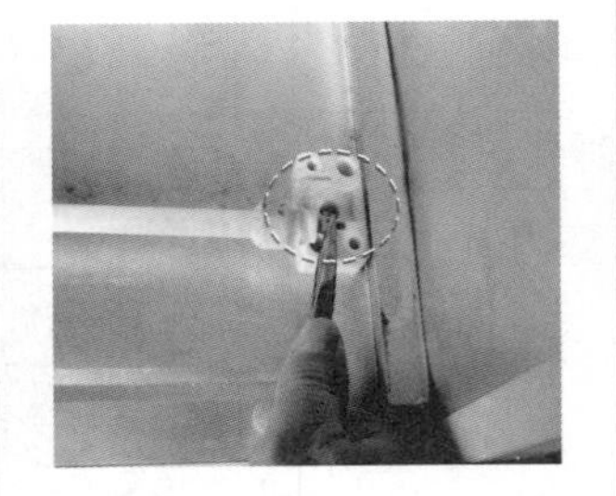	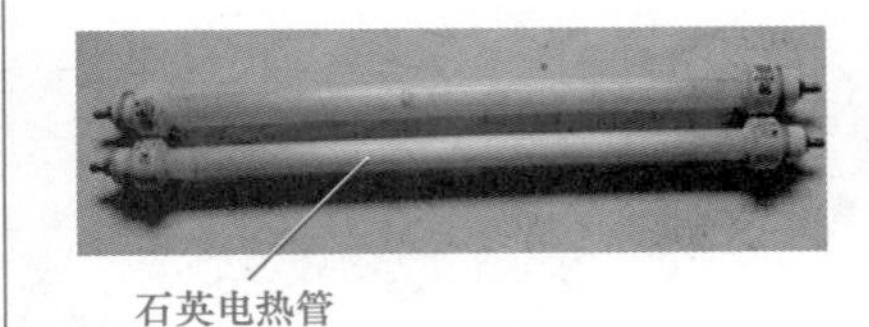
④ 用十字螺钉旋具和尖嘴钳配合，旋下固定温控器的螺钉。	⑤ 取出超温熔断器，将外层黄蜡管移开。	⑥ 消毒柜背板上有2个温控器和1个超温熔断器，记录下线路连接关系。
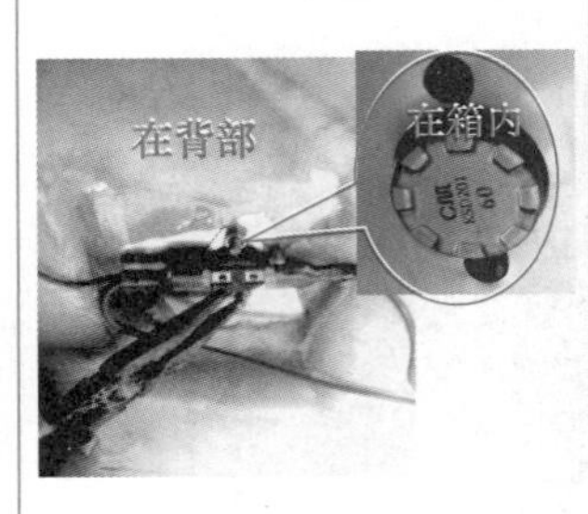	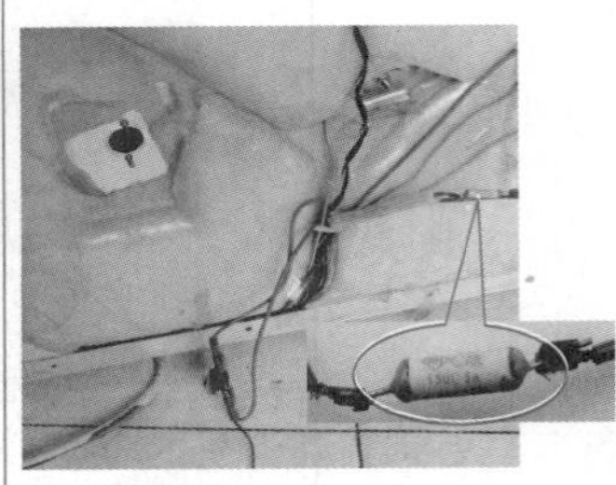	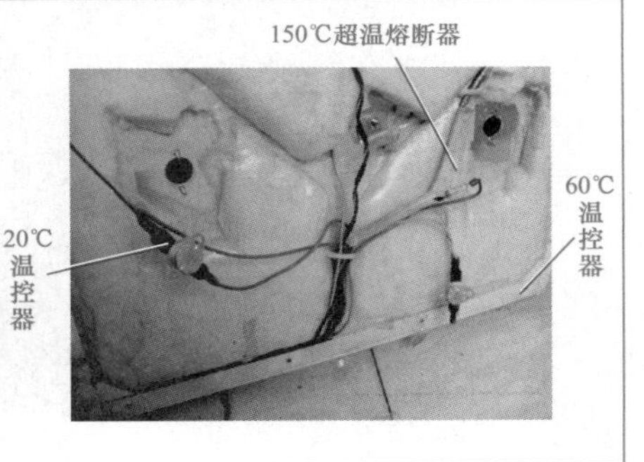

第三步　拆卸与认识消毒柜操作面板。

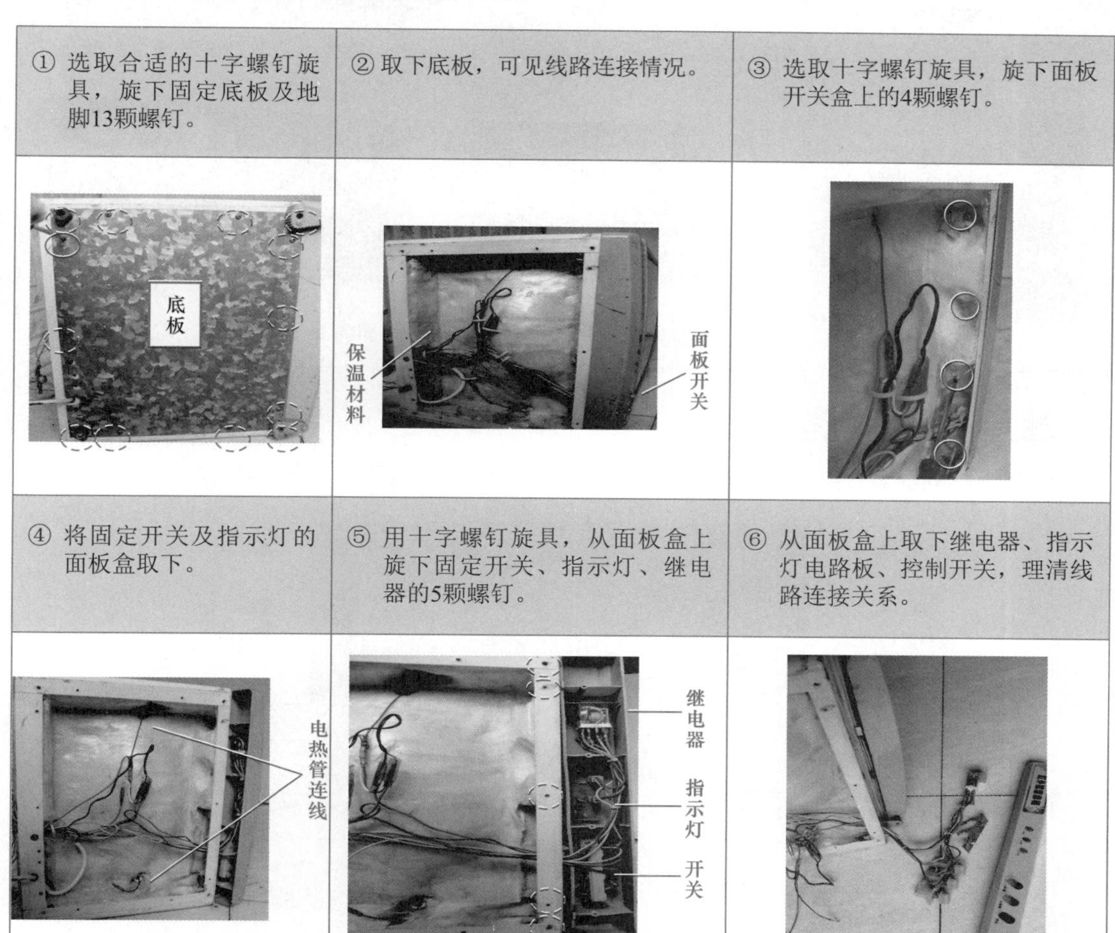

① 选取合适的十字螺钉旋具，旋下固定底板及地脚13颗螺钉。	② 取下底板，可见线路连接情况。	③ 选取十字螺钉旋具，旋下面板开关盒上的4颗螺钉。
底板	保温材料　面板开关	
④ 将固定开关及指示灯的面板盒取下。	⑤ 用十字螺钉旋具，从面板盒上旋下固定开关、指示灯、继电器的5颗螺钉。	⑥ 从面板盒上取下继电器、指示灯电路板、控制开关，理清线路连接关系。
电热管连线	继电器　指示灯　开关	

第四步　拆卸与认识消毒柜低温箱。

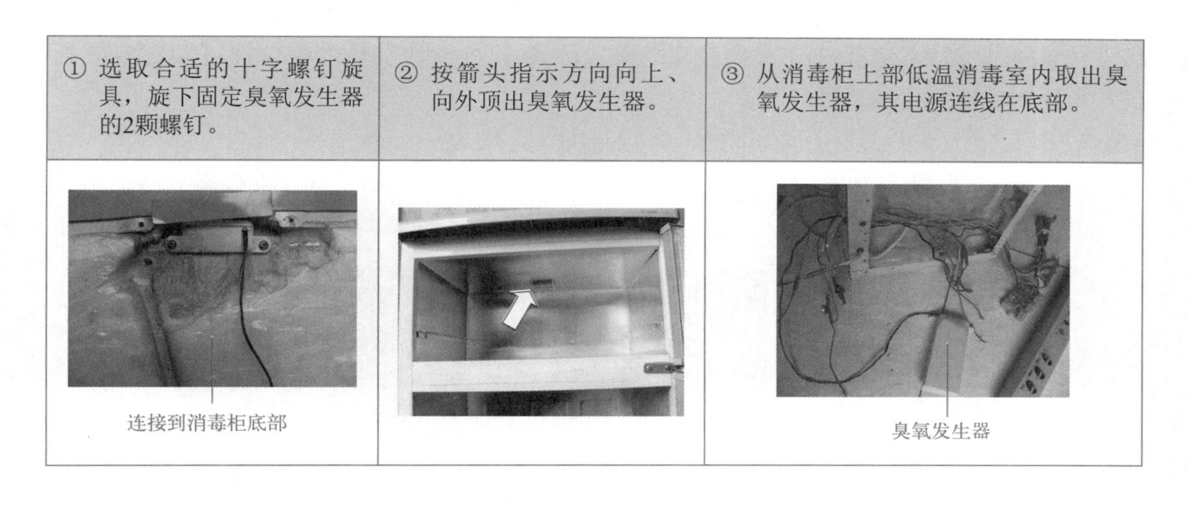

① 选取合适的十字螺钉旋具，旋下固定臭氧发生器的2颗螺钉。	② 按箭头指示方向向上、向外顶出臭氧发生器。	③ 从消毒柜上部低温消毒室内取出臭氧发生器，其电源连线在底部。
连接到消毒柜底部		臭氧发生器

④ 取下臭氧发生器连接的电源线，记录其连接位置。	⑤ 打开臭氧发生器的外壳，可见组装使用的电子元器件。	⑥ 旋下固定臭氧管的2颗螺钉，可见臭氧管外形。
	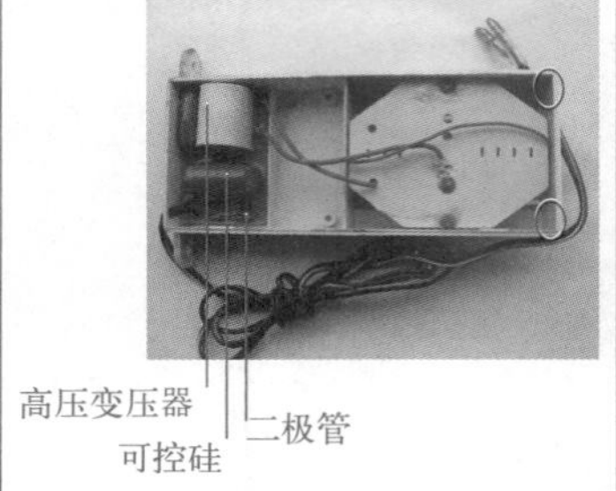	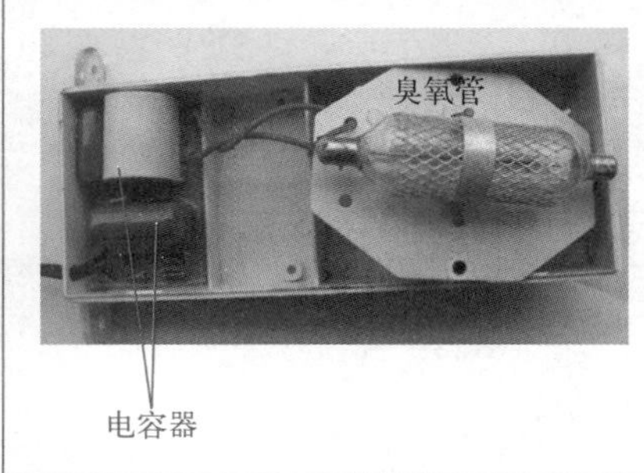

3 认识消毒柜的主要部件

拆卸后，观察消毒柜的电路连接关系，认识各部件的名称及外形，如图4-3所示。

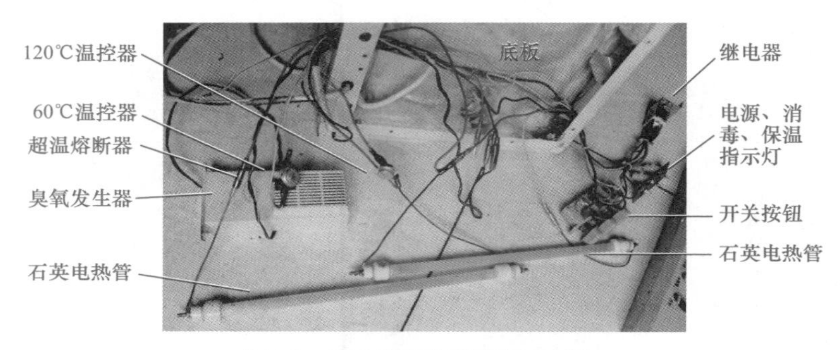

图4-3 ZLP63型消毒柜主要部件

ZLP63型消毒柜的主要部件有石英电热管、温控器、超温熔断器、面板控制开关、指示灯、继电器和臭氧发生器。

（1）石英电热管

石英电热管是消毒柜实现高温消毒、烘干食具的关键部件。从石英电热管外壳标示上可知其额定电压为220V，额定功率为300W，如图4-4（a）所示，因此直接在石英电热管两端加上220V电压（注意安全用电），若石英电热管发热发红，即可判定电热管正常可用，如图4-4（b）所示。

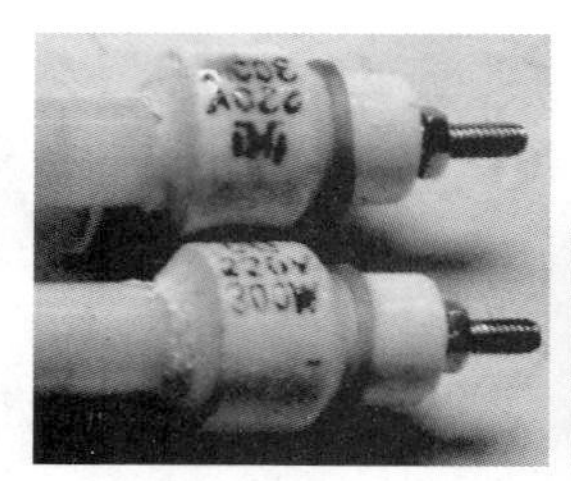

（a）石英电热管外壳标示

（b）两端加220V电压电热管发热发红

图4-4 石英电热管的检测

（2）温控器

温控器是实现温度自动控制的部件，当出现故障时消毒柜会不工作或不能自动控制。ZLP63型消毒柜使用了2个温控器，分别为KSD201/60和KSD201/120，外形如图4-5所示。

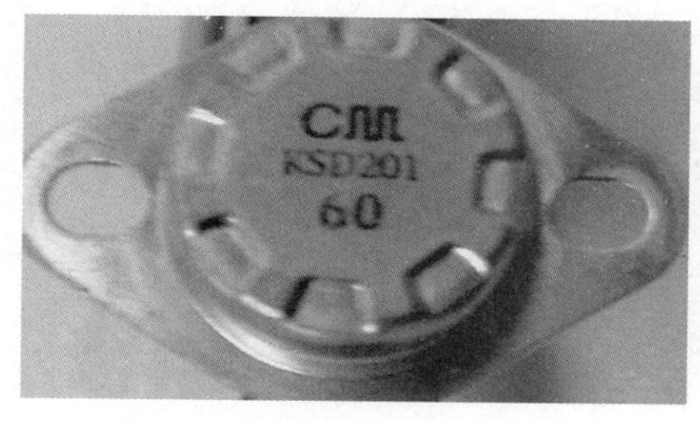

（a）KSD201/60

（b）KSD201/120

图4-5　ZLP63型消毒柜中使用的温控器

KSD201/60是60℃的保温温控器，当消毒柜高温箱内温度高于60℃时自动断开，低于60℃时自动闭合，从而保证了箱内温度在60℃左右，实现自动保温。

KSD201/120是120℃的消毒温控器，当消毒柜高温箱内温度高于120℃时自动断开，低于120℃时自动闭合，从而实现高温杀菌消毒。

（3）超温熔断器

超温熔断器是消毒柜加热电路中的保护部件，规格为250V 5A/150℃，外形同电熨斗、电饭煲等电器中使用的超温熔断器。正常情况下，超温熔断器是闭合的，当高温箱中温度超过150℃时熔断，使电路断开，从而保护了消毒柜。

（4）面板控制开关

ZLP63型消毒柜面板控制开关有3个：保温、电源控制开关为自锁开关（按下开关闭合，再按一次才断开）；消毒开关为常开按钮（按下开关闭合，放手又断开）。知其特点后就可用万用表检测其质量了。

（5）指示灯

ZLP63型消毒柜通电后“绿色”的电源指示灯亮，消毒柜处于保温状态时“黄色”的保温指示灯亮，消毒柜处于消毒状态时“红色”的消毒指示灯亮，指示灯均为氖泡材料，如图4-6所示。与电熨斗中使用的氖泡相同，需要将氖泡先串联一只120kΩ的电阻器，再并联在220V市电上使用。

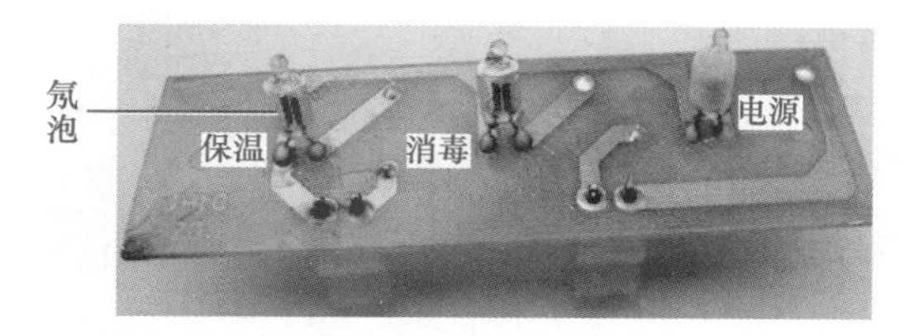

图4-6　电源、保温、消毒的氖泡指示灯

（6）继电器

JQX-13F型继电器是由电磁控制的两组开关，透过外壳可见继电器内部结构，从外壳标示可知内部有8个引脚。如图4-7所示，引脚1、3、5为一组，5、1为常闭触点，5、3为常开触点；引脚2、4、6为一组，6、2为常闭触点，6、4为常开触点；7、8脚间是继电器电磁线圈，额定电压为220V。继电器是消毒柜高温消毒的一个自动控制元件。

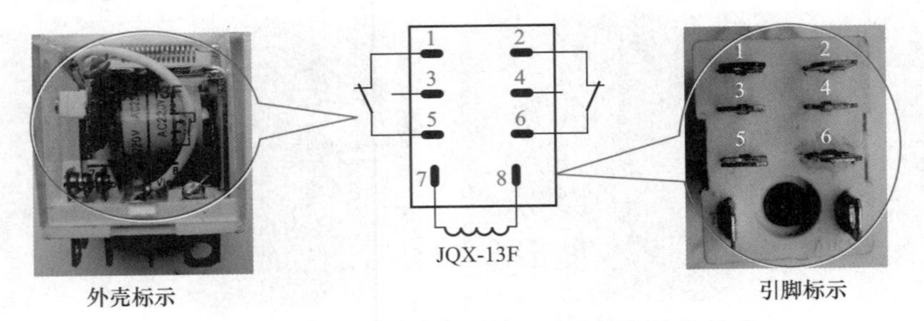

图4-7　JQX-13F型继电器的引脚及内部连接关系

（7）臭氧发生器

臭氧发生器是消毒柜实现低温消毒的主要部件，它是由二极管、晶闸管、电容器、高压变压器和臭氧管等元器件组成的电子设备，内部电路参看相关理论知识。它的功能是通电后产生臭氧，达到消毒杀菌的目的。为防止高压对人的伤害，以及水对该设备的影响，所有的电子元器件用高压硅脂密封在绝缘盒内。

4 组装消毒柜

组装消毒柜的操作过程与拆卸过程相反，但应注意螺钉的不同规格，紧固件要牢固，转动件要灵活。

第一步　安装臭氧发生器。

将臭氧发生器装配好，从消毒柜后背上部推入低温消毒室内，用两颗螺钉固定。电源线放入消毒柜的底部，插接在原来的位置。

第二步　安装面板。

将指示灯电路板固定在面板盒内，按拆卸时的记录连接好继电器线路、开关组件的线路，把它们固定在面板盒内，再插接好指示灯线路。用螺钉将面板盒固定在消毒柜下部。

第三步　安装石英电热管。

连接两个电热管线路，固定在原来的位置，注意不要损坏玻璃。

第四步　安装温控器。

连接两个不同的温控器线路，把它们分别固定在原来的位置。

第五步　安装底板。

检查底板内各线路连接是否正确、牢固、绝缘良好，整理并固定导线，然后盖上底板，用螺钉固定底板，固定好地脚螺钉。

第六步　安装背板。

连接好超温熔断器的线路，检查电热管、温控器的线路是否连接正确、牢固，整理并固定导线。然后盖上背板，用螺钉固定底板，固定好挂壁螺钉。

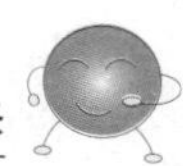

第七步　安装搁架。

打开箱门，把3个搁架放置在原来的位置。

第八步　通电前检查。

检查各部件安装位置是否复原，使用万用表在插头处按图4-8（a）～（d）所示顺序依次检测，应符合图示情况。同时还应检测消毒柜的绝缘性能，均正常后，才能通电试机，观察各功能是否正常。

（a）按下电源开关时输入端阻值应为∞

（b）按下保温开关时输入端阻值约为152Ω

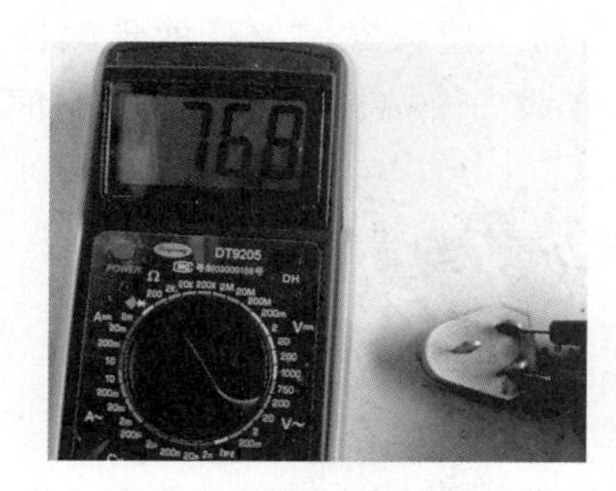

（c）按下消毒开关时输入端阻值约为76Ω

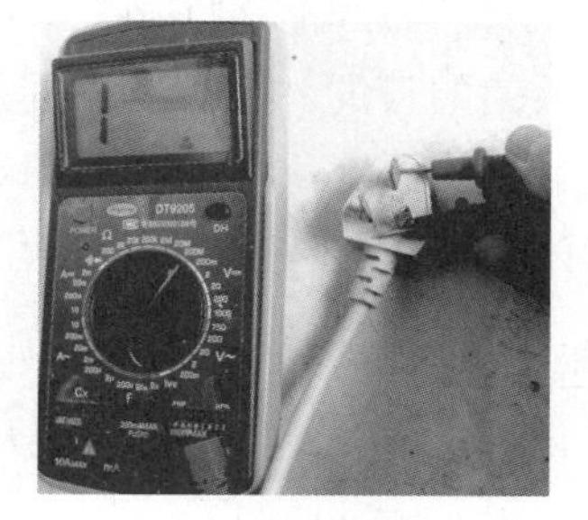

（d）在插头处测量线路绝缘应为∞

图4-8　消毒柜试机前的电阻检测

操作评价　消毒柜的拆装与维修操作评价表

<table>
<tr><th>评分内容</th><th colspan="3">技术要求</th><th>配分</th><th colspan="2">评分细则</th><th>评分记录</th></tr>
<tr><td>认识外形</td><td colspan="3">能正确描述消毒柜外观部件的名称</td><td>10</td><td colspan="2">操作错误每次扣1分，扣完为止</td><td></td></tr>
<tr><td rowspan="2">拆卸消毒柜</td><td colspan="3">1．能正确顺利拆卸</td><td>20</td><td colspan="2">操作错误每次扣2分</td><td></td></tr>
<tr><td colspan="3">2．拆卸的配件完好无损，并做好记录</td><td>10</td><td colspan="2">配件损坏每处扣2分</td><td></td></tr>
<tr><td>认识部件</td><td colspan="3">能够认识消毒柜组成部件的名称</td><td>10</td><td colspan="2">操作错误每次扣1分</td><td></td></tr>
<tr><td rowspan="2">组装消毒柜</td><td colspan="3">1．能正确组装并还原整机</td><td>20</td><td colspan="2">操作错误每次扣2分</td><td></td></tr>
<tr><td colspan="3">2．螺钉装配正确，配件不错装、不遗漏配件</td><td>20</td><td colspan="2">错装、漏装每处扣2分</td><td></td></tr>
<tr><td>安全文明操作</td><td colspan="3">能按安全规程、规范要求操作</td><td>10</td><td colspan="2">不按安全规程操作酌情扣分，严重者终止操作</td><td></td></tr>
<tr><td>额定时间</td><td colspan="3">每超过5min扣5分</td><td></td><td colspan="3"></td></tr>
<tr><td>开始时间</td><td></td><td>结束时间</td><td></td><td>实际时间</td><td></td><td>成绩</td><td></td></tr>
<tr><td>综合评议意见</td><td colspan="7"></td></tr>
</table>

4.1.2 相关知识：消毒柜的消毒原理与类型

1 消毒柜的消毒原理

消毒柜广泛应用于医疗、卫生、餐饮食具等方面，其中食具消毒柜应用较多，它是用物理或化学手段杀灭用水清洗过的餐具中残留微生物的大部分或全部的厨房器具。食具消毒柜通常采用臭氧、远红外线高温、紫外线、热风干燥等方法灭菌消毒。

臭氧消毒是利用臭氧管在数千伏的高压下放电，空气在电场的作用下分解成氧原子，进而再结合生成臭氧。臭氧是一种淡蓝色气体，除具有除臭、保鲜、清新空气的作用外，还可进入细菌内部，破坏其细胞结构和氧化酶，达到杀菌效果。

远红外线高温消毒是利用红外线石英管加热至125℃高温，持续10min以上，使包括细菌、病毒在内的微生物机体蛋白质组织变性而达到杀灭细菌、病毒的目的。

紫外线消毒则是由石英紫外线灯产生波长为200～280 nm的紫外线杀灭细菌，其中波长在250～270 nm的紫外线杀菌能力最强。通过紫外线对细菌、病毒等微生物的照射，以破坏其机体内脱氧核糖核酸（DNA）的结构，使其立即死亡或丧失低温繁殖能力，达到消毒杀菌的目的。干燥消毒是将消毒柜变成一个热风循环的干燥空间，形成细菌难以繁殖和生存的环境，从而实现消毒的目的。

为了保证消毒效果，一些消毒柜采用多重消毒方式，如紫外线+臭氧、干燥+臭氧等。

2 消毒柜的类型

（1）按功能分

消毒柜按功能分有单功能和多功能两种。单功能消毒柜通常采用高温、臭氧或紫外线等单一功能进行消毒；多功能消毒柜多采用高温、臭氧、紫外线、蒸汽、纳米等不同组合方式来消毒，能够杀灭多种病毒和细菌。

（2）按消毒方式分

消毒柜按消毒方式分有臭氧、紫外线臭氧、红外线高温、超温蒸汽、紫外臭氧加高温等类型。其中，臭氧、紫外线臭氧属于超低温消毒，消毒温度一般在60℃以下，适合各类餐具的消毒，尤其是不耐高温的塑料、玻璃制品的消毒。红外线高温、超温蒸汽、紫外臭氧加高温属于热消毒或多重组合消毒方式，消毒温度一般在100℃以上，消毒效果好，适合陶瓷、不锈钢等耐高温制品的消毒。另有一些双门消毒柜上面一层属臭氧消毒，用于不耐高温的餐具消毒；下面一层是红外线高温消毒，用于耐高温餐具消毒。

（3）按消毒室数量分

消毒柜按消毒室数量分，有单门、单门双层、双门及多门消毒柜。单门消毒柜一般只有一种消毒功能；双门消毒柜一般为两种或两种以上消毒方式的组合。一般来说，单门消毒柜适用于集体饭堂和酒店等餐具消毒，属高温消毒；而双门宜为家庭选用，因为家庭中的餐具一般可分为耐高温和不耐高温两类，而一般的双门柜都具有高温和低温消毒两种功能。

（4）按容积大小分

目前市场上主要有30L、50L、80L、100L、150L、250L、350L等系列消毒柜。作为日常家用的消毒柜，容积在50～80L，功率为600W左右就比较适宜了。

（5）按安装方式分

消毒柜按安装方式分有立式、卧式、壁挂式、嵌入式、落地式、台式、开门式和抽屉式等。目前市场上较流行与整体厨房配套的嵌入式消毒柜，这种消毒柜集食具消毒、烘干、存放于一体，非常实用。

现在市场上的消毒柜有很多附加功能，比如烘干、保温、保湿、VFD大屏幕显示、热风内循环、微电脑控制、定时开关、增设排气孔、特设防虫网、自动除臭、防二次污染等。

任务4.2　消毒柜的维修

任务目标

1．会检测消毒柜的主要部件。

2．学会排除消毒柜的常见故障。

任务分析

1．用万用表检测消毒柜主要部件。

2．运用消毒柜电路的工作原理与维护相关知识，根据故障现象，分析故障原因，并排除故障。

4.2.1　实践操作：消毒柜主要部件检测与常见故障排除

微课

消毒柜的维修

1　检测消毒柜电路的主要部件

（1）石英电热管

首先检查石英电热管外观是否完好，再使用万用表检测石英电热管的阻值是否为150Ω左右。检测方法如图4-9所示。

（2）温控器

在常温下用万用表检测温控器引线两端阻值，应为0；用电烙铁对温控器加热，再检测其阻值为∞，则正常可用。检测方法如图4-10所示。

（3）超温熔断器

超温熔断器的检测方法如图4-11所示，常温下测其两端的电阻应为0，若阻值为∞则说明超温熔断器损坏。它属于一次性元件，损坏后更换相同规格的超温熔断器即可。

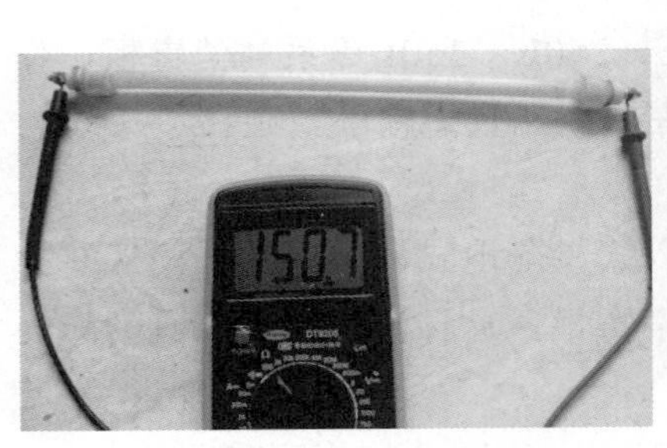

（a）常温下温控器阻值为0　　（b）加热后温控器阻值为∞

图4-9　检测电热管阻值

图4-10　检测温控器阻值

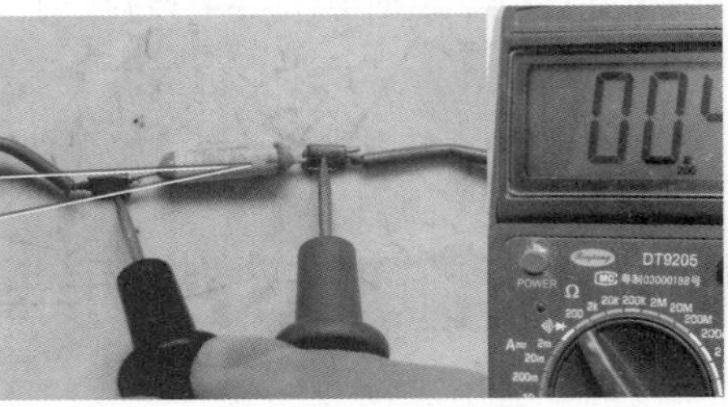

图4-11　检测超温熔断器阻值

（4）面板控制开关

面板控制开关有3个，通过手动检查其是否灵活，再用万用表检测其接触是否良好。检测方法如图4-12所示。

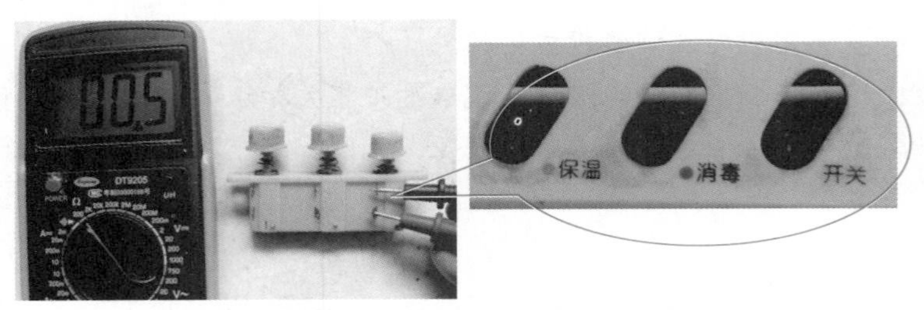

图4-12　按下电源开关两触点闭合

（5）继电器

JQX-13F型继电器上8个引脚的连接情况，可通过万用表来检测，如图4-13所示。JQX-13F型继电器的触点质量检测采用通电方法判断，在7与8脚间加220V的电压，可观察到内部触点能吸合，则可用，如图4-14所示，操作时需注意安全。

（a）检测继电器开关组件　　（b）检测继电器线圈阻值

图4-13　万用表检测继电器8个引脚的连接情况

(a) 未通电时引脚5-1闭合 5-3断开

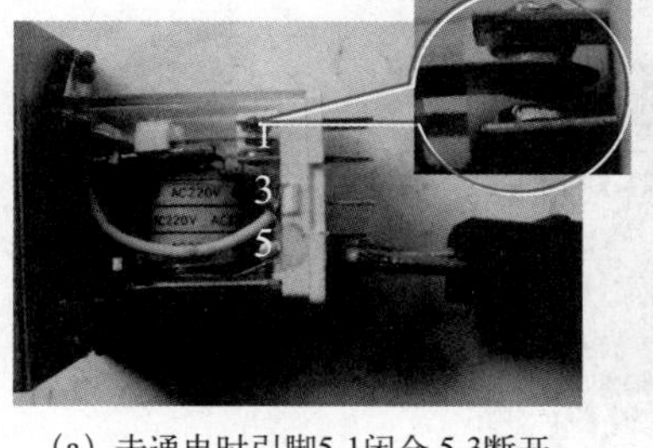

(b) 通电后引脚5-1断开 5-3闭合

图4-14　在继电器的7与8脚间加220V电压检查触点闭合情况

(6) 臭氧发生器

检测电源输入端的阻值应为∞，高压变压器的输出端阻值约为1.4kΩ，方法如图4-15所示；也可采用直接通电220V的方法，正常发生器能产生臭氧，看到蓝色的光，听到高压电击的声音，如图4-16所示。若臭氧发生器不能工作，最好整体更换。

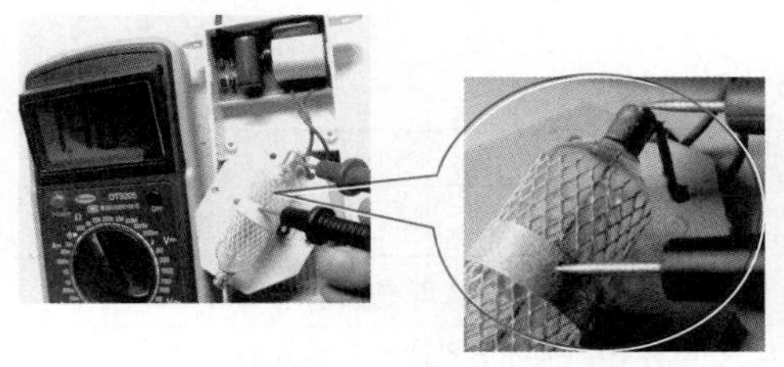

图4-15　检测变压器的输出端阻值

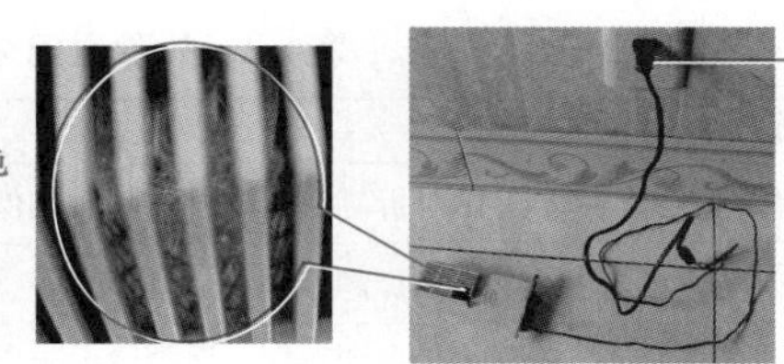

图4-16　通过臭氧发生器通电产生臭氧判断好坏

2 排除消毒柜常见故障

下面通过几个典型故障，学习排除消毒柜的常见故障。

典型故障一：按下电源开关，所有指示灯均不亮

故障现象　ZLP63型消毒柜，按下电源开关，所有指示灯均不亮。

故障分析　分析故障引起的可能原因见表4-1。

故障排除　排除故障的方法见表4-1。

表4-1　故障原因分析及排除方法

引起故障的可能原因	排除故障的方法
电源插座无电	更换另外的插座或用万用表、试电笔检查插座有无电压输出
电源线路损坏断路	电阻法检查电源线路，修理或更换电源线路
电源开关损坏开路	拆卸消毒柜底板后，再拆卸面板盒，检查开关，修理或更换电源开关
超温熔断器熔断	拆卸背板，取出超温熔断器，直接检测好坏；更换同规格的超温熔断器，检修方法如图4-17所示

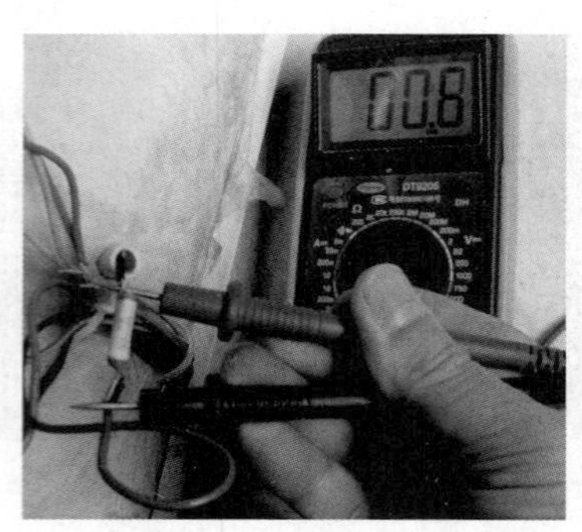

图4-17　在路检测超温熔断器好坏

典型故障二：按下电源开关和保温开关，保温指示灯发光，但电热管不发光发热

故障现象　ZLP63型消毒柜，按下电源开关后，再按下保温开关，保温指示灯发光，但底部电热管EH2不发热发光，无温度。

故障分析　分析故障引起的可能原因见表4-2。

故障排除　排除故障的方法见表4-2。

表4-2　故障原因分析及排除方法

引起故障的可能原因	排除故障的方法
电热管EH2开路损坏	拆卸底部电热管EH2的保护罩，用万用表检测好坏，损坏后更换同规格电热管
继电器K的常闭触点不能接触	拆卸消毒柜底板后，再拆卸面板盒，检查继电器，修理或更换继电器
保温温控器ST1开路损坏	拆卸背板，取出保温温控器ST1，检测好坏；损坏后更换60℃温控器，检测方法如图4-18所示

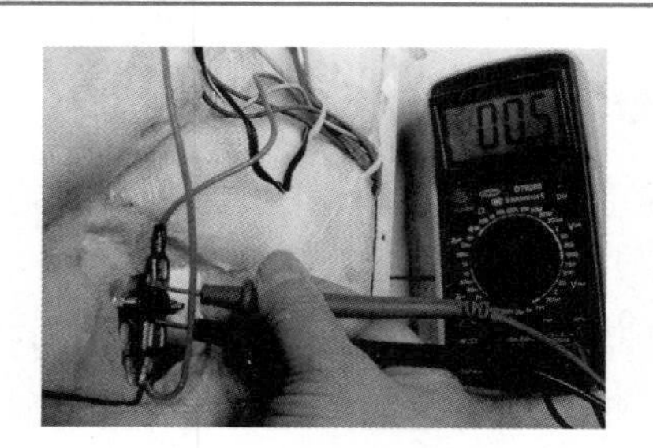

图4-18　在路检测温控器

操作评价　消毒柜的维修操作评价表

评分内容	技术要求	配分	评分细则	评分记录
检测部件	能正确检测消毒柜部件的好坏	20	操作错误每次扣5分	
排除消毒柜的故障	1．能够正确描述故障现象、分析故障，确定故障范围及可能原因	20	不能，每项扣5分，扣完为止	
	2．能够正确拆装消毒柜	20	操作错误每次扣2分	
	3．能够由原因逐个确定故障点，并能排除故障点	20	不能，扣10分；基本能，扣5～10分	
安全使用	安全检查，正确使用消毒柜	10	操作错误每次扣5分	
安全文明操作	能按安全规程、规范要求操作	10	不按安全规程操作酌情扣分，严重者终止操作	
额定时间	每超过5min扣5分			

续表

评分内容	技术要求			配分	评分细则		评分记录
开始时间		结束时间		实际时间		成绩	
综合评议意见							

4.2.2 相关知识：消毒柜的工作原理与维护

1 ZLP63型消毒柜电路的工作原理

ZLP63型消毒柜具有低温臭氧消毒、红外高温消毒和保温三大功能。该消毒柜有2个消毒室，采用机电控制方式，有3个控制开关按钮，图4-19为ZLP63型消毒柜电路工作原理图，臭氧发生器电路原理图如图4-20所示。

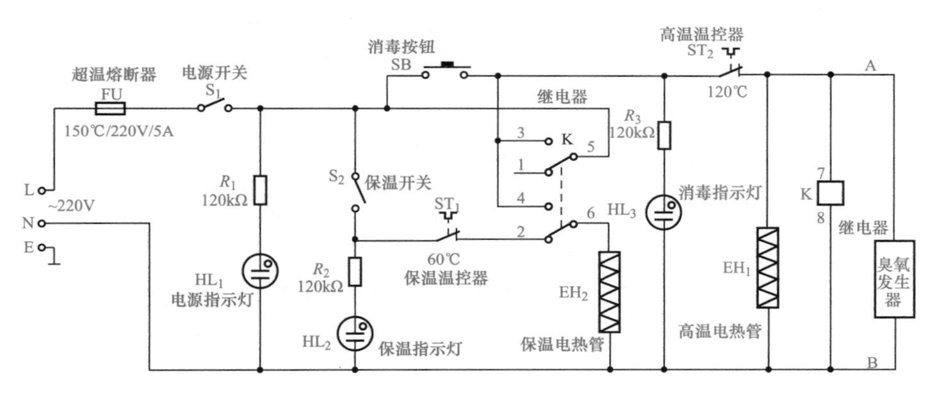

图4-19 ZLP63型消毒柜电路工作原理图

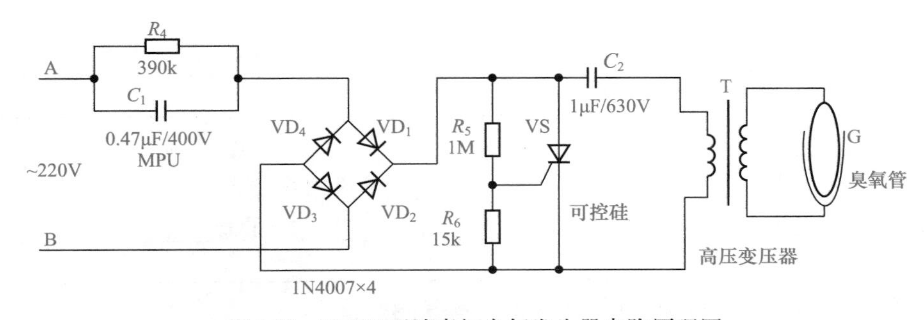

图4-20 ZLP63型消毒柜臭氧发生器电路原理图

消毒柜电路工作原理见表4-3。

表4-3 消毒柜电路工作原理

消毒柜完成功能	工作过程
接通电源	按下电源开关S_1，电源指示灯HL_1发出绿光，此为消毒柜工作做好准备，消毒柜并未工作，几乎不耗电；再按S_1消毒柜断电
保温烘干	按下电源开关S_1，再按下保温开关时，HL_1发出绿光，HL_2指示灯发出橘红色光，此时电热管EH_2两端得电220V而发热，使高温消毒室温度上升，到达60℃以上后ST_1断开，停止加热；但温度下降到一定时ST_1又闭合，EH_2又通电加热，如此反复实现保温烘干功能
接通电源	按下电源开关S_1，电源指示灯HL_1发出绿光，此为消毒柜工作做好准备，消毒柜并未工作，几乎不耗电；再按S_1消毒柜断电
保温烘干	按下电源开关S_1，再按下保温开关时，HL_1发出绿光，HL_2指示灯发出橘红色光，此时电热管EH_2两端得电220V而发热，使高温消毒室温度上升，到达60℃以上后ST_1断开，停止加热；但温度下降到一定时ST_1又闭合，EH_2又通电加热，如此反复实现保温烘干功能
红外高温消毒	按下电源开关S_1后，按下消毒按钮SB，指示灯HL_3发出红光。继电器K的线圈得220V电压，继电器的常开触点5-3闭合而自锁，即使放手后继电器的线圈上仍有220V电压，保证220V电压加到EH_1两端而发热。同时继电器常闭触点6-2断开，使保温指示灯熄灭；常开触点6-4闭合，EH_2两端得220V电压发热。两根电热管均发热使高温消毒室温度升高，升到120℃以上后，温控器ST_2断开，继电器线圈失去电压，常开触点5-3断开，失去自锁功能；常开触点6-4断开，常闭触点6-2闭合复原，此时EH_1、EH_2均失电停止加热，消毒指示灯熄灭，完成高温消毒过程
臭氧低温消毒	在按下消毒按钮时，高温消毒室实现120℃的高温消毒杀菌；与此同时低温消毒室的臭氧发生器也工作产生臭氧，对低温消毒室消毒杀菌，当高温消毒室停止加热时，低温消毒室也停止工作；臭氧发生器输入端得到220V电压后，经C_1、R_4降压后，由桥式整流器整流为脉动直流电，由于有过零出现，因此单向晶闸管VS在过零时断开，控制极电压升高到可触发VS又导通，如此反复使电容器C_2与变压器的初级组成一个LC振荡器，产生的脉冲电压经高压变压器T升压后，作用于臭氧管，产生几千伏电压而形成臭氧
高温消毒+保温	在按下消毒按钮时，同时按下保温开关，此时3个指示灯均发光。当高温消毒结束后，高温消毒室温度下降到60℃以下后，ST_2温控器闭合，完成保温功能

2 消毒柜的维护

1）洗涤剂。清洁餐饮具，宜选用中性洗涤剂。

2）保持排气。消毒柜室内有透气孔，注意防止排气孔被堵。

3）故障处理。如发生故障，必须到特约维修部门检修。

4）定期保养。定期对消毒柜进行清洁保养，用干净的湿布擦拭消毒柜内外表面，始终要保持消毒柜消毒室内干燥，防止食具二次污染。

思考与练习

1. 消毒柜按消毒方式主要类型有________、________、________、________。

2. 消毒柜种类虽多，但一般离不开________、________、________、________、________、________等几部分。

3. 消毒柜是利用________________完成消毒杀菌的。

4. 消毒柜的电热管一般使用材料是__________，作用是__________。

5. 消毒柜的发明者是________________________。

6. 图4-19消毒柜电路，分析消毒柜如何高温消毒。

7. 消毒柜通电按下消毒开关后出现消毒指示灯亮、电热管发热，但不产生臭氧。该故障应如何排除？

项目 5
电热水器的拆装与维修

学习目标

知识目标

1. 了解电热水器的类型、结构。
2. 理解电热水器的电路工作原理。
3. 了解电热水器的防电墙技术。
4. 掌握电热水器的技术标准。
5. 了解电热水器的选购、使用与维护。

技能目标

1. 会拆卸与组装电热水器。
2. 能认识电热水器的主要部件。
3. 会检测电热水器的相关部件。
4. 能排除电热水器的常见故障。

电热水器是利用电加热方法为人们提供生活热水（淋浴和洗涤）的一类电热器具。电热水器是与燃气热水器、太阳能热水器相并列的三大热水器之一。

本项目学习即热式电热水器的拆卸、组装、部件检测、电路工作原理和故障检修。

任务5.1 电热水器的拆卸与组装

任务目标

1. 会拆卸与组装电热水器。
2. 能认识电热水器的主要部件。

任务分析

拆卸与组装电热水器的工作流程如下。

确定电热水器的类型 ⇨ 认识电热水器的外形结构 ⇨ 拆卸与认识电热水器 ⇨ 认识电热水器的主要部件 ⇨ 组装电热水器

5.1.1 实践操作：拆卸与组装电热水器

微课
拆卸与组装电热水器

1 确定电热水器的类型和认识电热水器的外形结构

电热水器种类很多，常见的几种如图5-1所示。

(a) 卧式储水式（机械控制型）

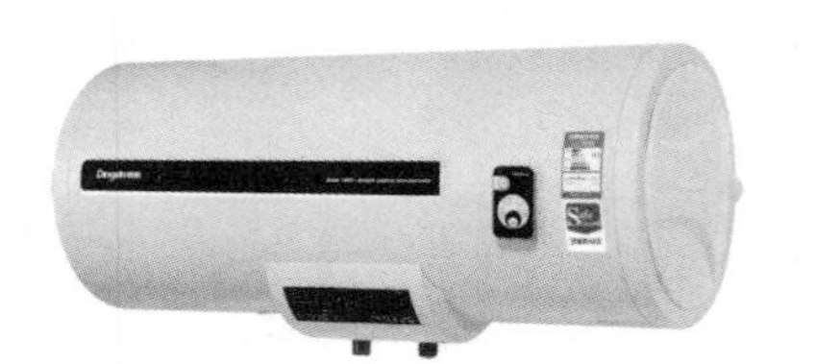

(b) 卧式储水式（电脑控制型）

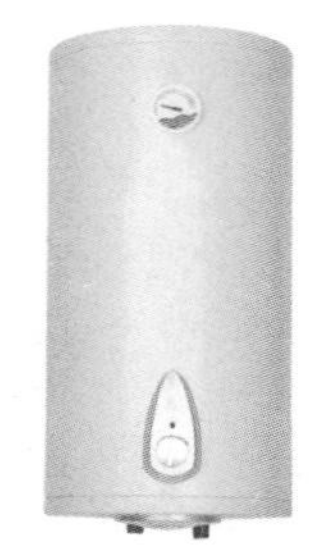

(c) 立式储水式

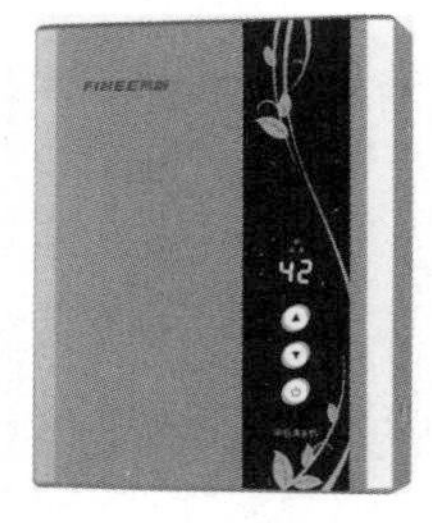

(d) 即热式

(e) 即热式（小厨宝）

(f) 速热式（半储水式）

(g) 空气源热泵型

图5-1 常见电热水器

检修电热水器时必须拆卸热水器。这里拆卸的是DST-B-8型即热式电热水器，其外部结构如图5-2所示。

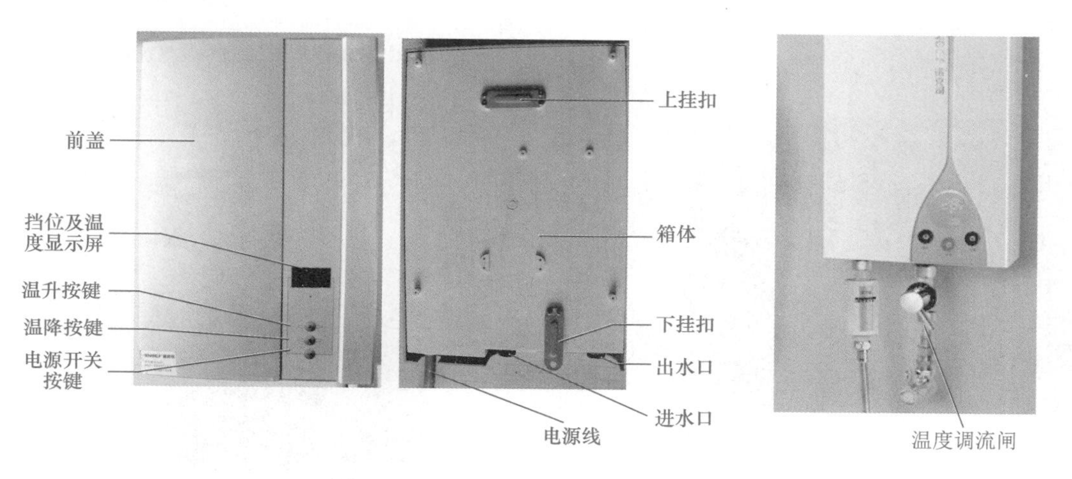

图5-2　DST-B-8型即热式电热水器外部结构

2 拆卸与认识电热水器

电热水器因种类不同，拆卸方法各异，这里主要介绍即热式电热水器的拆卸方法。

第一步　拆卸DST-B-8型即热式电热水器的外壳，认识其内部结构。

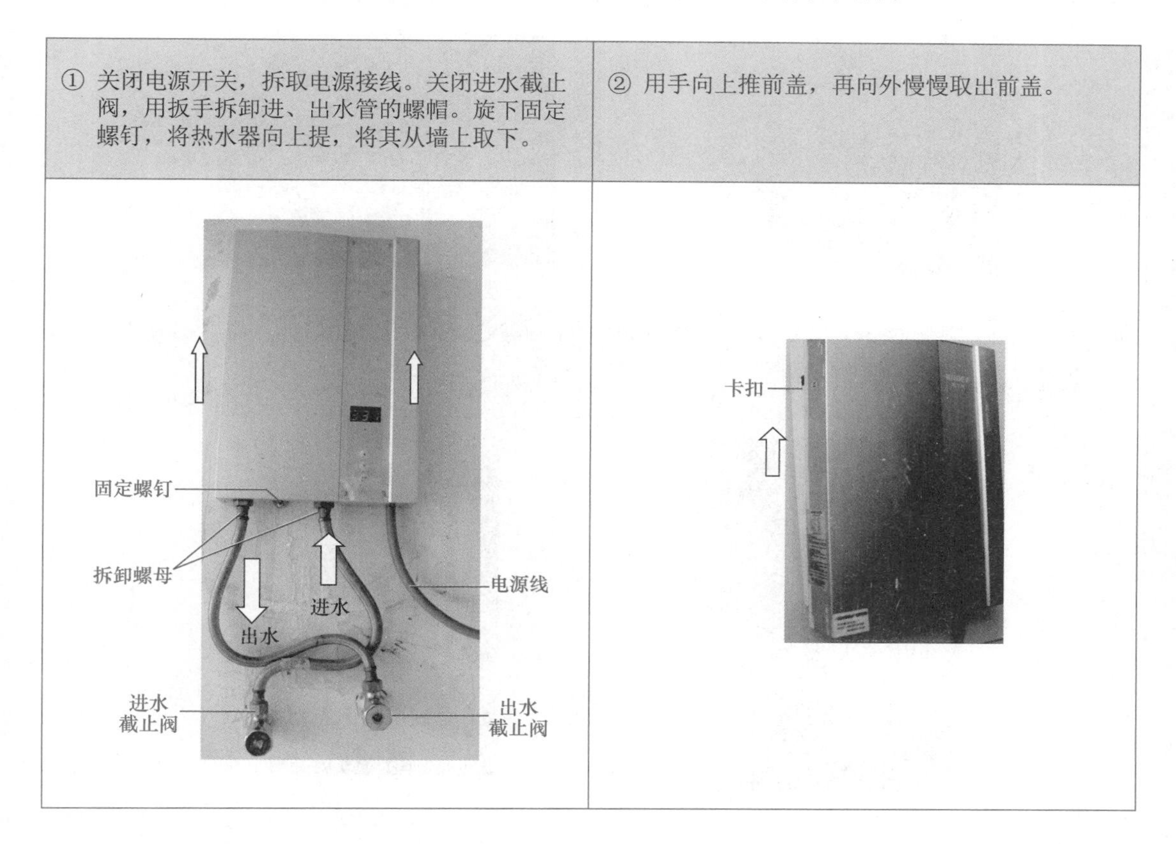

① 关闭电源开关，拆取电源接线。关闭进水截止阀，用扳手拆卸进、出水管的螺帽。旋下固定螺钉，将热水器向上提，将其从墙上取下。	② 用手向上推前盖，再向外慢慢取出前盖。

<table>
<tr><td>③ 观察内部结构，前盖与箱体间有线路连接，用手捏住插接件的卡扣，取下插头与插座，分离前盖。</td><td>④ 观察机箱内主要部件，认识其名称及外形。</td></tr>
<tr><td>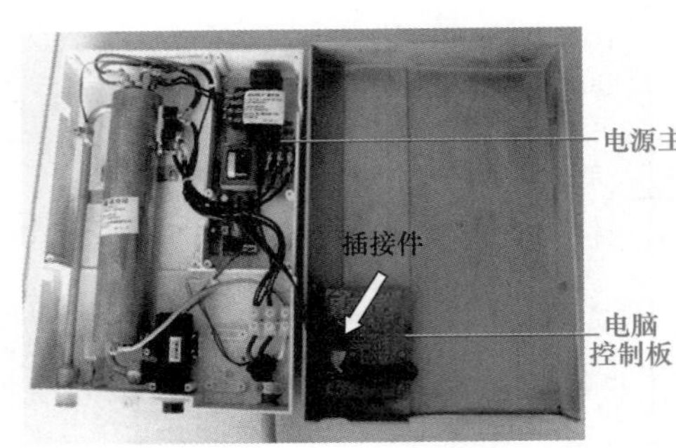
</td><td>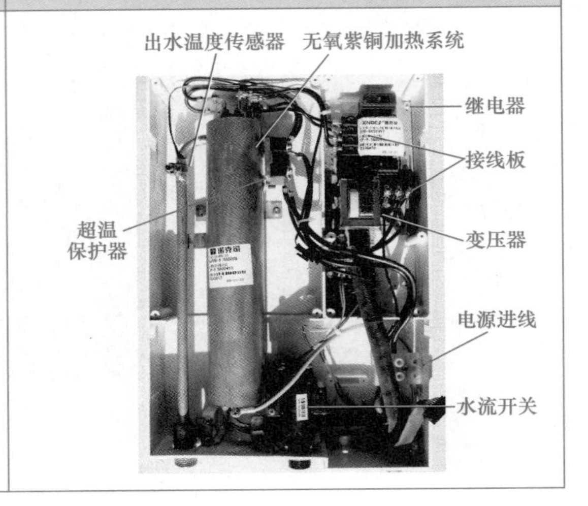
</td></tr>
</table>

第二步　拆卸电热水器的电路板、加热体，认识其组件。

<table>
<tr><td>① 用十字螺钉旋具旋下热水器前盖上固定电脑控制板的6颗螺钉。</td><td>② 取出电路板，观察电路的元器件。</td></tr>
<tr><td></td><td>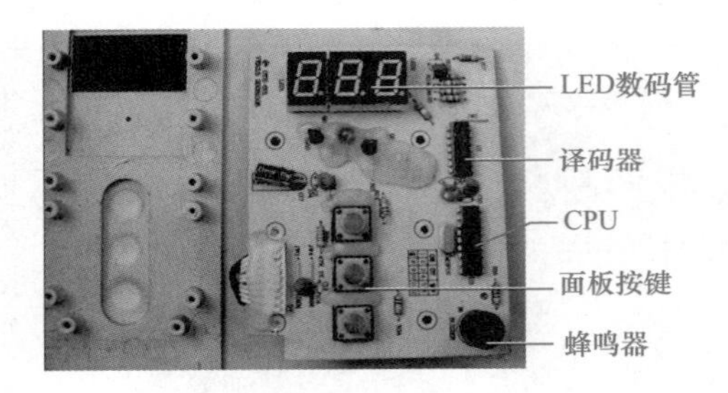
</td></tr>
<tr><td>③ 用十字和一字螺钉旋具，分别旋松压接在电源线头的螺钉，取出两端的电源线；再取出漏电检测线圈。</td><td>④ 用螺钉旋具旋下固定电源电路板的4颗螺钉。</td></tr>
<tr><td>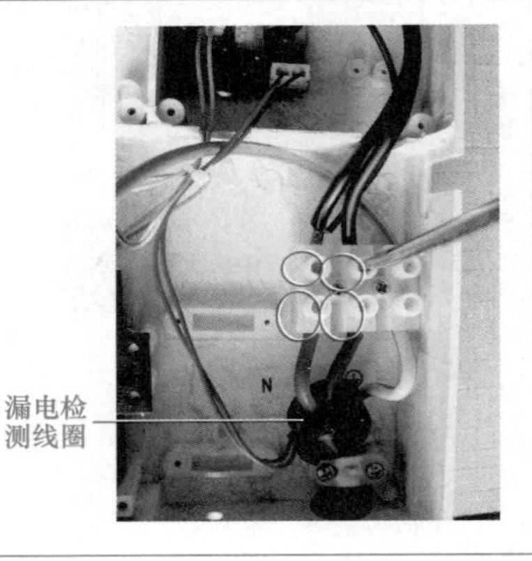
</td><td>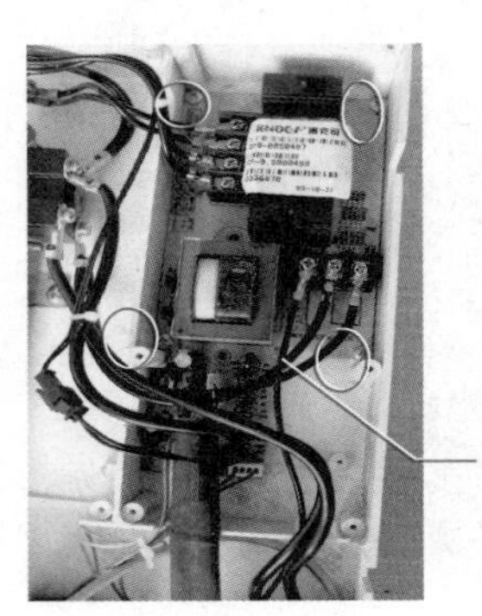
</td></tr>
</table>

⑤ 用螺钉旋具旋下固定紫铜加热系统的螺钉。	⑥ 由下往上将加热系统和电路板一起取出，记录线路关系。
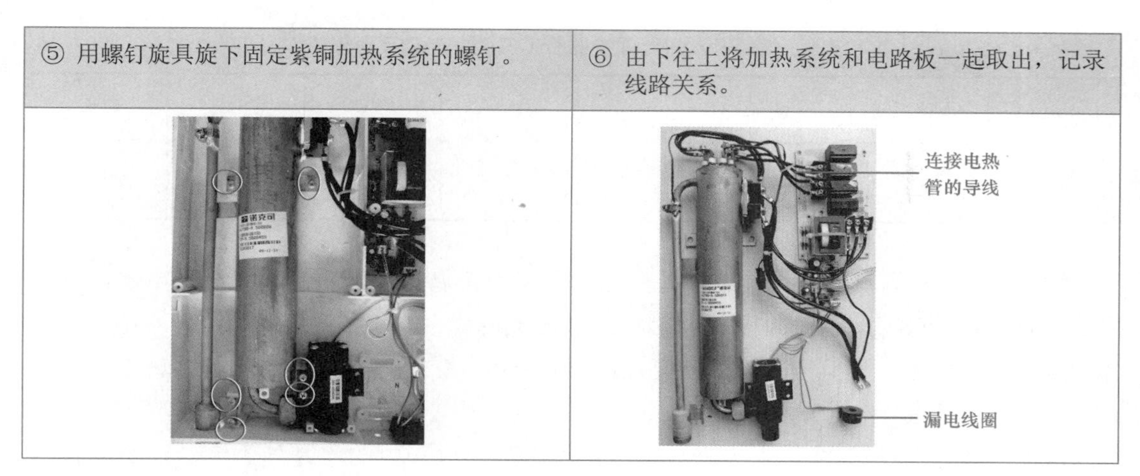	

3 认识电热水器的主要部件

DST-B-8型电脑控制式电热水器的部件较多，主要包括无氧紫铜加热系统、超温保护器、水流开关、漏电线圈、继电器、电源变压器、温度传感器、电源主板、电脑控制板。

（1）无氧紫铜加热系统

无氧紫铜加热系统共有4组发热体，2组1700W，2组2300W，额定电压为220V，如图5-3（a）所示。该电热水器的Hi-Copheat海可沸快速加热系统采用无氧紫铜材料配合镍铬合金发热元件, 其内部结构如图5-3（b）所示。该加热系统具有传热快，热效率高，抗菌、抑菌、杀菌能力强，耐腐蚀，不易结水垢等特点。

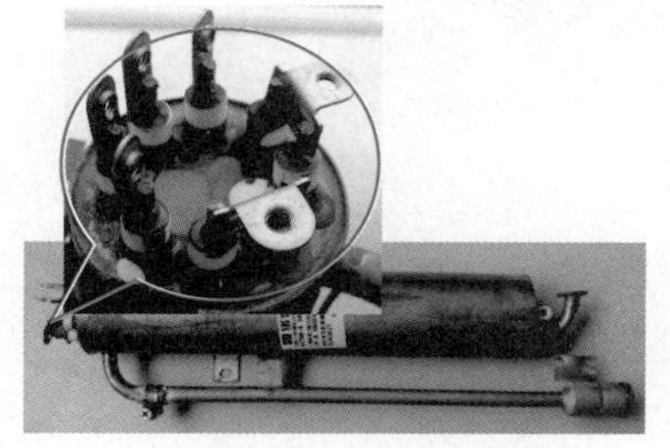

（a）无氧紫铜加热系统外形

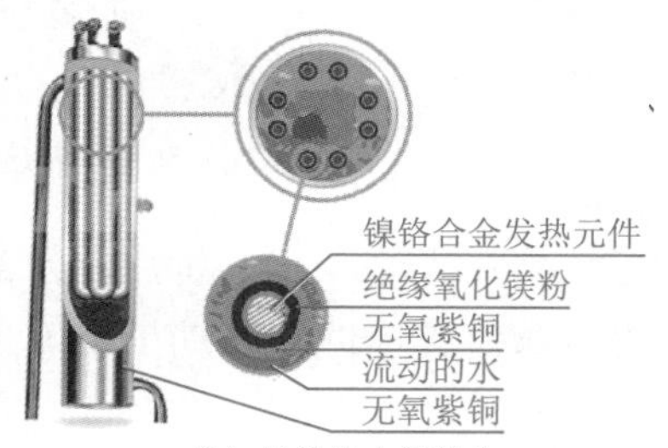

（b）发热体内部结构

图5-3　无氧紫铜加热系统

（2）超温保护器（温控器）

该电热水器的超温保护器外形如图5-4所示，外壳标示及含义如表5-1所示。

（a）超温保护器KSD307

（b）标示参数

图5-4　电热水器的超温保护器KSD307外形

表5-1 超温保护器KSD307外壳标示及含义

标示	KSD307M	250V	~	45A	98℃	(符号)	CQC
含义	双极型温度控制器	额定工作电压250V	工作电压为交流电	额定电流为45A	突跳断温度为98℃	常闭开关符号	产品认证

KSD307M/98℃双极型温控器，外壳全封闭的双金属片接触感温式温度继电器，在温度达到预设定的98℃时快速跳断，同时将热水器电路的火线和零线全部切断，对电器、人体起安全保护作用，复位方式为手动复位。具有温度保护、过热保护及防干烘功能。

（3）水流开关

水流开关也称为流量开关或流量传感器，用于检测管内的水是处于流动还是停止状态。如图5-5所示，水流开关由有磁环活塞、复位弹簧、位置调节螺钉等组成。外壳为聚碳制造，磁心采用钕铁硼永磁材料，传感器磁控开关为干簧管。进水端与出水端接口均为G1/2标准管螺纹。

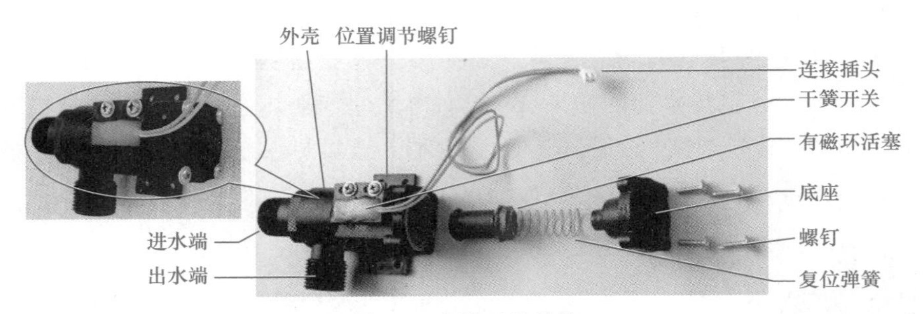

图5-5 水流开关结构

水流开关中没有水流动时，开关断开，为常开干簧开关，而当水流动时有一个向上的压力将有磁环的活塞抬起接近并驱动干簧开关，产生一个闭合的信号，所以要求直立安装。

（4）漏电线圈

漏电线圈也称为零序互感器、检测互感器或电流互感器，电热水器正常工作时，流过互感器中火线与零线的电流大小相等，方向相反，电流和为0，漏电线圈无感应电流产生，电路不动作；当热水器出现线路与设备间漏电或有人触电时，就有一个接地故障电流，使流过互感器内的电流和不为0，互感器铁芯会感应出磁通，漏电线圈中就会有感应电流产生，经漏电专用芯片处理后控制单片机，使电源进线断开停止加热，防止发生触电。

（5）继电器

DST-B-8型电热水器的4组发热体是否接通电源，是依靠4个继电器来控制的，其电路符号和外形如图5-6所示。外壳上标示说明该继电器型号是891P-1A-C，继电器线圈额定直流电压为12V，有CQC（中国质量认证中心）产品认证，开关额定交流电压为250V，额定电流为25A。

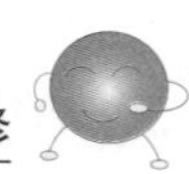

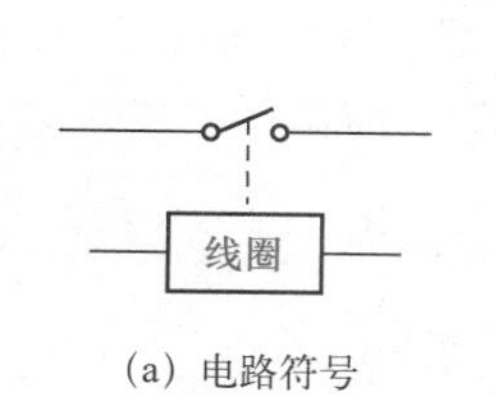

（a）电路符号　　（b）继电器外形

图5-6　继电器

（6）电源变压器

电源变压器的电路符号和外形如图5-7所示，1脚与4脚间输入 220V/50Hz 的交流电压，5 脚与 9 脚间输出 10V/50Hz 的交流电压。

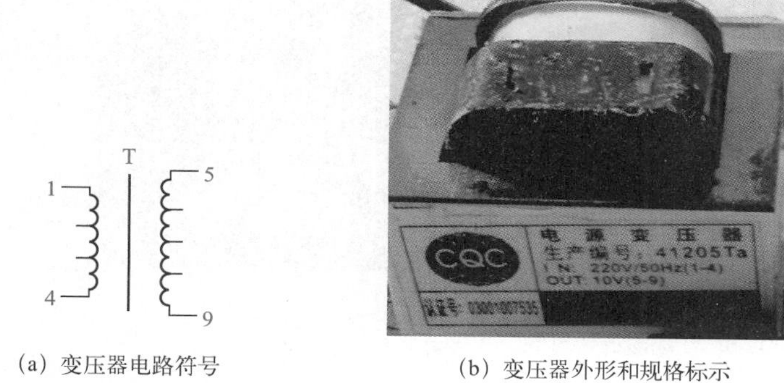

（a）变压器电路符号　　（b）变压器外形和规格标示

图5-7　电源变压器

（7）温度传感器

DST-B-8型热水器中的温度传感器是一个负温度系数热敏电阻，它用于检测流出热水的温度，其电阻值常温下超过100kΩ，当温度升高时，阻值下降，这个变化的阻值转换为电压变化，再经单片机处理后，由数码管显示出来。其外形和电路符号如图5-8所示。

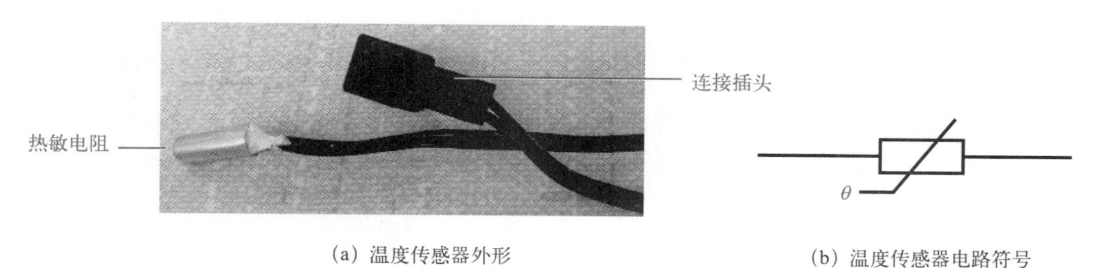

（a）温度传感器外形　　（b）温度传感器电路符号

图5-8　温度传感器

（8）电源主板

DST-B-8型电热水器有两块电路板，一块是电源主板，另一块是电脑控制板。它包含了产生12V、5V电压电路，继电器控制电路，温度、水流量、漏电检测及处理电路（传感器电路）3部分。

（9）电脑控制板

DST-B-8型电热水器的电脑控制板上有电阻器、电容器、二极管、三极管、按钮、数码管、蜂鸣器、接插件、两块集成电路等，如图5-9所示。

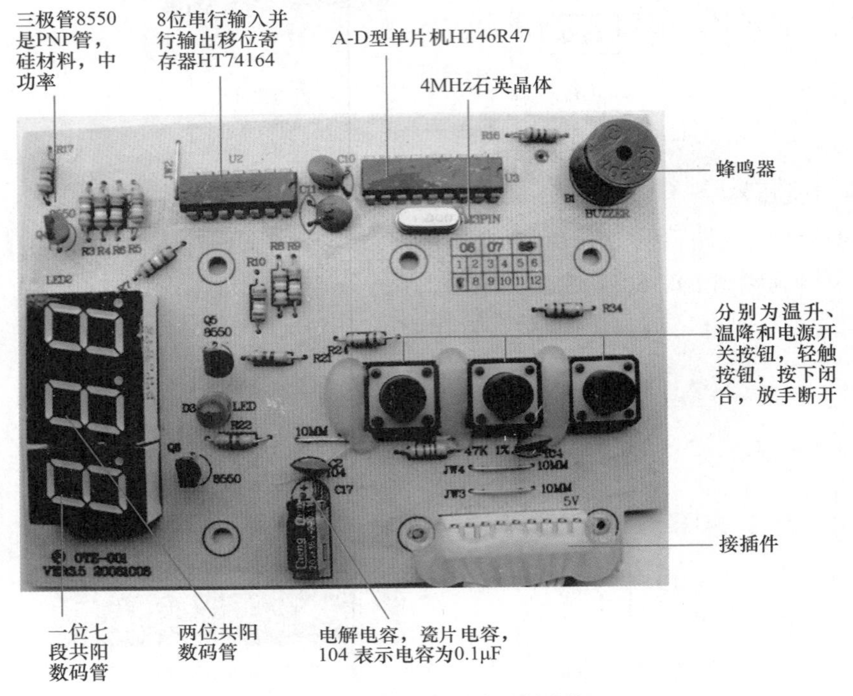

图5-9　电热水器的电脑控制板

4 组装电热水器

检修完毕后，需重新装配电热水器，组装过程与拆卸过程相反。

1）组装无氧紫铜加热系统的部件。

①把超温保护器固定在紫铜加热罐外壳上，注意先要在接触处涂上导热硅脂，要充分接触，但力矩不宜过大。

②把水流开关安装在进水口，注意开关的出水端与铜罐进水端相连。

③将温度传感器头涂上导热硅脂，紧固在出水管上。

2）安装发热元件和保护器上的连接线路。把相应规格的线路固定在4组发热元件和超温保护器上（提示：按拆卸前记录的情况选择对应导线及螺钉）。

3）安装电源板的导线。理清线路关系，可参照后面相关理论知识中热水器电路原理图。将7根主线路连接，固定。

4）组装传感器检测线路。把温度传感器、水流开关、漏电线圈的头插接在电路板对应位置，用扎带将线路绑好，参照图5-5检测螺钉压接的线头是否牢固，线路是否连接正确。

5）固定加热系统及电源主板。各线路连接正确后，整体从上往下装入箱体中，用螺

钉固定紫铜加热系统和电源电路板；电源输入的火线零线穿过漏电线圈，电源线压接在接线板上，最后把地线固定在铜罐上。

6）安装电脑控制板，组装外壳。把电脑控制电路板用螺钉固定在前盖对应位置，连接好电脑板与电源板之间的数据线；再将前盖从上往下盖在箱体上，用力往下拉。至此，热水器组装完毕。

7）通电前检测。通电前检测火线与零线间阻值为变压器阻值，约500Ω，火线与地线间绝缘阻值能承受1500V电压，且5s不被击穿或闪络。安装好水龙头、进水调流阀、出水防电墙等。

操作评价　电热水器的拆卸与维修操作评价表

<table>
<tr><th>评分内容</th><th colspan="4">技术要求</th><th>配分</th><th colspan="3">评分细则</th><th>评分记录</th></tr>
<tr><td>认识外形</td><td colspan="4">能正确认识热水器外观部件名称</td><td>10</td><td colspan="3">操作错误每次扣1分，扣完为止</td><td></td></tr>
<tr><td rowspan="2">拆卸热水器</td><td colspan="4">1．能正确按照步骤和方法，顺利拆卸</td><td>15</td><td colspan="3">操作错误每次扣1分</td><td></td></tr>
<tr><td colspan="4">2．拆卸的配件完好无损，并做好记录</td><td>15</td><td colspan="3">配件损坏每处扣2分</td><td></td></tr>
<tr><td>认识热水器电路元器件</td><td colspan="4">能够认识热水器电路组成元器件的名称、规格、功能</td><td>20</td><td colspan="3">操作错误每次扣2分</td><td></td></tr>
<tr><td rowspan="2">组装热水器</td><td colspan="4">1．能正确组装并还原整机</td><td>15</td><td colspan="3">操作错误每次扣2分</td><td></td></tr>
<tr><td colspan="4">2．螺钉装配正确，配件不错装、不遗漏配件</td><td>15</td><td colspan="3">错装、漏装每处扣2分</td><td></td></tr>
<tr><td>安全文明生产</td><td colspan="4">能按安全规程、规范要求操作</td><td>10</td><td colspan="3">不按安全规程操作酌情扣分，严重者终止操作</td><td></td></tr>
<tr><td>额定时间</td><td colspan="4">每超过5min扣5分</td><td></td><td colspan="3"></td><td></td></tr>
<tr><td>开始时间</td><td></td><td>结束时间</td><td></td><td colspan="3">实际时间</td><td></td><td>成绩</td><td></td></tr>
<tr><td>综合评议意见</td><td colspan="9"></td></tr>
</table>

5.1.2　相关知识：电热水器的类型与结构

电热水器按结构不同可分为储水式（又称容积式或储热式）、即热式、速热式（又称半储水式）3 种，以及现在发展的第四代电热水器——空气能电热水器。

（1）储水式电热水器

储水式电热水器按加热元件的安装位置不同分为内插式（效率高）、外敷式两种。壳与内胆之间有加厚保温层。电热管功率可选，电热管由一个温控器来控制，在 40 ～ 75℃范围内可调。带漏电保护的电热水器的典型工作原理图如图 5-10 所示。

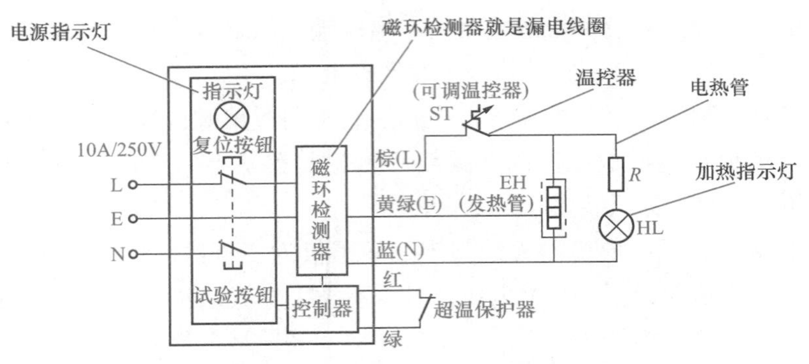

图5-10　电热水器典型工作原理图

其工作原理是：带漏电保护功能的电热水器通电后，加热指示灯亮，电加热器通电加热。当水温达到预置温度时，温控器触点断开，停止加热，指示灯熄灭。当水温比预设温度低7℃左右时，温控器触点闭合，重新通电加热。当水箱内温度过高时，超温保护器动作，由控制器处理后控制电源进线断开停止加热，防止干烧；当漏电时，由磁环检测器感应电流，通过控制器处理，使电源进线断开停止加热，防止触电；故障排除后需按下复位按钮才能重新使用热水器。

储水式电热水器按温控器不同可分为双金属片式、蒸汽压力式、电子式3种。图5-11所示为电热水器中常见的温控器。

(a) 双金属片式

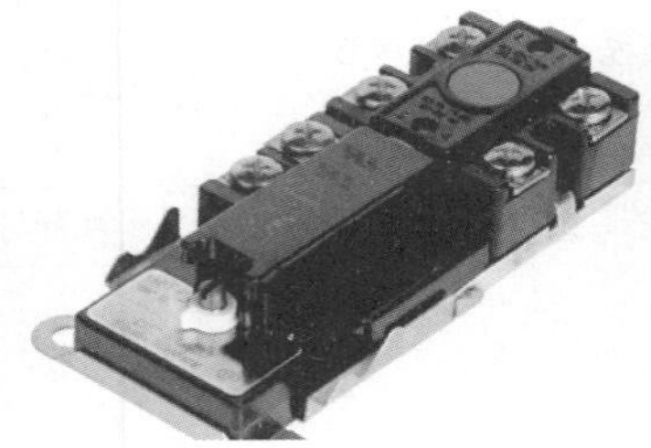

(b) 双金属片组合式

(c) 蒸汽压力式

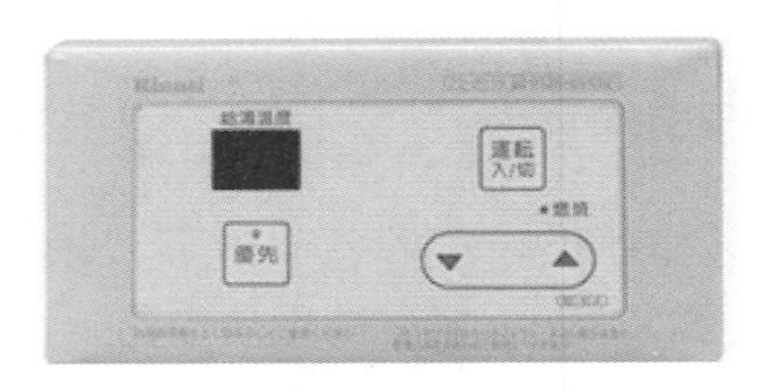

(d) 电子式

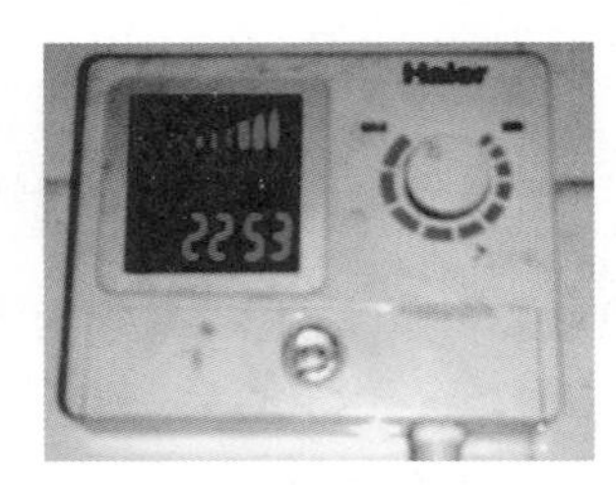

(e) 电子线控式

图5-11　电热水器中常见的温控器

储水式电热水器按安装方式可分为壁挂横式、壁挂立式和落地式3种，按容积大小又分为大容积与小容积式，壁挂式容量从5～500L的都有。所有的储水式电热水器在进水口必须安装压力安全阀，以确保超压泄压。

封闭储水式电热水器一般由箱体、电加热器、控制系统、进/出水系统、镁棒等组成，如图5-12所示。

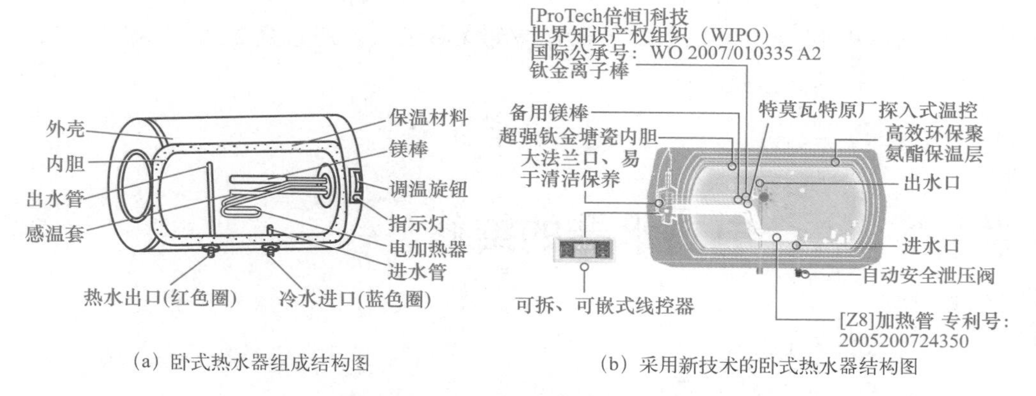

（a）卧式热水器组成结构图　　（b）采用新技术的卧式热水器结构图

图5-12　储水式电热水器的结构图

① 箱体由外壳、内胆、保温层等组成，起到支撑、储水及保温的作用。

② 电加热器大多采用内插式管状结构，金属套管常为不锈钢或铜管，如图5-13（a）所示，有的采用陶瓷加热器，结构如图5-13（b）所示。

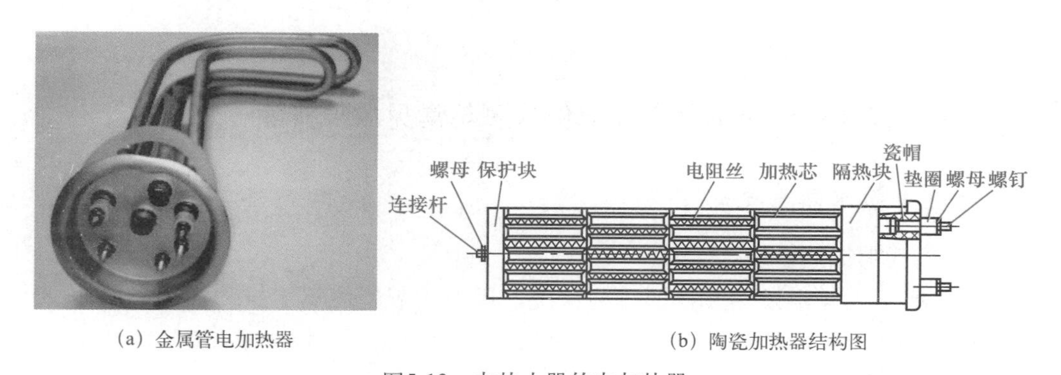

（a）金属管电加热器　　（b）陶瓷加热器结构图

图5-13　电热水器的电加热器

③ 电热水器的控制系统由温控器、漏电保护器、防干烧保护元件（干烧超过93℃时断开电源）、超温熔断器等组成。

④ 进、出水系统由进水管、出水管、安全阀、淋浴头等组成，保证安全使用热水淋浴。

⑤ 镁棒又称阳极棒，它的主要成分是镁。镁比铁先溶解于水，从而防止内胆（主要成分是铁）被腐蚀。镁棒要定时更换，否则会损坏内胆。

（2）即热式电热水器

即热式电热水器一般工作电流大，即开即热。其按用途分为淋浴型和厨用型（多称为小厨宝），按控制方式分为机械式和智能控制式。其中，智能控制式采用单片机智能控制系统，体现了智能化和便捷性，但功率一般都比较大，需要4mm^{2}以上的铜芯专线和20A

以上的电表，最好使用空气开关。

（3）速热式电热水器

速热式电热水器是第三代电热水器，是区别于储水式和即热式的一种独立品种的电热水器产品。它体积小、容量小（20L 以内）、安装条件低（普通家庭 2.5m^2 线路即可安装）、出水量大、加热迅速、出热水迅速。

任务5.2 电热水器的维修

任务目标

1．会检测电热水器中的主要部件。

2．学会排除电热水器的常见故障。

任务分析

电热水器出现故障时，需要检测、维修电热水器，因此必须学会检测电热水器的主要部件，学会排除电热水器的常见故障。

5.2.1 实践操作：电热水器主要部件检测与常见故障排除

微课

电热水器的维修

1 检测电热水器主要部件

（1）无氧紫铜加热系统

图 5-14 所示为 4 组发热元件的排列情况，用万用表检测第 1 组和第 2 组的冷态阻值都约为 24Ω（即 1 脚与 6 脚之间、2 脚与 5 脚之间阻值），第 3 和第 4 组的冷态阻值都约为 17Ω（即 3 脚与 8 脚之间、4 脚与 7 脚之间阻值）。若阻值很大或无穷大则表明发热元件烧断，只能整体更换发热系统。

（a）4组发热元件排列情况

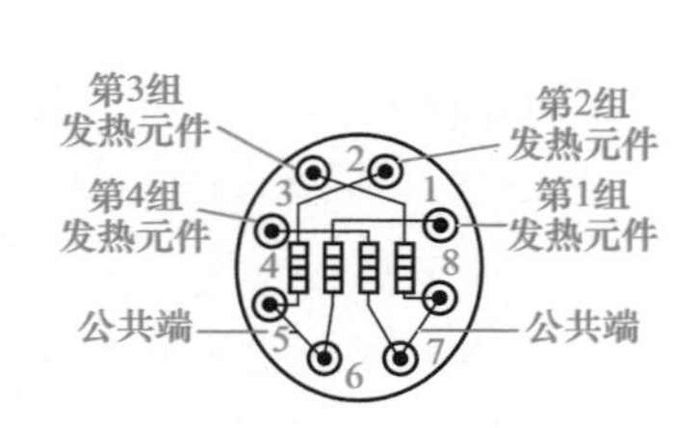

（b）4组发热元件分布示意图

图5-14 无氧紫铜加热系统

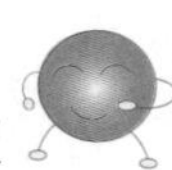

使用摇表检测4组发热元件与紫铜壳体间的绝缘电阻，应符合技术标准，若漏电只能整体更换发热系统。使用观察法观察系统是否漏水，若漏水需焊接补漏。

（2）超温保护器

超温保护器两组常闭开关阻值应均为0；用电烙铁对KSD307加热到98℃以上，能听到很大的断开响声，且检测两组常闭触点的阻值应为∞，冷却到常温时阻值仍为∞。用手按下RESET按钮，断开的常闭触点才能重新接通，则表明超温保护器正常可用。KSD307的检测方法如图5-15所示。

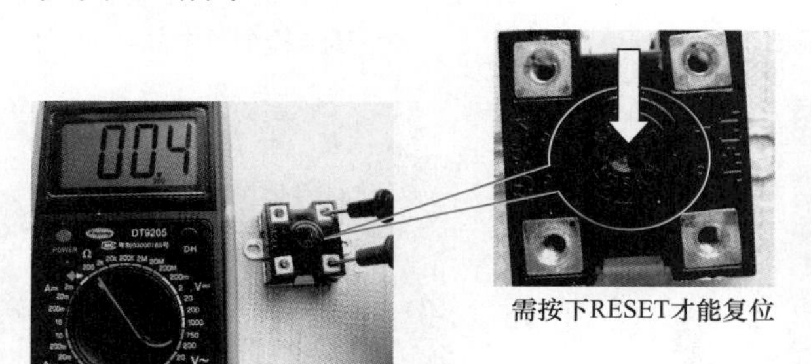

（a）检测KSD307常闭触点常温下闭合

（b）加热KSD307后常闭触点断开

图5-15 KSD307的检测方法

（3）水流开关

水流开关的检测主要看能否在水流动时发出一个开关信号，在模拟环境下用万用表检测。如图5-16所示，没有水流动时检测插头两端阻值为∞；而将水流开关倒置，利用磁心重力压紧弹簧，插头两端阻值约为0。当控制失控时可调节固定干簧开关位置螺钉。

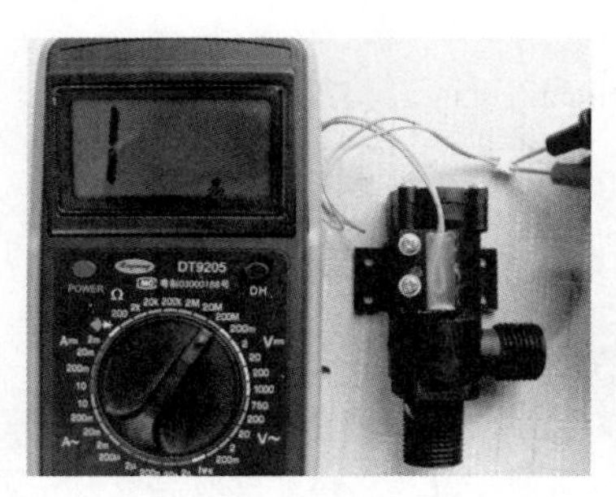

（a）没有水流动时开关断开

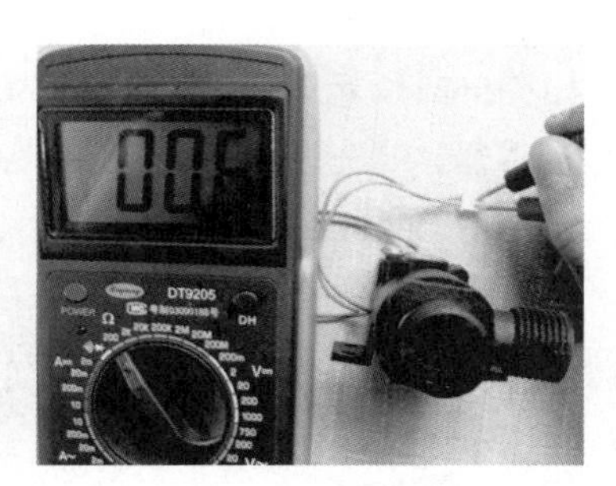

（b）有水流动时开关闭合

图5-16 检测水流开关

（4）检测漏电线圈

漏电线圈的检测方法如图5-17所示，阻值为27Ω左右。

（5）继电器

继电器的检测可用万用表的欧姆挡检测线圈有无阻值，如图5-18所示。若阻值约为140Ω，说明继电器线圈正常。如图5-19所示，给线圈接上12V直流电压，可听到继电器开关发出闭合的响声，再检测其开关应接通，否则更换同规格的继电器。

图5-17　检测漏电线圈阻值

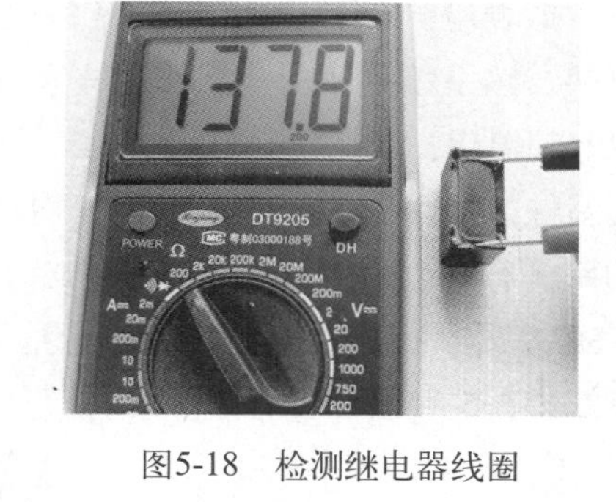

图5-18　检测继电器线圈

（a）继电器线圈加上12V直流电压

（b）线圈加上12V电压后测开关应闭合

图5-19　继电器开关检测

（6）电源变压器

如图5-20所示，检测变压器初级与次级间的阻值，初级为500Ω左右，次级1Ω左右。也可在初级接通220V交流电，万用表交流电压挡测量次级输出电压应为10V。

（7）温度传感器

检测方法如图5-21所示，常温下阻值为130kΩ左右，加热后阻值会下降，损坏后需更换同规格温度传感器。

图5-20　检测变压器的初级阻值

（a）常温下阻值

（b）加热后的阻值

图5-21　检测温度传感器的阻值

2 排除电热水器的常见故障

DST-B-8型电热水器电路原理图参见相关理论知识，通过典型故障学习，学会排除电热水器的常见故障。

典型故障一：接通电路通电后，全无

故障现象 DST-B-8型电热水器，接通线路通电后，全无。

故障分析 分析故障引起的可能原因见表5-2。

故障排除 排除故障的方法见表5-2。

表5-2 “全无”故障可能的原因及排除方法

引起故障的可能原因	排除故障的方法
空气开关跳开，没供电	检查空气开关，使空气开关处于闭合状态或更换同规格的空气开关
电源线路损坏断路	电阻法检查电源线路，修理或更换电源线路
超温保护器处于保护状态	拆卸电热水器前盖，按下RESET 按钮复位
超温熔断器损坏开路	拆卸前盖后，检测两组常闭开关应闭合，更换超温熔断器
无12V、5V电压产生	拆卸后，检测电源板12V、5V产生电路元器件质量，焊接或更换损坏元器件
单片机HT46R47不能正常工作	判断单片机工作条件是否满足，或重新下载程序或更换集成电路HT46R47，再重新下载程序

检修过程 参照表5-2的可能原因，由易到难地排除故障。

第一步 检查空气开关是否正常，若是空气开关故障，修复或更换空气开关即可排除故障。

第二步 空气开关正常，再检查电源线路，取下前盖，通电后，直接在接线板进线处检测有无220V交流电，如图5-22所示，若无，则表明线路开路，需更换新线路。也可用电阻法检测线路好坏。

第三步 线路正常，检查超温保护器，通电后，按下超温保护器的RESET复位按钮，在如图5-23所示处测有无220V电压，也可用电阻法检测超温保护器。

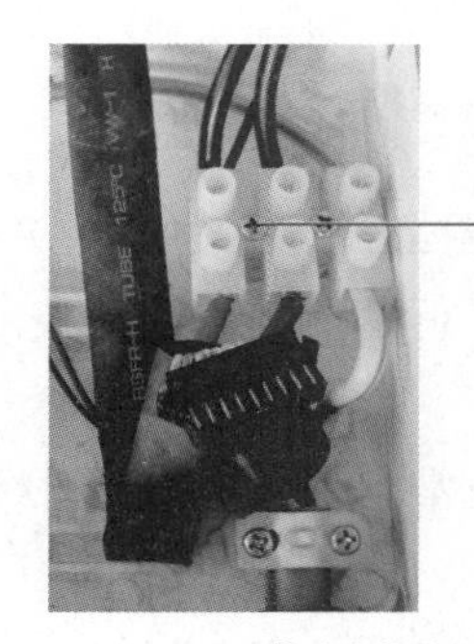

图5-22 检测进线处有无电压

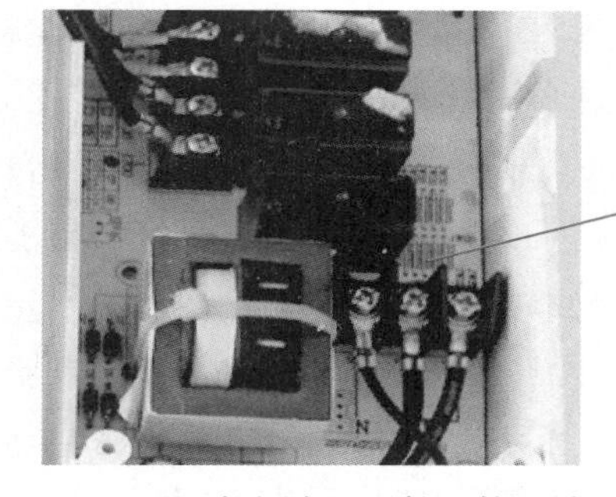

图5-23 检测变压器输入接线端子处有无220V电压

第四步 超温保护器正常，检查12V、5V电压产生电路是否正常，可在路检测变压器、二极管、电容、三端稳压器LM7805的好坏。也可拆卸下来，直接给电路加220V电压，检测是否有12V、5V电压产生形成，如图5-24所示。

第五步　直流电压12V、5V 正常，则最后检查电脑控制板的单片机HT46R47，该单片机的引脚排列如图5-25所示。拆机后，先检查它的工作条件是否满足，即电源端12脚电压、复位端11脚电压都应为5V，时钟振荡引脚13、14脚应产生4MHz的脉冲。

图5-24　检测LM7805输出电压

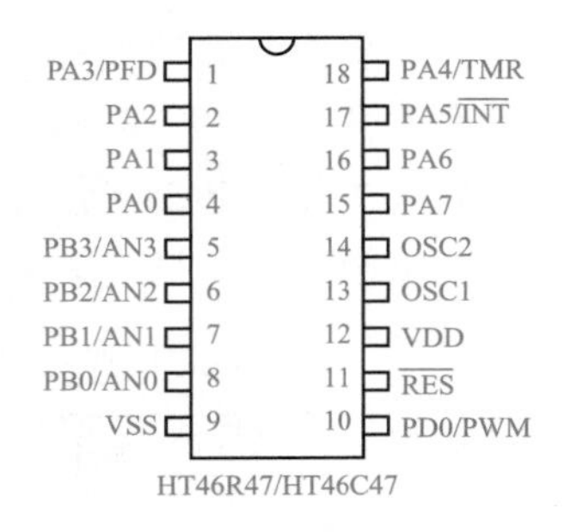

图5-25　单片机HT46R47的引脚排列

典型故障二：接通线路启动电源，操作与显示正常，但出水温度低

故障现象　DST-B-8型电热水器，接通线路启动电源，操作与显示正常，但出水温度低。

故障分析　分析故障引起的可能原因见表5-3。

故障排除　排除故障的方法见表5-3。

表5-3　“升温慢”故障分析及故障排除方法

引起故障的可能原因	排除故障的方法
冷水流量过大	适当减小水流量
部分发热元件损坏	更换无氧紫铜发热系统
部分继电器损坏或失控	检测继电器，更换对应继电器
部分控制电路失控	检查对应控制电路三极管、电阻器、线路、接插件及单片机部分引脚

检修过程　参照表5-3的可能原因，由易到难地排除故障。

第一步　首先检查水流量，若过大则适当减小以排除故障。

第二步　与水流量无关，可通电使用钳形电流表来检测，从1挡到8挡逐渐增大温升挡位，看电流变化情况，判断是否所有发热元件参与了加热。然后断电，拆卸前盖，检测发热元件的阻值，判断发热元件的好坏。

第三步　4组发热元件均正常，再检测4个继电器线圈的阻值是否正常。也可拆机后，单独加12V电压，试验继电器好坏。

第四步　继电器均正常，最后检查4路控制线路哪几路不正常，对应去检查三极管、电阻器、线路、插接件和单片机。此时应完全拆卸后再检修，断开发热元件线路，闭合水开关，模拟热水器工作环境，逐级检查，判断故障所在（提示：注意用电安全）。

操作评价 电热水器的维修操作评价表

评分内容	技术要求		配分	评分细则		评分记录
检测电热水器的部件	1．能正确使用万用表		10	操作错误每次扣5分		
	2．能正确检测部件，判断其性能		10	测错每个扣2分		
电热水器重装后的检测	1．能养成通电前检测的习惯		10	操作错误每次扣2分		
	2．能判断重装后电热水器性能		10	不能判断扣2～10分		
电热水器常见故障的排除	1．能够正确描述故障现象、分析故障，确定故障范围及可能原因		20	不能，每项扣5分，扣完为止		
	2．能够正确拆装电热水器		10	不能，扣10分；基本能，扣5分		
	3．能够根据原因确定故障点，并能排除故障点		10	不能，扣10分；基本能，扣5～10分		
使用电热水器	能正确使用、维护电热水器		10	操作错误每次扣2分		
安全文明生产	能按安全规程、规范要求操作		10	不按安全规程操作酌情扣分，严重者终止操作		
额定时间	每超过5min扣5分					
开始时间		结束时间		实际时间		成绩
综合评议意见						

5.2.2 相关知识：电热水器的工作原理、防电墙技术与维护

1 DST-B-8型电热水器的工作原理

图5-26所示为DST-B-8型电热水器电路组成框图，包括电源电路、保护电路、4组发热元件、继电器控制电路、非电量检测及处理电路、单片机（CPU）控制电路、挡位及温度显示电路。单片机接收相应指令、信号，经单片机运算处理输出对应信息控制开机、停机，以及在开机后控制继电器接通或断开一组或多组发热元件来升温、降温，同时显示工作状态、挡位和温度。

DST-B-8型电热水器有两块电路板，即单片机控制及显示电路板和电源主板。

图5-27所示为单片机控制及显示电路板电路图，其核心—单片机（电脑）HT46R47完成功能如表5-4所示。

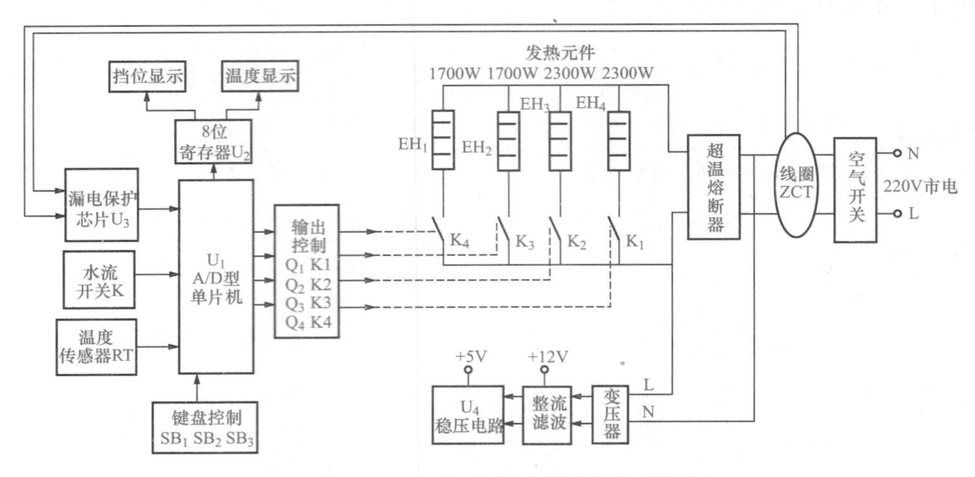

图5-26　DST-B-8型电热水器电路组成框图

表5-4　单片机HT46R47完成功能

单片机接收指令或输入信号	输出信号或输出状态
按动SB1一次：单片机工作指令（HT46R47的7脚输入）	启动单片机U1工作，蜂鸣器发声1次，LED停止闪烁一直发光，LED1显示1，LED2显示环境温度
按动SB1两次：单片机停止工作指令（HT46R47的7脚输入）	单片机U1停止工作，蜂鸣器发声1次，LED一直闪烁，LED1、LED2熄灭不显示，U1的17、16、15、10脚均输出低电平，Q1～Q4截止，4个继电器均停止工作，开关K1～K4均断开，停止加热
按动SB2：输入温度升高指令（HT46R47的7脚输入）	每按一次，蜂鸣器就发声1次，LED1显示数字从1逐渐升高到8；同时若流水开关发出低电平，则U1的10、15、16、17脚依次输出高电平，逐级接通4组发热元件，使加热功率增大，水温升高
按动SB3：输入温度下降指令（HT46R47的7脚输入）	每按一次，蜂鸣器就发声1次，LED1显示数字逐渐减少，最后变为1；同时若流水开关发出低电平，则U1的17、16、15、10脚依次输出低电平，逐级断开4组发热元件，使加热功率降低，水温降低
温度传感器输出的变化电压（HT46R47的8脚输入）	当温度升高时，温度传感器输出升高的电压到单片机U1的8脚，运算处理后从5脚输出脉冲到移位寄存器U2的8脚，使LED2显示逐渐增大的数字，对应着升高的温度；相反就显示减小的数字；温度过高时，控制U1的10、15、16、17脚均为低电平，4组发热元件停止加热，LED1/LED2闪烁
水流开关传感器输出的变化电压（HT46R47的6脚输入）	没有水流动时，水流开关断开，U1的6脚输入高电平，使U1的10、15、16、17脚均为低电平，4组发热元件停止加热LED1/LED2闪烁；有一定水流动时，水流开关闭合，U1的6脚输入低电平，在温升按钮SB2作用的同时，U1的10、15、16、17脚能输出高电平，4组发热元件一组或多组加热
漏电检测及处理后输出的变化电压（HT46R47的18脚输入）	没有漏电出现，漏电线圈没有感应电流，漏电保护器电路U3的7脚不输出高电平，U1的18脚输入高电平，U1正常工作； 有漏电出现，漏电线圈有感应电流，漏电保护器电路U3工作，7脚输出高电平，U1的18脚输入低电平，U1的10、15、16、17脚输出低电平，停止加热；同时显示闪烁，蜂鸣器发出警报声

图5-28所示为电源主板的电路图，它包括超温保护电路、12V与5V产生电路、继电器控制电路、传感器检测电路4部分，完成功能如表5-5所示。

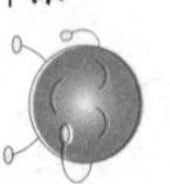

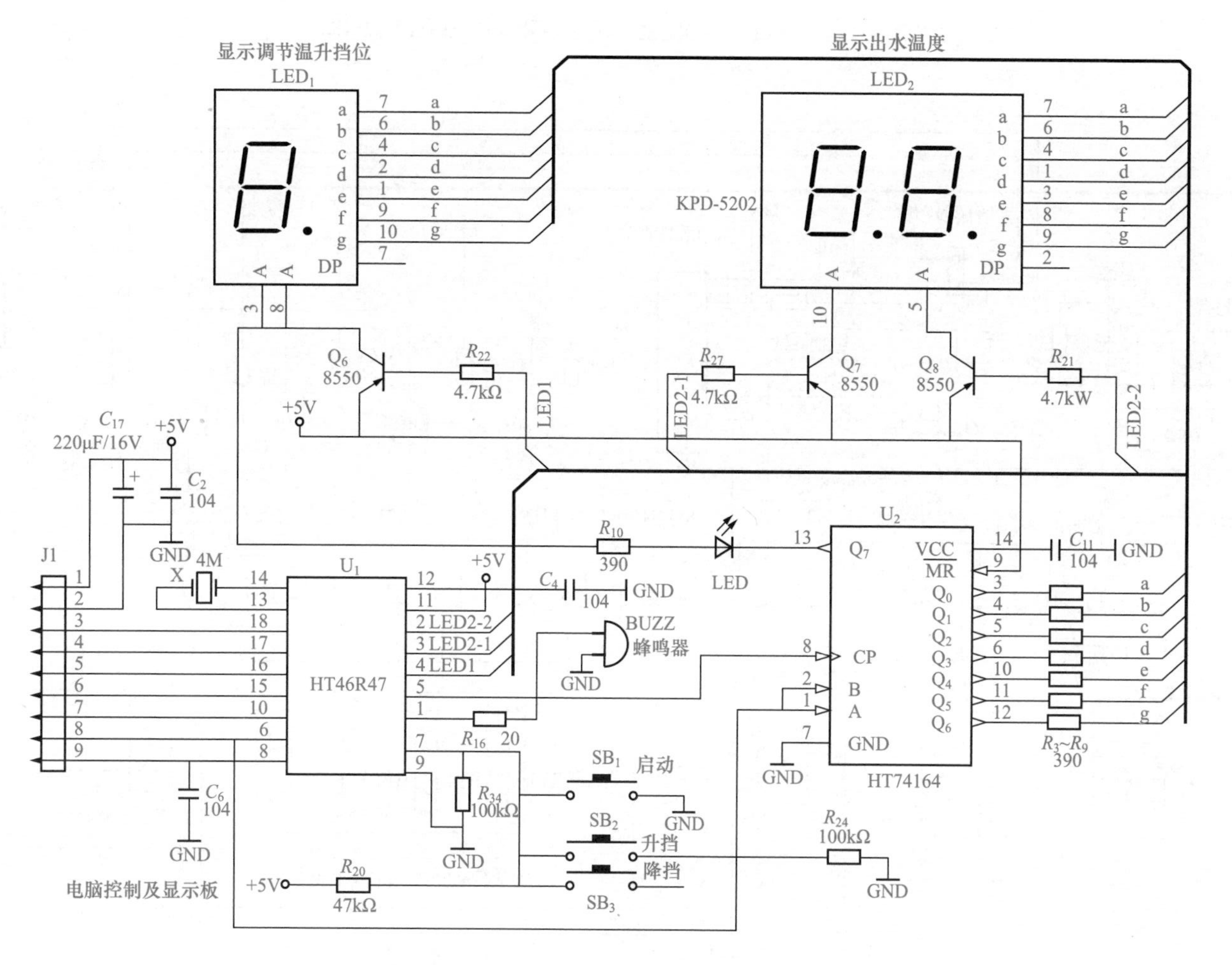

图5-27 单片机控制及显示电路板电路图

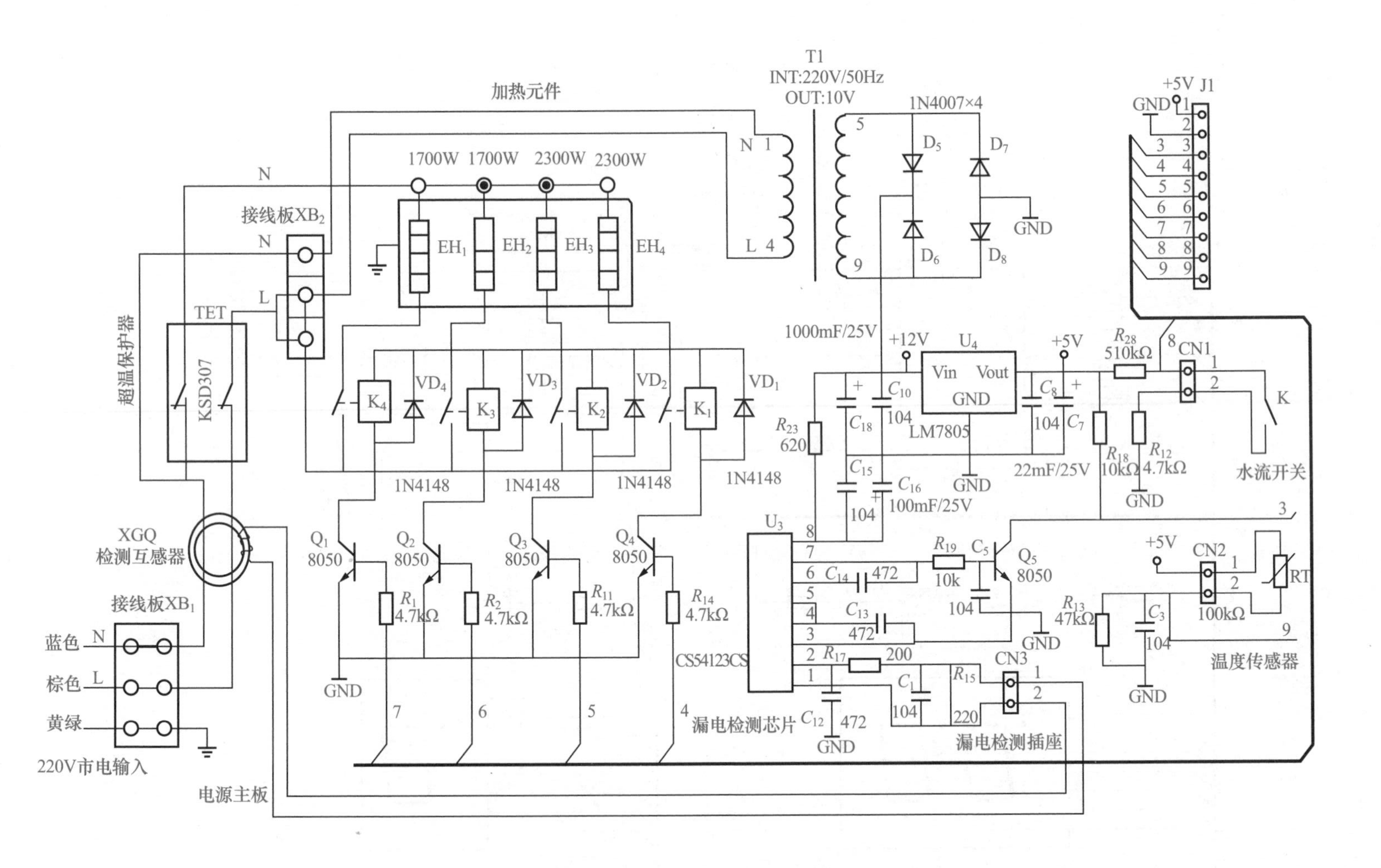

图5-28　DST-B-8型电热水器电源主板的电路图

表5-5 电源主板电路完成功能

电路功能	工作过程
超温保护	当无氧紫铜加热系统外壳温度高于98℃时，超温保护器KSD307动作，断开火线与零线，电热水器停止供电，有效防止干烧及火灾的发生。KSD307动作后复位需手动复位。正常情况下，超温保护器KSD307两极均闭合，接通线路
产生12V与5V	产生12V的电路主要由电源变压器T1，整流二极管D_5～D_8，滤波电容器C_{18}和C_{10}组成，产生 5V的电路由三端稳压集成电路7805，滤波电容器C_7、C_8组成
继电器控制发热元件	继电器控制电路主要有4只电阻器R_1、R_2、R_{11}、R_{14}，4只三极管Q_1～Q_4，4只开关二极管（保护三极管因继电器的反电动势而损坏）VD_1～VD_4，4只继电器K_1～K_4；当U_1的10、15、16、17脚输出高电平时，对应的三极管Q_1～Q_4饱和，12V的电压加在继电器K_4～K_1的线圈上，继电器的常开触点闭合，对应接通发热元件EH_1～EH_4的220V供电，完成加热
传感器检测	传感器检测包括温度检测及转换、水流状态检测及转换、漏电检测及处理； 温度传感器的检测元件是RT热敏电阻（负温度系数），当加热系统的温度升高时，其阻值减小，R_{13}分得的电压增大，此电压信号直接输入单片机U_1的8脚，经U_1、U_2处理，LED_2显示出对应温度，使淋浴者直观了解温度的高低。水流状态检测及转换电路由水流开关、R_{28}、R_{12}组成，无流动的水时水流开关断开，高电平直接输入单片机U_1的6脚，经U_1、U_2处理，LED_2显示温度闪烁，所有受控继电器断开，停止加热。而当打开水龙头时，流动的水使水流开关闭合，低电平直接输入单片机U_1的6脚，经U_1、U_2处理，受控继电器闭合，加热冷水，LED_2显示出水温度； 漏电检测及处理电路主要由零序互感器、漏电保护器电路U_3、电压转换三极管Q_5组成；当没有发生漏电时，零序互感器中没有感应电流产生，漏电专业保护器电路U_3的7脚输出低电平，Q_5截止，输出高电平到U_1的18脚，U_1正常工作；当出现漏电时，零序互感器中产生感应电流，漏电保护器电路U_3的7脚输出高电压，Q_5导通，输出低电平到U_1的18脚，U_1发出报警，并控制所有发热元件停止加热

2 防电墙技术

据悉，中国一些家庭的接地线安全可靠性不高，或者根本没有接地线，家庭内电器漏电有可能导致用电环境带电。海尔自主研发的防电墙技术可以有效杜绝这些危险。

2007年7月，海尔“防电墙”技术提案正式通过国家标准化管理委员会修订纳入国家标准，解决了用户在不安全环境下的洗浴安全。2007年12月，“防电墙”技术提案经各国专家投票通过并正式写入IEC国际标准。

“防电墙”是一种简称，它确切的表述是“水电阻衰减隔离法”。图5-29所示为防电墙示意图。

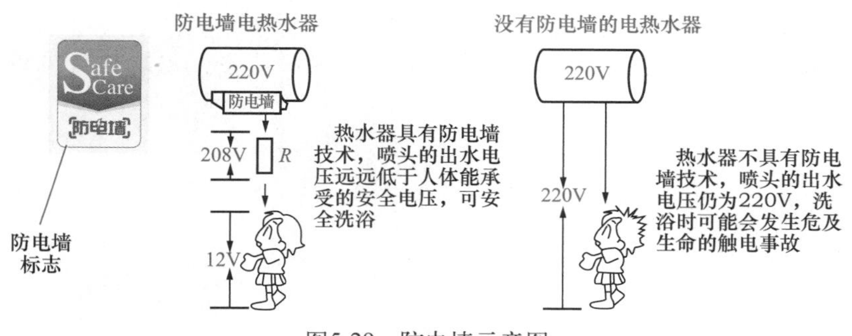

图5-29 防电墙示意图

“防电墙”利用了水本身所具有的电阻（如国标规定自来水在15℃时电阻率应大于1300Ω · cm），通过对电热水器内通水管材质的选择（绝缘材料），管径和距离的确定形成“防电墙”。当电热水器通电工作时，加热内胆的水即使有电，也会在通过“防电墙”时被水本身的电阻衰减掉而达到将电隔离的目的，使热水器进出水两端达到几乎为0的电压和0.02mA/kW以下的极微弱电流，大大优于国标0.25mA/kW的标准。采用“防电墙”技术不仅可以阻隔电热水器本身可能产生的漏电，也可以阻隔因地线带电或水管带电而对淋浴者带来的安全威胁。所以热水器采用“防电墙”技术可以充分保证人的洗浴安全。

防电墙装置的作用是隔绝加热内胆中因发热管漏电致使水中带电的电流，降低因地线带电或水管带电而对淋浴者带来的伤害。

建议消费者在购买热水器时，注意选购具有防环境漏电装置的产品。

3 电热水器的维护

1）储存式电热水器使用一段时间后，应对水箱进行清洗，清洗后污水从水箱底部的排泄阀排出。

2）电热管使用时间长了会结水垢，影响导热，需及时清理或更换。

3）电热水器不使用时，要用干布将外壳擦干，保持干燥清洁，除电热元件外，其他电器零件不要因接触水而受潮，否则会影响使用。

思考与练习

1．电热水器按结构不同分为________、________ 、________几种主要类型。

2．DST-B-8型即热式电热水器的拆卸要点是____________________________。

3．目前电热水器都是利用____________加热水，常见的发热元件有____________________________。

4．电热水器都采用了温控器，其作用是________，常见的种类有________。

5．如何检测超温熔断器KSD307的质量？

6．根据图5-27和图5-28，分析电热水器如何完成有进水时加热，无水流时停止加热。

7．根据图5-28，若电热水器中超温熔断器处于保护状态，出现的故障现象是什么？如何检修？

项目 6

电油汀的拆装与维修

学习目标

知识目标 ☞

1. 了解电油汀的类型与结构。
2. 理解电油汀的工作原理。
3. 掌握电油汀的技术标准。
4. 了解电油汀的选购、使用与维护。

技能目标 ☞

1. 会拆卸与组装电油汀。
2. 能认识电油汀的主要部件。
3. 会检测电油汀的主要部件。
4. 能排除电油汀的常见故障。

电油汀，又称电热油汀、充油式电暖器或充液式散热器，是近年来流行的一种安全可靠的空间加热器。电油汀是将电热元件安装在带有许多散热片的腔体下面，在腔体内注有导热油；当接通电源后，电热管周围的导热油被加热、升到腔体上部，沿散热管或散热片循环流动，通过腔体壁表面将热量辐射出去，从而加热空间环境。

任务6.1 电油汀的拆卸与组装

任务目标

1. 会拆卸与组装电油汀。
2. 能认识电油汀的主要部件。

任务分析

拆卸与组装电油汀的工作流程如下。

确定电油汀的类型 ⇨ 认识电油汀的外形 ⇨ 拆卸与认识电油汀 ⇨ 认识电油汀的主要部件 ⇨ 组装电油汀

微课

拆卸与组装电油汀

6.1.1 实践操作：拆卸与组装电油汀

1 确定电油汀的类型和认识电油汀的外形

电油汀的散热片有7片、9片、11片、13片，功率在1200～2000W不等。外观与颜色有多种，主要由壳体、密封式电热元件、金属散热管或散热片、控温元件、开关、支撑板、脚轮等组成。常见的电油汀如图6-1所示。

这里拆卸的是格力NDYU-16型电油汀，如图6-2所示。它的主要技术参数为220V/50Hz、额定功率为1600W、有9片散热片、适用于15m^{2}空间，它具有如下特点。

1）功率三挡可调，可根据室内温度需要自由调节。

2）机内设有自动温控器，可预设温度控制点。

3）内设过热保护装置，预防温度过高损坏油汀，安全可靠。

(a) 9片

(b) 11片

(c) 有防护外壳

图6-1 常见的电油汀

4）采用特种导热油，无噪声、无气味、不损耗、不挥发、传热好。

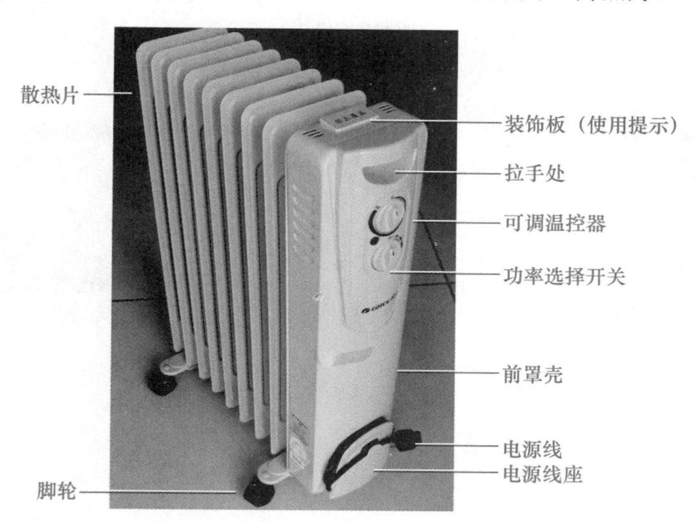

图6-2　金属散热片式电油汀的外部结构

2 拆卸与认识电油汀

第一步　拆卸NDYU-16型电油汀的脚轮，并认识脚轮部件。

① 将电油汀底朝上，看见固定脚轮组件的U形抱攀，旋下碟形螺母，即可取下脚轮。	② 取下脚轮及脚轮固定板、U形抱攀和蝶形螺母，并认识外形。
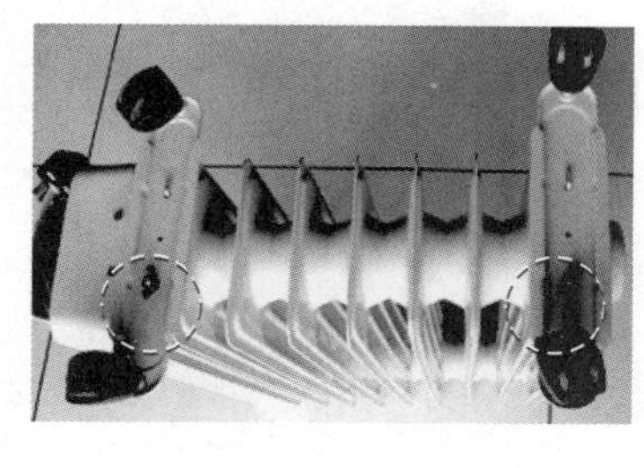	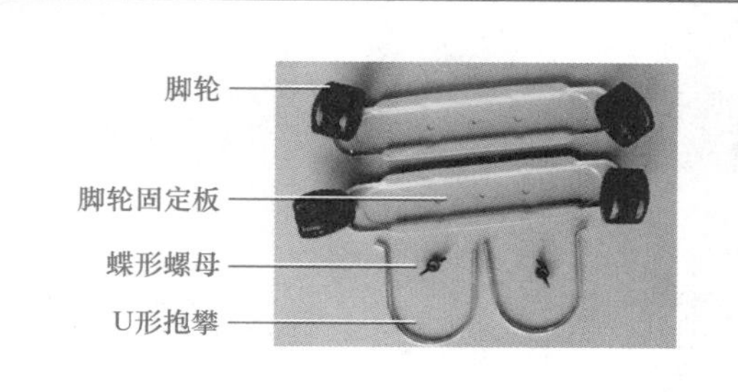

第二步　拆卸与认识电油汀的前罩壳。

① 将电油汀平放于工作台上，注意要防止损伤外壳漆层。	② 使用Y字螺钉旋具旋下固定前罩壳底部的2颗螺钉。	③ 用一字螺钉旋具撬起前罩壳顶部的装饰板。
		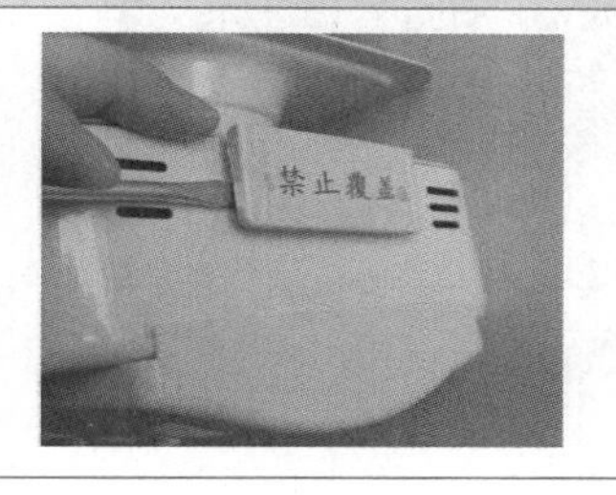

④ 盖板下面有两颗螺钉，用Y字螺钉旋具将其旋下。	⑤ 打开前罩壳，认识内部元件及记录线路连接关系。
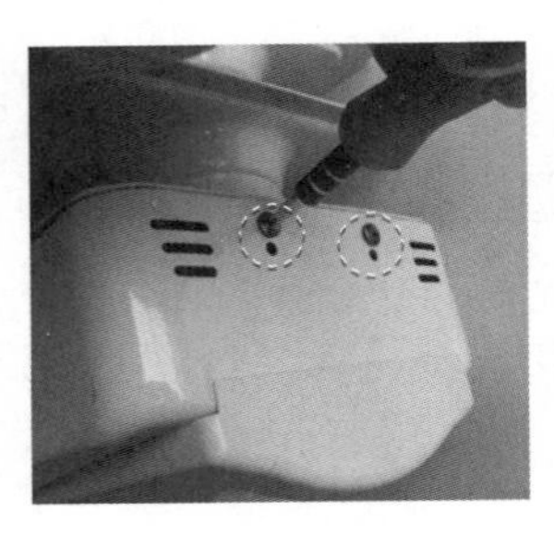	

第三步　分离电油汀前罩壳与发热体。

① 温控器在发热体的散热片上，用尖锥顶开接插件的定位卡，拔出连接温控器的插件。	② 用同样的方法取下温控器另一根导线。	③ 用一字螺钉旋具顶开固定超温保护器的卡，取出超温保护器，记录其规格。
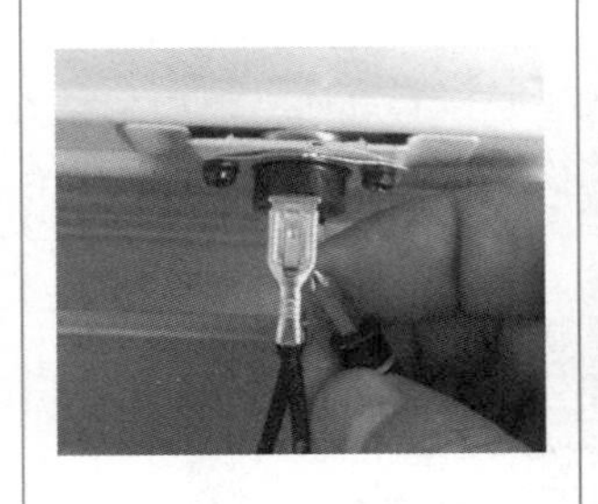		
④ 顺着导线方向拔出绝缘导管，用十字螺钉旋具旋下线头的螺钉。	⑤ 观察电热管接线头的排列顺序及位置。	⑥ 分离了前罩壳与发热体，考虑如何拆卸前罩壳内的电路元件：温度调节器和功率选择开关。
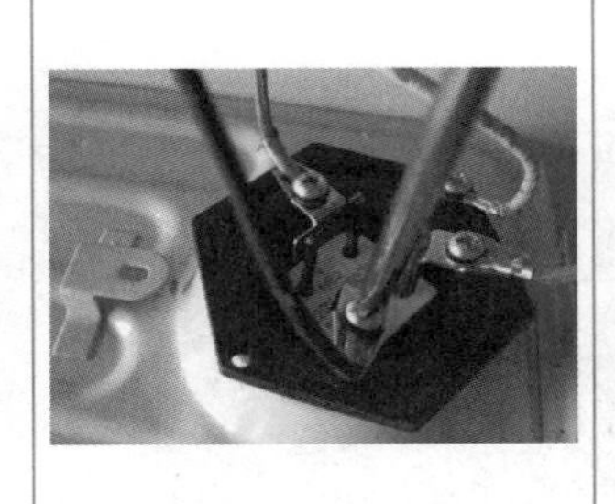		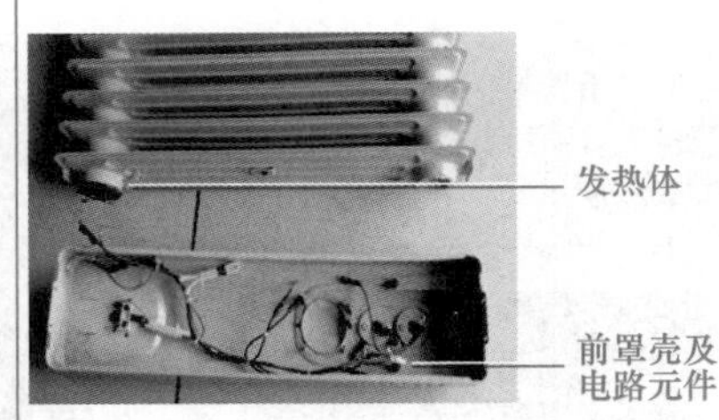

第四步　拆卸电油汀前罩壳内的元件。电油汀前罩壳内的元件主要有温度调节器、功率选择开关、工作指示灯。

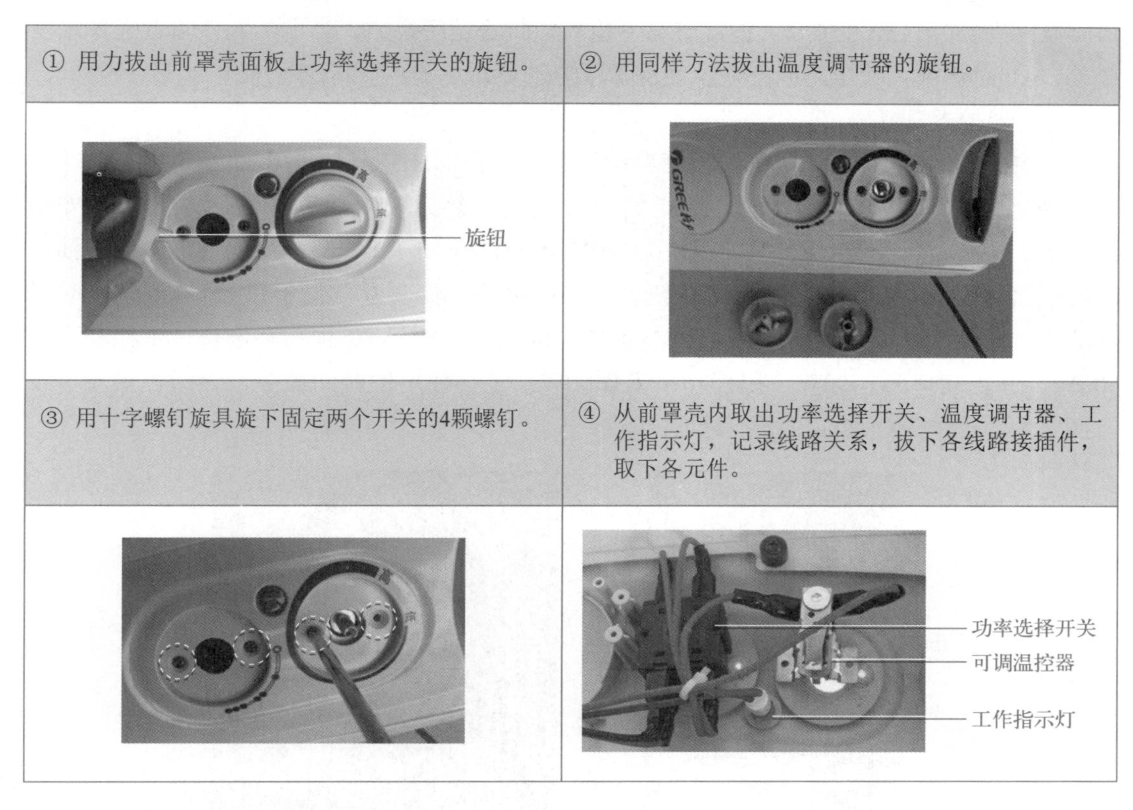

① 用力拔出前罩壳面板上功率选择开关的旋钮。	② 用同样方法拔出温度调节器的旋钮。
③ 用十字螺钉旋具旋下固定两个开关的4颗螺钉。	④ 从前罩壳内取出功率选择开关、温度调节器、工作指示灯，记录线路关系，拔下各线路接插件，取下各元件。

3 认识电油汀的主要部件

格力NDYU-16型电油汀电路的主要部件有全封闭式电热管、超温熔断器、温控器、可调温控器（双金属片温控器）、功率选择开关、工作指示灯。

（1）全封闭式电热管

电油汀是通过电热元件对封闭在壳体内的导热油加热，使其在壳体内循环流动，同时向室内扩散热量，从而提高室温。因为电热元件与导热油封闭在壳体内，所以只能通过外观检查是否漏油，对接线头检测电热元件的阻值和绝缘性能。如图6-3所示，可知该电热元件的规格是：工作电源为220V、50Hz的交流电，额定功率1600W，有2组电热元件，9片散热片。

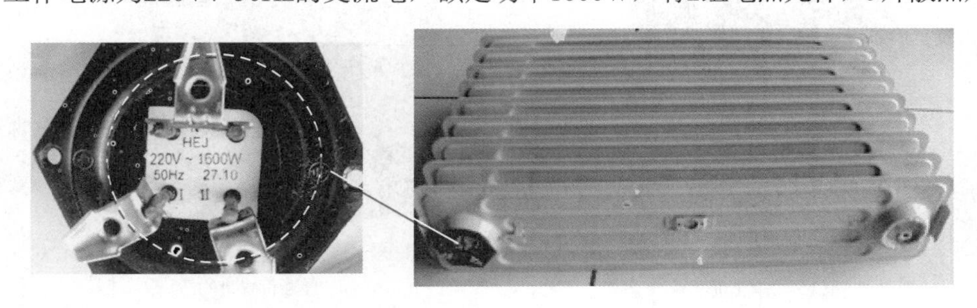

图6-3　电油汀的全封闭式电热管

（2）超温熔断器

超温熔断器是电油汀加热中的过热保护元件。该电油汀使用的超温熔断器如图6-4所示，规格为250V/15A/150℃。正常情况下超温熔断器是闭合的，当电热元件附近壳体温度超过150℃时熔断，使电路断开，从而保护了电油汀。

（3）温控器

温控器如图6-5所示，是实现温度自动控制的元件，NDYU-16型电油汀使用的温控器用于控制“Ⅰ”组电热元件的通断，它直接感受发热元件附近壳体温度。其外形如图6-6（a）所示，型号是KSD301，规格为220V 10A/110，是110℃的恒温温控器，当电油汀温度达到110℃以上时它自动断开，使“Ⅰ”组电热元件断开，低于110℃以下几度时又自动闭合，使“Ⅰ”组电热元件又参与工作。因为该电油汀有3种功率选择，Ⅰ挡功率为600W，Ⅱ挡功率为1000W，Ⅲ挡功率为1600W；Ⅰ挡使用的时间最多，该温控器就可以保证电油汀壳体表面最高温度不超过110℃。

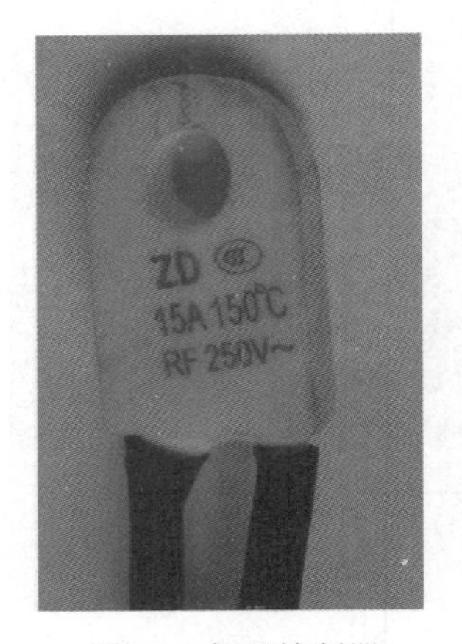

图6-4　超温熔断器

图6-5　温控器（KSD301/110）

（4）可调温控器（双金属片温控器）

电油汀采用的可调温控器规格是QX201A T-180/250V/16A，有关断位置，温度可调范围为30～85℃。它属于机械控制器件，其外形及结构如图6-6所示。

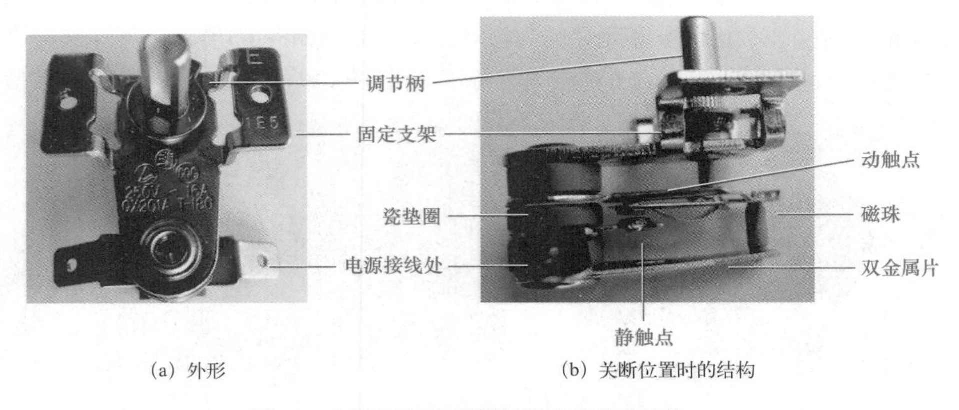

（a）外形　　（b）关断位置时的结构

图6-6　电油汀中的可调温控器外形及结构

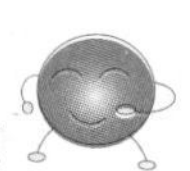

（5）功率选择开关

电油汀采用的功率选择开关为XK2系列，规格是AC 220V/15A，有5个引脚，2组开关，4个选择位置，分别为“关/Ⅰ/Ⅱ/Ⅲ”，其外形如图6-7所示。

功率选择开关各引脚关系示意图如图6-8所示，组合开关在各挡位各引脚间的关系如表6-1所示。

（a）B组开关有2个插头

（b）A组开关有3个插头

图6-7　功率选择开关的外形（两个反向观察）

表6-1　XK2组合开关各挡位情况

组别	各挡位引脚间关系			
	“关”状态	Ⅰ挡	Ⅱ挡	Ⅲ挡
A组开关	A与任何引脚不通	只与1引脚接通	只与2引脚接通	与1和2引脚均接通
B阻开关	B与任何引脚不通	与3引脚接通	与3引脚接通	与3引脚接通

（6）工作指示灯

NDYU-16型电油汀是否处于加热状态，由氖泡指示灯表示，由选择开关的一组开关控制其通断，220V交流电通过150kΩ电阻限流后约有70V的电压加在氖泡两端，使其发出橘红色的光。加热工作的氖泡指示灯如图6-9所示。

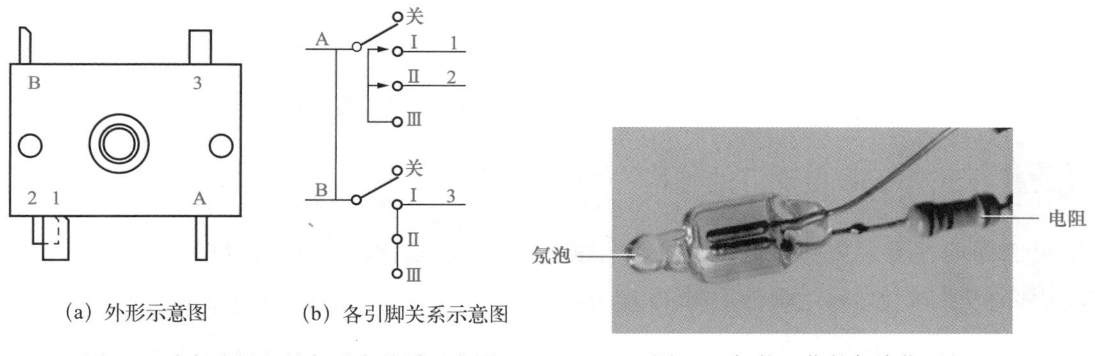

（a）外形示意图　（b）各引脚关系示意图

图6-8　功率选择开关各引脚关系示意图

图6-9　加热工作的氖泡指示灯

4 组装电油汀

组装电油汀的操作过程与拆卸过程相反，注意不同规格的螺钉、紧固件要牢固，转动件要灵活。具体组装步骤如下。

第一步　安装各部件。将功率选择开关、可调温控器、工作指示灯连接到线路中。注意与拆卸时记录情况对照，正确连接；再将它们固定在前罩壳上；把选择开关、可调温控器的旋钮安装上，试验是否转动灵活、可靠。

第二步　将前罩壳固定在发热体上。将温控器固定在散热片上，并连接好温控器线路；再将电热元件的线路连接好，连接好接地线；固定超温熔断器在散热片的位置，固定好线路；安装前罩壳并用螺钉固定在发热体上，盖好装饰板。

第三步　安装脚轮。将电油汀底朝上，把两组脚轮用U形抱攀紧固在原来位置。

第四步　检查试机。检查安装是否复原。万用表在插头处检测电油汀通断情况，先调节可调温控器，再转换功率选择开关，依次检查4个挡位阻值应依次为∞、82Ω、49Ω、32Ω。最后使用绝缘电阻表检查线路绝缘情况。一切均正常后通电试机，观察各功能是否正常。

操作评价　电油汀的拆卸与组装操作评价表

评分内容	技术要求		配分	评分细则		评分记录
认识外形	能正确描述电油汀外观部件名称		10	操作错误每次扣1分，扣完为止		
拆卸电油汀	1．能正确顺利拆卸		20	操作错误每次扣2分		
	2．拆卸的配件完好无损，并做好记录		10	配件损坏每处扣2分		
认识部件	能够认识电油汀组成部件的名称		10	操作错误每次扣1分		
组装电油汀	1．能正确组装并还原整机		20	操作错误每次扣2分		
	2．螺钉装配正确，配件不错装、不遗漏配件		20	错装、漏装每处扣2分		
安全文明操作	能按安全规程、规范要求操作		10	不按安全规程操作酌情扣分，严重者终止操作		
额定时间	每超过5min扣5分					
开始时间		结束时间		实际时间		成绩	
综合评议意见						

6.1.2　相关知识：电油汀的结构

电热油汀主要由电热元件、散热片、导热油、可调温控器、功率选择开关、指示灯、万向脚轮、外壳等组成，结构如图6-10所示。

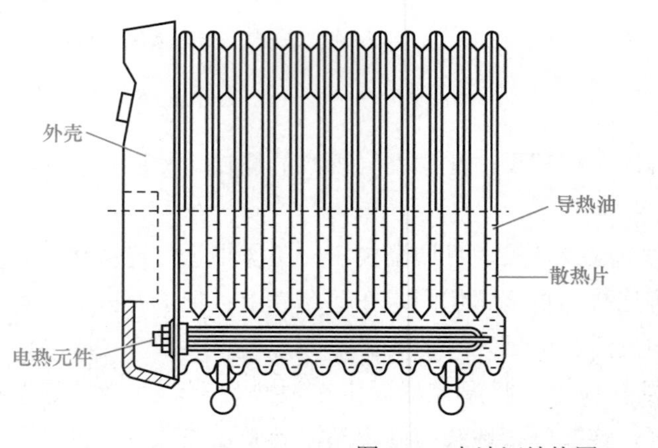

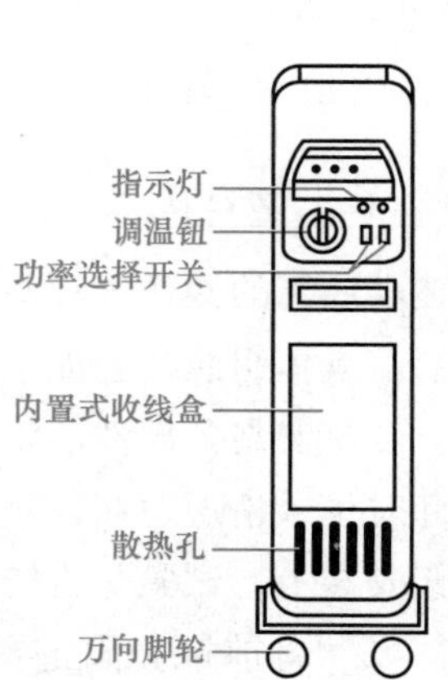

图6-10　电油汀结构图

电油汀是以金属电热管为电热元件，其结构如图6-11所示，为两组U形电热管。用点焊或套压的方法把金属管状电热元件固定在有许多散热片的腔体中，腔体中充有YD系列的导热油（或变压器油等）。

这种油是由长碳链的饱和烃组成的，无毒、无渗透、热稳定性好、抗氧化性强、黏度适中、温度容易控制、价格低廉。导热油一般占腔体体积的70%，因此在倒置电油汀时会听到内部有液体流动的响声。

电油汀散热片由7～13个金属片中空叠合而成。电油汀多数采用钢铁结构，表面烤漆，也有采用铝合金结构的，其散热快，效率高，独特的表面处理和造型，颇具装饰性。由于电油汀的体积和重量都较大，其底部均装有4只万向脚轮，以便随意改变摆放位置。

电油汀一般采用可调温控器来控制温度，其结构示意图如图6-12所示。它是一种手动（通过调节杆）和自动（双金属片的动作）相结合的温度控制装置，由支杆、热金属片、压板和调节杆等几部分组成，通过旋转调节杆改变压板对热金属片的压力来设定温度，压力越大，相应的设定温度越高（最高不超过100℃）。当达到设定温度时，双金属片发热变形使动、静触点分开，从而切断加热元件的电源，达到控制温度的目的。

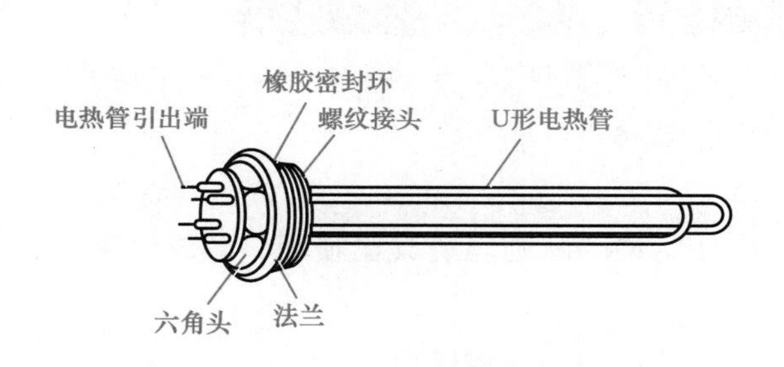

图6-11　电油汀的电热元件

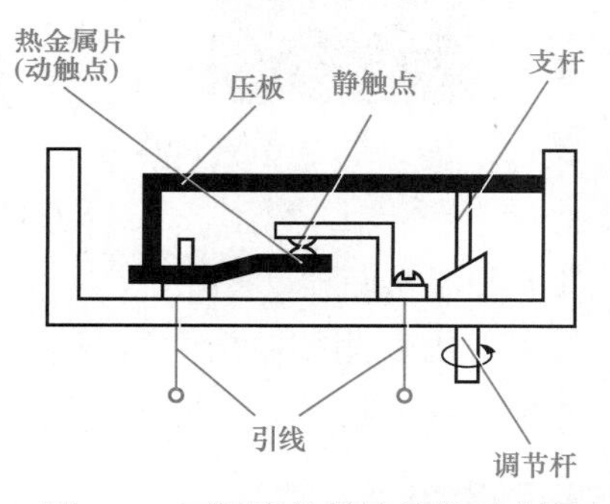

图6-12　可调温控器的结构示意图

任务6.2　电油汀的维修

任务目标

1. 会检测电油汀的主要部件。
2. 学会维修电油汀。

任务分析

学会检测电油汀的主要部件，学会维修电油汀。

6.2.1 实践操作：电油汀主要部件检测与常见故障排除

微课
电油汀
的维修

1 检测电油汀的主要部件

电油汀出现故障时，需要对电油汀电路的主要部件进行检测。

（1）全封闭式电热管

使用万用表的欧姆挡检测出两组电热元件的阻值，方法如图6-13所示，测得Ⅰ组电热元件的冷态阻值约为84Ω，功率约为600W；Ⅱ组电热元件的阻值约为49Ω，功率约为1000W，因此两组同时工作时功率为1600W。

同时使用200MΩ挡检测电热元件与壳体间的绝缘电阻为∞；最好使用绝缘电阻表检测绝缘情况。

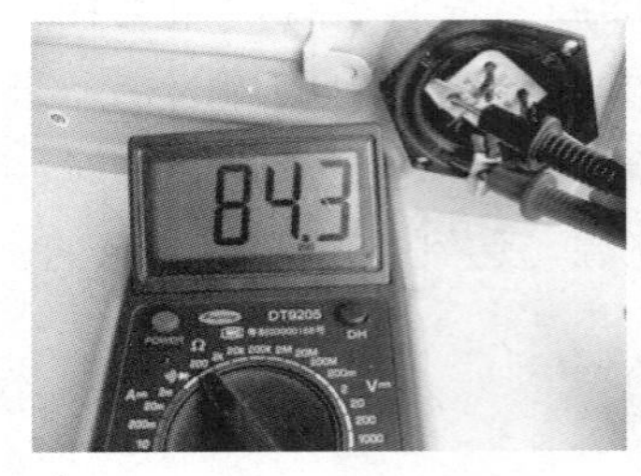

（a）Ⅰ组电热元件的阻值

（b）Ⅱ组电热元件的阻值

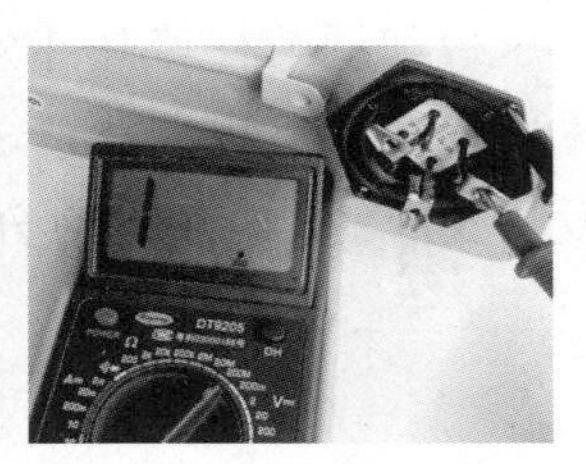

（c）测电热元件与壳体间的绝缘电阻

图6-13　电油汀的电热元件检测

（2）超温熔断器

使用万用表测超温熔断器两端电阻，应为0，如为∞则表明其已损坏。超温熔断器属于一次性元件，损坏后更换相同规格的即可。

（a）检测温控器质量

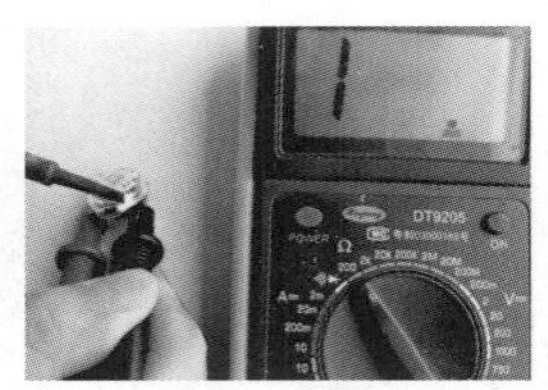

（b）加热110℃时温控器断开

图6-14　电油汀的温控器检测

（3）温控器

温控器的检测方法如图6-14（a）所示，可在常温下用万用表检测引线两端阻值，应为0；用电烙铁对温控器加热到110℃时，再检测其阻值应为∞，如图6-14（b）所示，冷却后又能闭合，则正常可用。

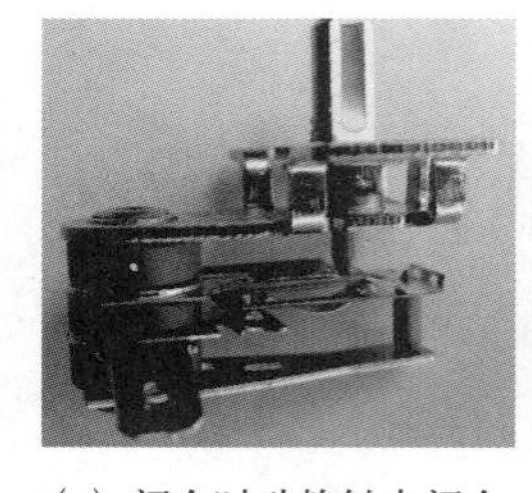
（a）闭合时动静触点闭合

（b）闭合时检测电阻应为0

图6-15　电油汀的可调温控器检测

（4）可调温控器

检测时，用手拧调节柄，观察可调温控器是否转动灵活，动静触点是否能关断和开启闭合，是否有关断和开启的响声；与此同时用万用表检测其触点能否闭合，检测方法如图6-15所示。进一步检测可用电烙铁对双金属片加热，同时在旋钮不同位置检测其受热通断情况。

（5）功率选择开关

检测功率选择开关时先观察其外观是否损坏，引线插头是否松动，然后使用万用表检测两组开关在4个位置的通断情况，组合开关各挡位情况参见表6-1。检测方法如图6-16所示。

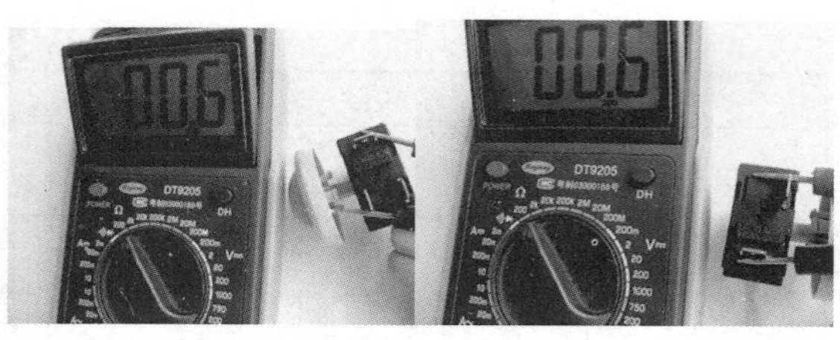

（a）测A组开关　（b）测B组开关

图6-16　功率选择开关各挡位通断情况检测

2 排除电油汀常见故障

NDYU-16型电油汀电路原理图参见相关理论知识，常见故障有以下几种。

典型故障一：通电后油汀不加热

故障原因及排除方法如表6-2所示。

表6-2　故障原因及排除方法

引起故障的可能原因	排除故障的方法
电源插头、插座接触不良	调整插头、插座，使其接触良好
电源线路损坏断路	电阻法检查电源线路，修理或更换电源线路
超温熔断器烧毁开路	拆卸电油汀的前罩壳，找到超温熔断器，万用表欧姆挡检测后，更换同规格的超温熔断器，同时要找出它损坏的原因
可调温控器触点变形开路	拆卸电油汀的前罩壳，在壳内找到可调温控器，边旋转旋钮边用万用表检测其质量，拆卸下来修复或更换同规格的可调温控器
功率选择开关损坏	拆卸电油汀的前罩壳，使用万用表检测，若损坏则更换选择开关

典型故障二：通电后温度过低

故障原因及排除方法如表6-3所示。

表6-3　故障原因及排除方法

引起故障的可能原因	排除故障的方法
市电电网电压过低	待电压正常后使用
电热管损坏一根	电阻法检查电热管，更换同规格电热管
散热片表面灰尘过多	清洁散热片表面的灰尘
可调温控器触点变形或移位	检修或更换可调温控器

操作评价　电油汀的维修操作评价表

评分内容	技术要求	配分	评分细则	评分记录
检测部件	能正确检测电油汀部件的好坏	20	操作错误每次扣5分	
排除电油汀的故障	1. 能够正确描述故障现象、分析故障，确定故障范围及可能原因	20	不能，每项扣5分，扣完为止	
	2. 能够正确拆装电油汀	20	操作错误每次扣2分	
	3. 能够根据原因确定故障点，并能排除故障点	20	不能，扣10分，基本能，扣5～10分	
安全使用	安全检查，正确使用电油汀	10	操作错误每次扣5分	

续表

评分内容	技术要求			配分	评分细则		评分记录
安全文明操作	能按安全规程、规范要求操作			10	不按安全规程操作酌情扣分，严重者终止操作		
额定时间	每超过5min扣5分						
开始时间		结束时间		实际时间		成绩	
综合评议意见							

6.2.2 相关知识：电油汀的工作原理与维护

1 电油汀的工作原理

NDYU-16型电油汀的电路原理图如图6-17所示。可调温控器ST_1是带开关功能的可调温控器。

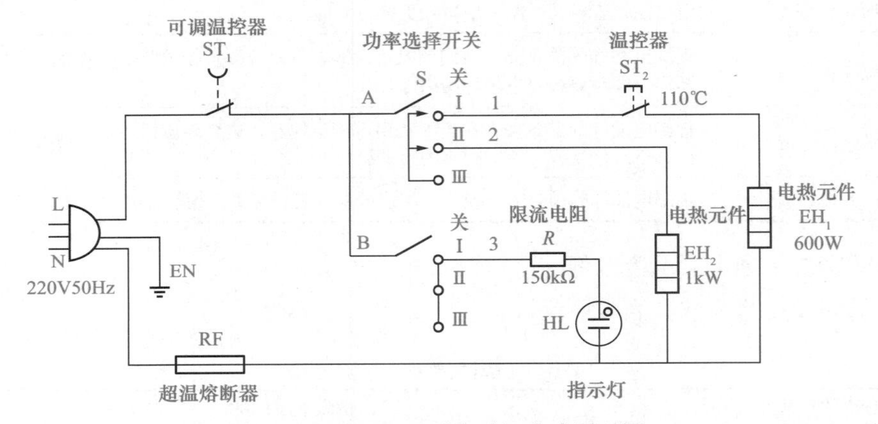

图6-17　NDYU-16型电油汀电路原理图

通电后调节ST_1在最高温度位置，并将功率选择开关置于图中Ⅲ的位置，此时两只电热元件EH_1、EH_2同时发热，指示灯HL发光，处于最高功率状态，电热管周围的导热油较快被加热后，沿散热腔体内的管道循环，通过腔体的表面将热量辐射出去。热量散发后冷却的导热油沿导管返回电热管周围再次被加热，从而不断地循环传递热量。当电热油汀温度较高，超过110℃时，ST_2断开，EH_1电热元件停止加热，降低了加热功率。此时可将功率选择开关调至Ⅱ位置，只有EH_2在通电加热；把功率开关调至Ⅰ位置，就只有EH_1在通电加热，Ⅰ挡为长时间恒温状态，此时可根据需要调节ST_1温控旋钮，以使其在所调定的温度附近实现自动保温。当温度超过所设定的温度时，温控开关ST_1的动、静触点因热双金属片受热变形而分开，切断了电热元件的电源，指示灯熄灭。经过一段时间，温度降低到设定温度以下时，热双金属片又恢复原状使两触点接通，从而电热管又通电工作，继续加热。

若ST_1温度调至最高温度位置，且长时间工作在Ⅰ挡时，可由温控器ST_2完成恒温110℃，以防止过热；若电油汀温度高于150℃时，可调温控器没有断开，此时超温熔断器熔断保护电热管。

顺便指出，使用电油汀应在开机时将温控旋钮旋至最高温挡，半小时后再回旋至低温挡，功率选择开关转换在Ⅰ挡，其功耗只有600W。

2 电油汀的维护

1）进行维护和保养前，应先将电源插头拔下，并且在油汀散热片冷却后再进行。

2）外壳表面容易积尘，要常用软布擦拭，灰尘过厚将影响发热效率。

3）表面太脏时，可用低于50℃的水和中性洗涤剂混合后，蘸布擦拭晾干。

4）清洁时，不能使用汽油、天拿水、稀释剂、酸类等易损坏机体表面的物质。

5）存储时，应将油汀冷透、吹干后装箱。

6）如果电源线损坏，请找专业人士或送指定维修点维修。

7）要充灌定量的特殊油类，若出现漏油须由专业人员修复。

思考与练习

1. 电油汀的拆卸要点是______________________________。

2. 电油汀的基本结构分为__________、__________、__________、__________、__________等几部分。

3. 电油汀是利用______________________________完成取暖的。

4. 电油汀的特点是什么？

5. 如何正确选购电油汀？

项目 7 电饭锅的拆装与维修

学习目标

知识目标

1. 了解电饭锅的类型及结构。
2. 理解普通电饭锅的工作原理。
3. 掌握选择电饭锅的技术标准。
4. 了解电饭锅的选购、使用及维护

技能目标

1. 会拆卸与装配电饭锅。
2. 会检测电饭锅的主要部件。
3. 能排除电饭锅的常见故障。

电饭锅，也叫电饭煲，是一种利用电热烹饪食物的厨房电器。它能够对食物进行蒸、煮、炖、焖等多种加工，还能自动煮饭、保持恒温。世界上第一台电饭锅，是由日本东京通讯工程公司于20世纪50年代发明的。电饭锅的发明算得上是烹饪史上一次伟大的革新，它让人们从繁重的厨房劳动中解脱出来，大大缩短了花费在煮饭上的时间，且具有清洁卫生、无须看管、省事省力、使用方便等优点。

任务7.1 电饭锅的拆卸与组装

任务目标

1. 会拆卸与组装电饭锅。
2. 能认识电饭锅的主要部件。

任务分析

拆卸与组装电饭锅的流程如下。

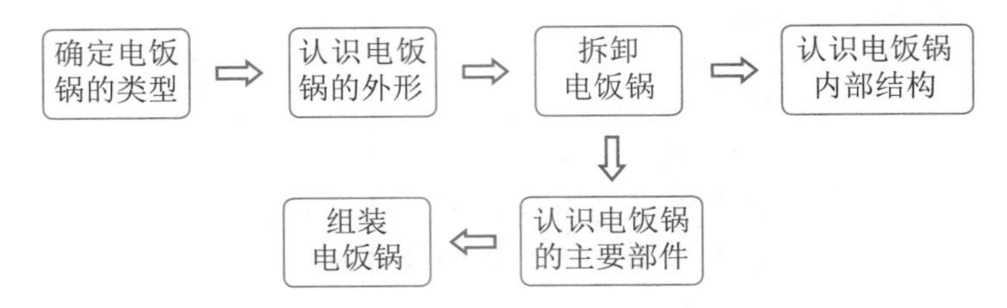

7.1.1 实践操作：拆卸与组装电饭锅

微课
拆卸与组装电饭锅

1 确定电饭锅的类型与认识电饭锅的外形

电饭锅的类型主要有自动保温式、电脑控制式和压力电饭锅等，实物如图7-1所示。

(a) 自动保温式电饭锅（普通型）

(b) 多功能自动保温式电饭锅（可煮粥）

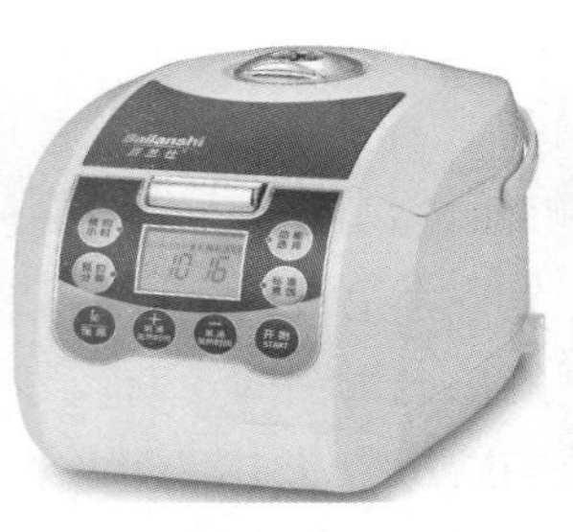

(c) 电脑控制式电饭锅

(d) 压力电饭锅

图7-1 常见电饭锅

现在家庭使用较多的是电脑控制式电饭锅。这里拆卸的是九阳F-50FZ810微电脑式智能电饭锅，它的额定电压为220V/50Hz，额定功率为860W，额定容积为5.0L，待机功率为1.8W，热效率为78%，能效等级为3级，保温能耗68W·h，其外形结构如图7-2所示。从外形看主要由锅盖、可拆内盖、锅体、内胆、电源插头、指示灯、控制面板等组成。

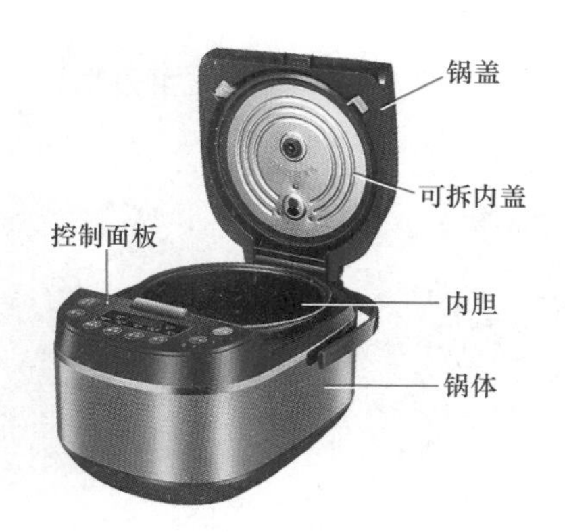

图7-2　电饭锅的外形结构图

2 拆卸电饭锅

准备拆卸电饭锅的使用工具，如螺钉盒、标签、记号笔等，然后取出电饭锅的蒸笼、内盖、内胆、电源线等附件，并整齐地放置在指定位置，避免影响后面的工作。

注意事项：拆卸的顺序为从外到内，部件拆卸下来后按顺序摆放，否则容易出现混乱，安装顺序与拆卸顺序相反。另外，拆卸过程中元件之间的连接线比较多，如果记忆不清楚最好画图、拍照或者打上标记。

电饭锅的拆卸步骤如下。

第一步　拆卸电饭锅的外壳。

<table>
<tr><td>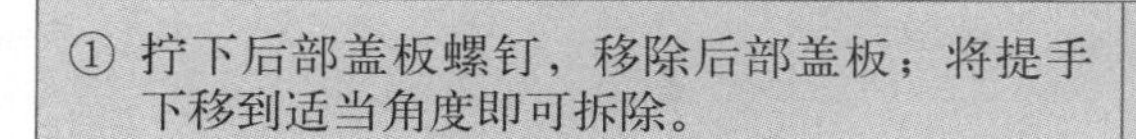① 拧下后部盖板螺钉，移除后部盖板；将提手下移到适当角度即可拆除。</td><td>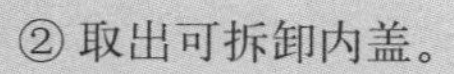② 取出可拆卸内盖。</td></tr>
<tr><td>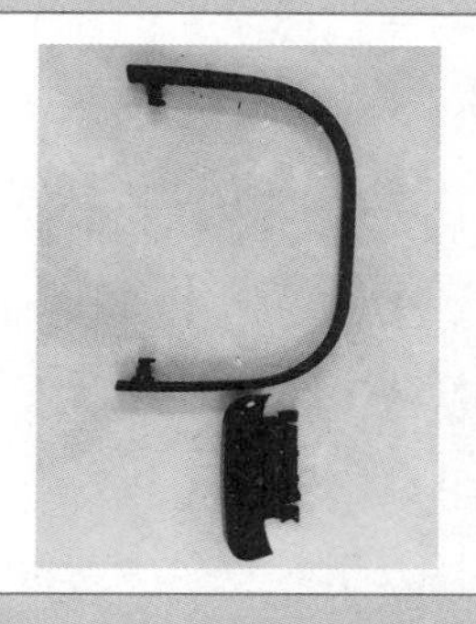</td><td></td></tr>
<tr><td colspan="2">③ 旋下固定螺钉，用软质翘棒拆开锅顶内侧卡板，拆开上盖，即可看见温度传感器。</td></tr>
<tr><td colspan="2"> 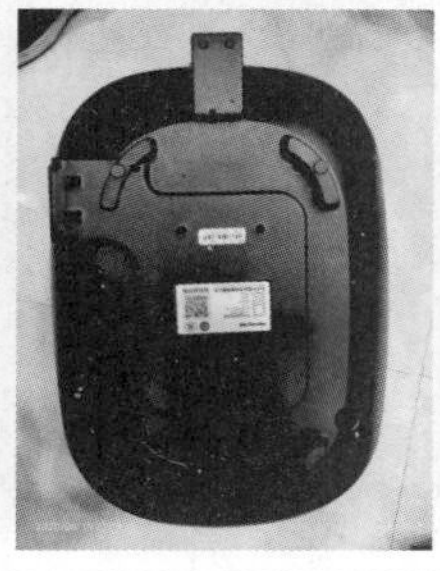 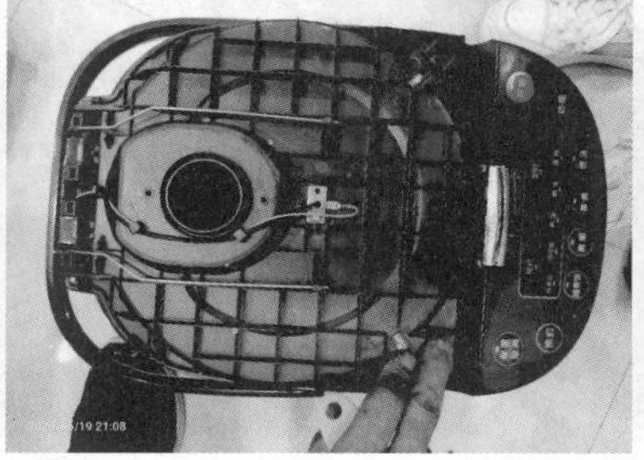 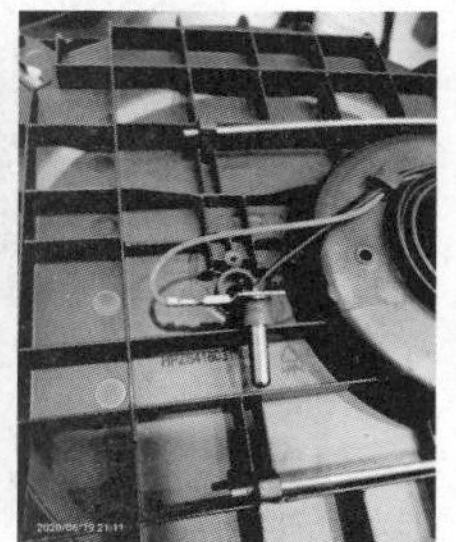</td></tr>
</table>

④ 用螺钉旋具拧下底盖4颗固定螺钉，拆下底盖，将电源插头从底盖中取出，即可看见电饭锅的内部结构。
 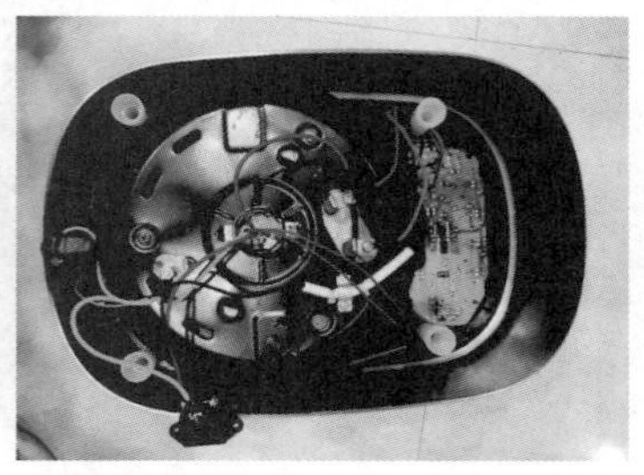

第二步　电饭锅的内部结构如图7-3所示。

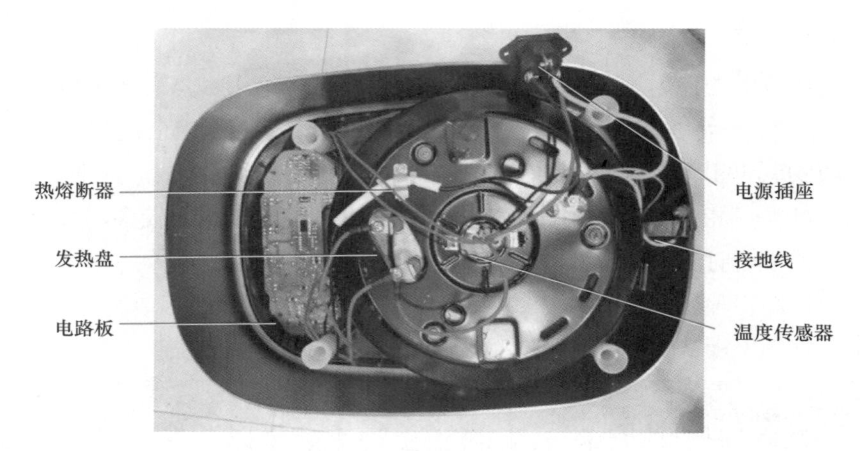

图7-3　电饭锅的内部结构

第三步　拆卸电饭锅的电路板，并认识电路板主要元件，如图7-4所示。将连接导线拆下，然后用螺钉旋具旋下固定螺钉，拆下电路板，即可看见电路板的正反面。

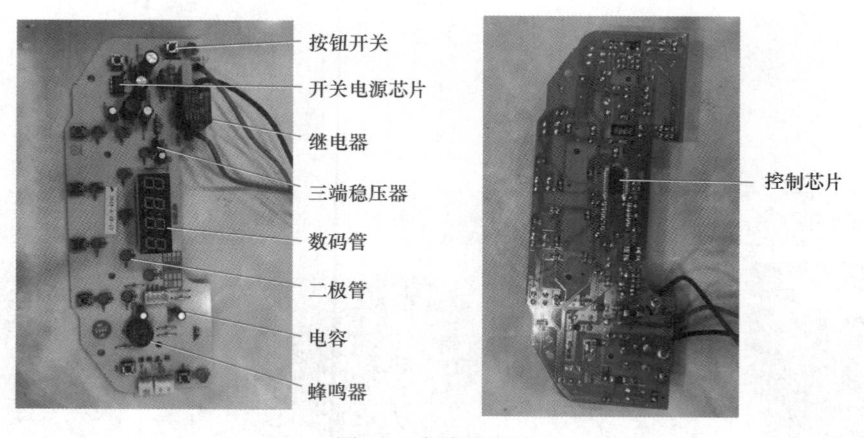

图7-4　电路板外形

第四步　拆卸超温熔断器、发热盘和温度传感器。

① 拆下超温熔断器的连接线，拆开绝缘包装，即可看见热熔断器。	② 拆下发热盘连接线，用螺钉旋具旋下固定螺钉，拆下发热盘。	③ 拆下温度传感器连接线路，拆下锅底的温度传感器。
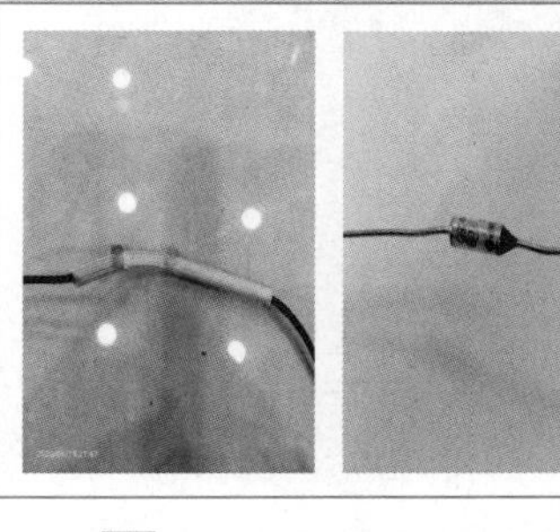	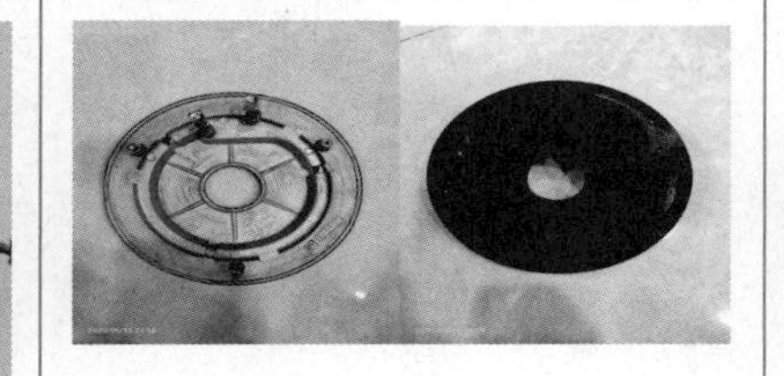	

3 认识电饭锅的主要部件

微电脑控制式电饭锅的主要部件有发热盘、温度传感器（热敏电阻）、超温熔断器、电路板（包括电源板和显示板）等。

（1）发热盘

发热盘外形和结构如图7-5所示。将管状电热元件浇铸在铝合金中制成发热盘，电热元件的端部用密封材料进行密封，以确保绝缘性能。电热管通电发热，通过整体铝合金将热量传导给发热盘实现煮饭。九阳F-50FZ810微电脑式电饭锅的发热盘额定电压220V，额定功率860W，能效等级3级，内胆厚度1.5mm。

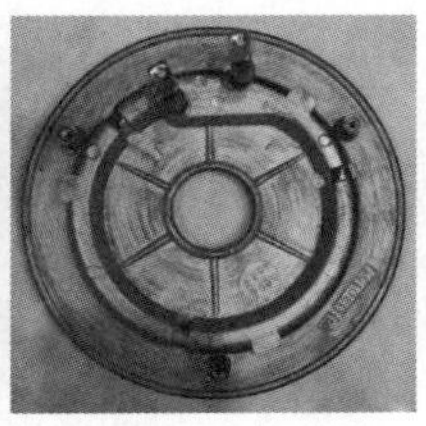

(a) 发热盘外形

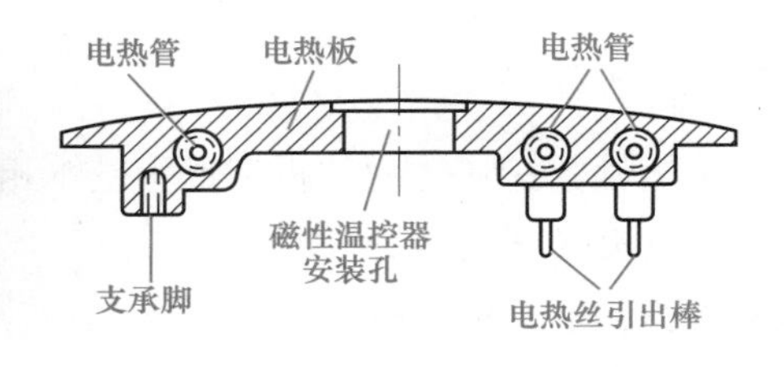

(b) 发热盘结构

图7-5　发热盘外形和结构

（2）温度传感器（热敏电阻）

发热盘上有上、下共两个温度传感器，外形及电路符号如图7-6所示。它的温度传感器主要元件是热敏电阻，是利用导体或半导体材料的电阻值随温度变化而改变的原理来测量温度的，即材料的电阻率随温度的变化而变化，这种现象称为热电阻效应。利用此原理构成的传感器是电阻温度传感器，这种传感器主要用于–200～500℃范围内的温度测量。

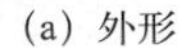

(a) 外形

(b) 电路符号

图7-6　温度传感器的外形及电路符号

（3）超温熔断器

超温熔断器也叫热熔断器、温度熔丝，超温熔断器的外形及电路符号如图7-7所示，它有两种封装形式，860W电饭锅采用规格为250V/10A/192℃的温度熔丝。当锅内温度超过192℃时熔断，以防止发热盘过热损坏或引起火灾。

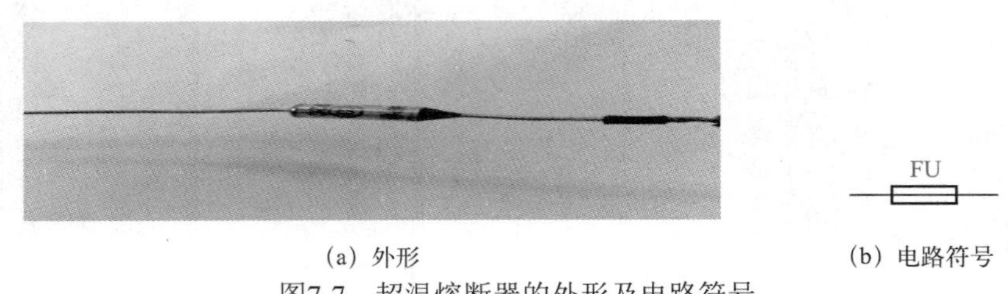

（a）外形

FU

（b）电路符号

图7-7　超温熔断器的外形及电路符号

（4）电路板

智能电饭锅电路板外形如图7-4所示，主要由电源部分和主控电路组成。主控电路与温度传感器（热敏电阻）形成反馈回路。

主控电路可以实现两种功能，一是采集热敏电阻反馈回来的温度值；二是依据用户选用的工作方式，改变继电器工作方式来实现对电热盘的控制。

控制原理：当电热盘温度达到当前的要求后，继电器的开关打开，以切断电热盘的电源。当下降到一定的温度范围后通电加热，闭合继电器，以使电热盘始终保持在适合的温度范围以内。

4 组装电饭锅

组装电饭锅的操作过程与拆卸过程基本相反，但要注意不同规格的螺钉、紧固件要安装牢固，按动开关要灵活。

组装电饭锅的具体步骤如下。

第一步　安装锅底温度传感器和发热盘。

将锅底温度传感器放进发热盘中央，并将其固定。再将发热盘从隔罩里穿出，固定在隔罩上，拧上固定螺钉。

第二步　正确连接锅底温度传感器和发热盘线路。

第三步　安装超温熔断器，并正确连接熔断器线路。

第四步　安装电路板。将电路板放进底板正确位置，用螺钉拧紧固定后正确连接线路。

第五步　安装外壳。

① 安装底盖，将电源插头装进底盖，拧上固定螺钉。

② 将上温度传感器放进顶盖正确位置，卡上顶盖，装好内锅。

③ 安装好提手，装上后盖，拧紧固定螺钉，组装结束。

第六步　组装后检查组装是否复原。

操作评价 电饭锅的拆卸与组装操作评价表

评分内容	技术要求		配分	评分细则		评分记录
认识电饭锅外形	能正确描述电饭锅的外观部件名称		10	操作错误每次扣1分，扣完为止		
拆卸电饭锅	1．能正确顺利拆卸电饭锅		20	操作错误每次扣2分		
	2．拆卸的配件完好无损，并做记录		10	配件损坏每处扣2分		
认识电饭锅部件	能够认识电饭锅组成部件的名称		10	操作错误每次扣1分		
组装电饭锅	1．能正确组装并还原整机		20	操作错误每次扣2分		
	2．螺钉装配正确，配件不错装、漏装		20	错装、漏装每处扣2分		
安全文明操作	能按安全规程、规范要求操作		10	不按安全规程操作酌情扣分，严重者终止操作		
操作时间	每超过5min扣5分					
开始时间		结束时间		实际时间	成绩	
综合评议意见						

7.1.2 相关知识：电饭锅的类型与结构

电饭锅的类型与结构如下。

（1）电饭锅的类型

电饭锅的类型较多，分类方法不同种类不同，如表7-1所示。

表7-1 电饭锅的类型和特点

分类方法	类型	特点
保温方式	保温加热器保温	使用一组加热器，一般为几十瓦的罩盖式电热元件一直通电加热保温，不易出现糊饭现象
	双金属温控器	使用双金属温控器设置70℃的温控点，配合电热管一起完成保温，实现温度控制

续表

分类方法	类型	特点
控制方式	自动保温式	在饭熟后会自动从煮饭状态切换到保温状态，自动保持一定温度直到人为断电
	定时启动保温式	在普通电饭锅上加装定时器，可在24h内任意选定启动时间，在选定的时间内，电饭锅自动启动，开始煮饭，然后保温
	电脑控制式	采用电脑程序控制，利用电脑进行传感测量，控制细微的沸煮温度变化，功率在800W左右，有利于节能
电热元件	单一加热式	底部采用发热盘对内锅加热
	双加热式	除了底部有发热盘加热外，在锅盖上也有加热装置，能够提高工作效率
	立体加热式	采用底部、锅盖和锅壁3处同时加热，工作效率更高
压力	常压式	加热时锅内的压力保持在常压状态，利用沸腾的水及水蒸气来对食物加热
	压力式	可分为低压式、中压式、高压式。加热时锅内的压力高于常压，从而使水的沸点上升，省时省电
结构形式	组合式	锅体和发热盘之间没有紧固连接，锅体放在发热盘上，可以方便地取下。便于清洗，可以直接放到其他发热体或餐桌上
	整体式	电热元件直接固定在锅体的底部，全锅形成一个整体。整体式电饭锅由于锅体的结构不同，可分为单层电饭锅、双层电饭锅和三层电饭锅3种

（2）普通电饭锅的结构

普通自动保温式电饭锅的结构示意图如图 7-8 所示。它主要由外壳、内锅（内胆）、发热盘、磁性温控器、指示灯等组成。

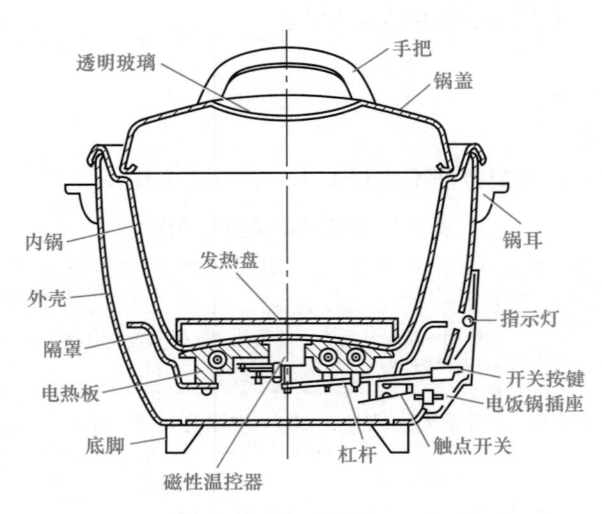

图7-8　普通自动保温式电饭锅的结构示意图

（3）智能电饭锅的结构

智能电饭锅通过电脑芯片程序控制，实时监测温度以灵活调节火力大小，自动完成煮食过程。九阳F-50FZ810智能电饭锅的内部结构如图7-9所示。

图7-9 九阳F-50FZ810智能电饭锅的内部结构

智能电饭锅的主要部件如下。

（1）内胆

内胆又称内锅，是用来装食物的容器，其底部要求与发热盘吻合。不同材料和结构的内胆对米饭营养价值的影响不相同。智能电饭锅的内胆一般采用4层结构，由内而外分别是：不粘涂层、硬质氧化层、铝合金层、硬质氧化层。其中不粘涂层能确保煮的饭不焦，营养不损失；双硬质氧化层则有利于长期安全使用。

内胆的大小是用容积来衡量的，常见容积有三升（3L）、四升（4L）、五升（5L）等。

（2）发热盘

发热盘主要由铸铝、发热管、接线片和硅胶帽组成，工作原理是通过发热管内的电阻丝将电能转化成热能，由发热盘表面将热量传递给内胆，从而加热内胆中的食物。

（3）超温熔断器

超温熔断器是一种不可复位的一次性保护元件，串在各种电器电源输入端，其作用为过热保护。

（4）温度传感器（热敏电阻）

利用导体或半导体其电阻值随温度变化而改变的特点，通过测量其阻值推算出被测物体的温度，利用此原理构成的传感器就是电阻温度传感器，这种传感器主要用于–200～500℃范围内的温度测量。

任务7.2 电饭锅的维修

任务目标

1．学会检测智能电饭锅的主要部件。

2．学会排除智能电饭锅的常见故障。

任务分析

学会检测智能电饭锅的主要部件，学会维修智能电饭锅的主要部件和典型故障。

微课

电饭锅的维修

7.2.1 实践操作：电饭锅主要部件检测与常见故障排除

1 检测与维修电饭锅的主要部件

（1）检测发热盘

首先直接观察发热盘外形是否变形、有裂纹以及与内锅底的吻合情况，电热管是否爆裂，接线柱处绝缘材料是否脱落，如图7-10所示。然后使用万用表的200Ω挡检测电热管的阻值为76Ω，再用200M挡检测电热管与金属外壳间的阻值应为∞。

当发热盘严重变形、电热管漏电或电热管开路的情况下，必须整体更换，注意更换同规格发热盘。

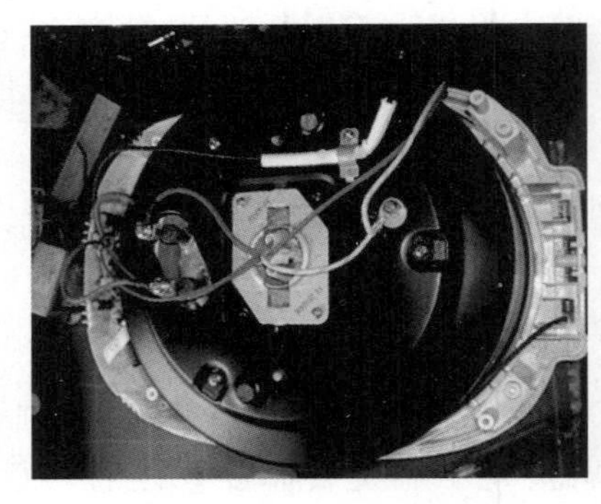

图7-10　检测发热盘

（2）检测温度传感器

用万用表两表笔分别接温度传感器的两端测其阻值，常温下阻值为85kΩ左右，加热后阻值会下降则为正常，损坏后需更换同规格温度传感器。

（3）检测超温熔断器

超温熔断器是防止器具发生故障出现高温而产生断路的温度控制部件，其特点是一次动作且不可复位。

在电熨斗、消毒柜、电油汀中已学习过超温熔断器的检测与维修，方法相同，用万用表检测其阻值为0则正常。当出现电饭煲不能加热、不能保温、指示灯均不亮时，可首先检测超温熔断器的阻值，如为∞，需更换同规格超温熔断器。

2 排除电脑控制式电饭锅的常见故障

电饭锅在使用过程中，常见以下几类故障：不通电、煮不熟饭或煮糊饭、显示错误。现用具体的实例学习这几类故障的分析与维修。

（1）电源指示灯不亮，整机不工作

电源插头、电源线、熔断器等部件出现损坏。

1）检查电源线的插头是否接触不良。检查连接指示灯的线路是否不通。用万用表测量连接线的通或断进行判断是否损坏。

2）指示灯损坏，更换相应的指示灯。

3）上盖温度传感器加热线同时断裂，碰线短路，导致电路板损坏，修复加热线。

4）电饭锅超温熔断器烧坏，换上同型号超温熔断器。

5）电路板损坏，更换同型号电路板。

6）开关电源芯片坏，更换同型号的开关电源芯片，规格为电阻22Ω，稳压管，4007二极管，电感，或换掉电路板。

（2）电源指示灯亮，整机不工作

1）煮饭开关损坏或者接触不良。用万用表通断挡测量开关进行判断。

2）发热盘损坏。用万用表电阻挡测量发热盘电阻进行判断，正常情况下发热盘的电阻在几百欧姆内，根据发热盘功率大小而略有不同。

（3）煮不熟饭或煮糊饭

1）超温熔断器损坏，更换同型号超温熔断器。

2）继电器损坏，里面生锈腐蚀了，更换继电器。

3）温度传感器损坏，更换同型号温度传感器。

（4）预约灯闪，灯全亮，显示E（1或2或3或4）或C（1或2或3或4）

1）传感器连接线已断。在电饭锅后面有一个螺钉需拧掉，打开后盖板后，用工具把线拨一下就可以看到连接线是否已断，打开上盖，将连接线重新卡扣在盖处，即可修复。

2）电路板虚焊或电路板损坏，更换电路板。

（5）触摸不灵

内部电路板松动或电路板损坏，触摸太灵敏，但不会乱跳到其他触摸键上，属于正常，但如果跳到其他键上，电路板已坏，需更换电路板。

（6）按键不灵

按键无反应，按键损坏需更换。

（7）显示屏内灯亮处有雾

按错功能键，煮饭外溢，引起开盖按钮两脚断裂，需更换开盖按钮。

（8）显示 Co

电路板焊接电池没电，更换电池；电路板损坏，更换电路板，显示带有E的三个字母。

智能电饭锅的常见故障现象、产生原因及解决方法如表7-2所示。

表7-2　智能电饭锅的常见故障现象、产生原因及解决方法

故障现象	产生原因	解决方法
指示灯不亮	电路电源没有接通	检查电源是否接通
	线路故障	检查线路
发热盘不加热	电路故障	检查电源插座和线路通断
	熔断器烧断	更换熔断器
	发热盘故障	更换发热盘
指示灯亮、发热盘不加热	电路故障	检查线路
	发热盘故障	更换发热盘
饭不熟	煮的量过多或过少	调整米、水总容量，范围在最高至最低刻度线之间
	米与水的比例不对	调整米与水的比例
	内胆未放好，悬空	把内胆轻轻转动，使之恢复正常
	在内胆和发热盘之间有异物	清理异物，但切勿使用水直接清洗
	内胆变形	更换内胆
	电路故障	检查线路
	传感器故障	更换传感器
煮成焦饭	内胆变形	更换内胆
	电路故障	检查线路
	传感器故障	更换传感器
自动进入保温功能或数码屏显示错误代码：E5	未放入内胆	切断电源，待电饭锅降温后重新放置内胆仍可正常使用
	内胆内无水干烧	
	内胆未放好，悬空	
煮粥大量溢出	煮的量过多	将量调整到适中
数码屏显示错误代码:E1/E2/E3/E4	电路故障	按“取消键”，再断电，然后重新上电，如仍异常，则检查线路

操作评价　电饭锅的维修操作评价表

<table>
<tr><th>评分内容</th><th colspan="3">技术要求</th><th>配分</th><th colspan="2">评分细则</th><th>评分记录</th></tr>
<tr><td>检测部件</td><td colspan="3">能正确检测电饭锅部件的好坏</td><td>20</td><td colspan="2">操作错误每次扣5分</td><td></td></tr>
<tr><td rowspan="3">排除电饭锅的故障</td><td colspan="3">1. 能够正确描述故障现象、分析故障，确定故障范围及可能原因</td><td>20</td><td colspan="2">不能，每项扣5分，扣完为止</td><td></td></tr>
<tr><td colspan="3">2. 能够正确拆装电饭锅</td><td>20</td><td colspan="2">操作错误每次扣2分</td><td></td></tr>
<tr><td colspan="3">3. 能够根据原因确定故障点，并能排除故障点</td><td>20</td><td colspan="2">不能，扣10分，基本能，扣5～10分</td><td></td></tr>
<tr><td>使用电饭锅</td><td colspan="3">安全检查，正确使用电饭锅</td><td>10</td><td colspan="2">操作错误每次扣5分</td><td></td></tr>
<tr><td>安全文明操作</td><td colspan="3">能按安全规程、规范要求操作</td><td>10</td><td colspan="2">不按安全规范操作酌情扣分，严重者终止操作</td><td></td></tr>
<tr><td>额定时间</td><td colspan="3">每超过5min扣5分</td><td></td><td colspan="2"></td><td></td></tr>
<tr><td>开始时间</td><td></td><td>结束时间</td><td></td><td>实际时间</td><td></td><td>成绩</td><td></td></tr>
<tr><td>综合评议意见</td><td colspan="7"></td></tr>
</table>

7.2.2 相关知识：电饭锅的工作原理与维护

1 自动保温式电饭锅的工作原理

（1）保温加热器自动保温的电饭锅

保温加热器自动保温的电饭锅电路图如图7-11所示。电源接通后，不按下磁控温控器，ST处于开路状态，此时220V电压加在保温加热器EH0和电热管EH两端，但由于EH0的阻值约为1.2kΩ，而EH的阻值为96Ω，根据串联电路特点，几乎所有电压均加在保温加热器两端，保温加热器发出40W的功率，同时保温指示灯发光，指示电饭锅处于保温状态。

内锅放入电饭锅内，盛装一些水，此时按下面板上的煮饭开关键，ST闭合，保温加热器及保温指示灯被短路，220V电压全部加在电热管EH两端，发出500W的功率，同时煮饭指示灯发光。当锅内没有水温度升高到103℃时，永磁体失去磁性，磁性温控器开关ST断开，恢复保温状态。

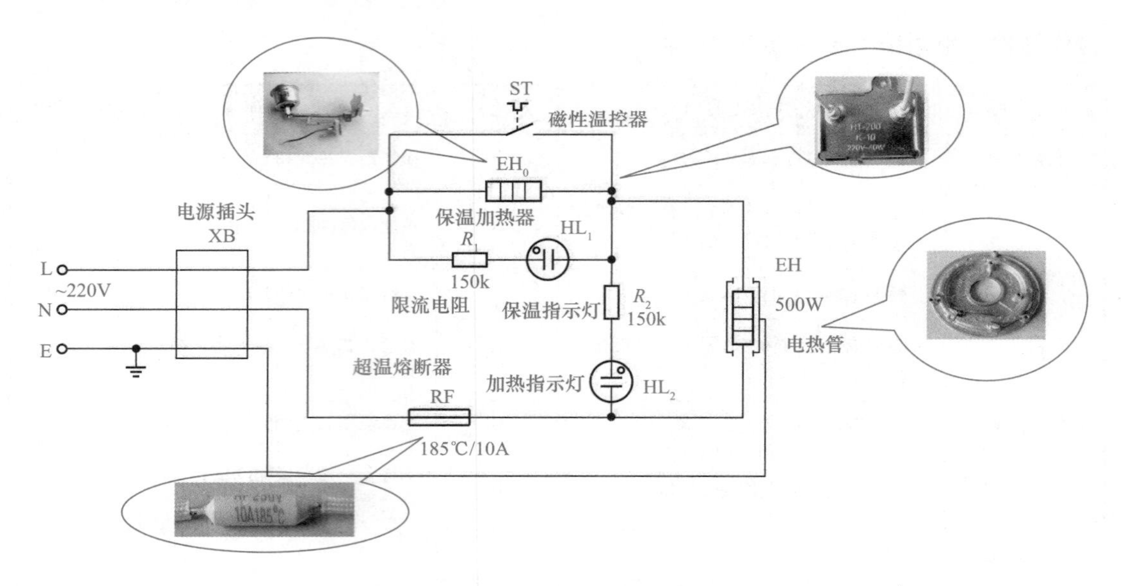

图7-11　保温加热器自动保温的电饭锅电路图

（2）双金属温控器自动保温的电饭锅

双金属温控器自动保温的电饭锅电路图如图7-12所示，与图7-11的区别是用双金属温控器代替保温加热器。通电，不按下ST_1，此时EH电热管两端有220V电压，电热管发热温度上升，升到70℃时，ST_2断开，停止加热，保温指示灯发光。其他部分工作原理同保温加热器自动保温的电饭锅。

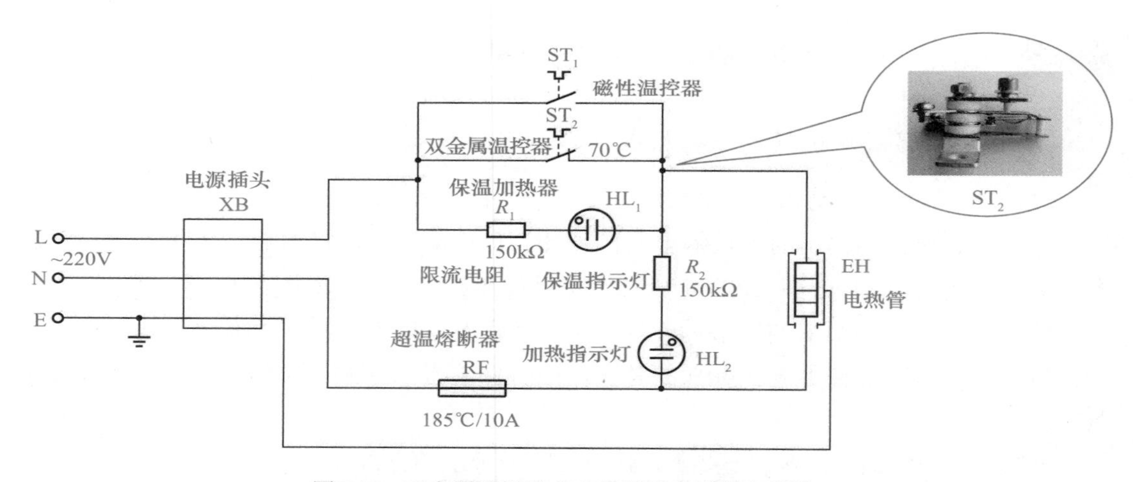

图7-12　双金属温控器自动保温的电饭锅电路图

2 智能电饭锅的工作原理

传统机械式电饭锅的工作原理是利用磁钢受热失磁冷却后恢复磁性的原理，对锅底温度进行自动控制。智能电饭锅的工作原理是利用微电脑芯片，控制加热器件的温度，精准地对锅底温度进行自动控制。

智能电饭锅在进行工作时，它的微电脑能够检测主温控器上的温度和上盖的传感器温度，当它们的温度符合电饭锅的工作温度，就会接通电饭锅的电热盘，这时电热盘开始发热。电热盘和内胆充分地进行接触，热量就很快传导到内胆，当内胆把相应的热量传到内胆中的食物时，食物就开始加热，随着内胆温度的增加，上盖上的温度传感器温度也逐渐升高，微电脑检测到内胆的汤水沸腾时就自动调整电饭煲的加热功率，以此保证汤水不会溢出。

智能电饭锅的主控电路工作原理为当发热盘温度达到当前的要求后，继电器的开关断开，以切断发热盘的电源；当温度下降到一定的范围后继电器闭合通电加热，使发热盘始终保持在适合的温度范围之内。智能电饭锅的电路原理示意图如图7-13所示。

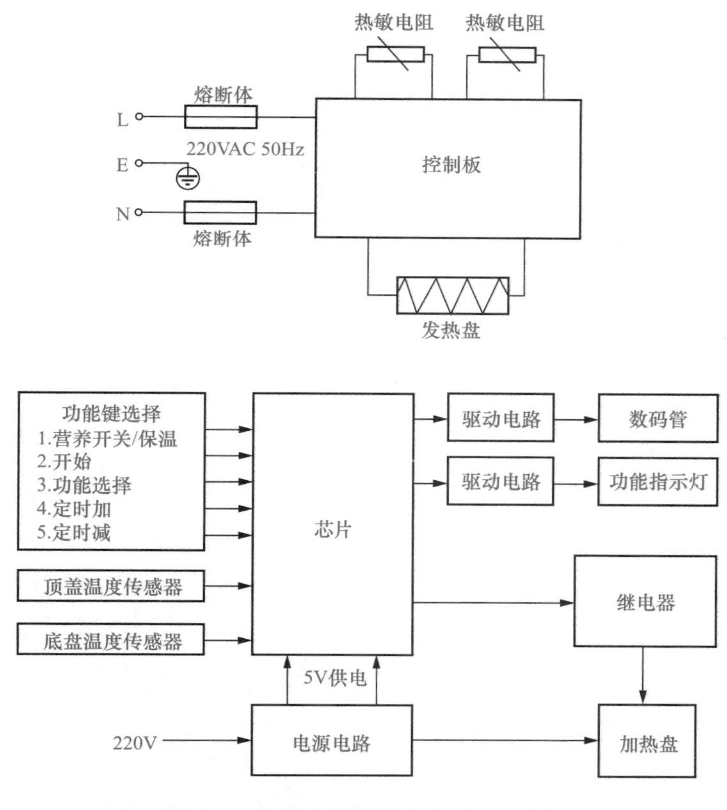

图7-13　智能电饭锅的电路原理示意图

3 电饭锅的维护

电饭锅保养不当会缩短其寿命。为长期使用，在维护上应注意以下几点。

1）防腐蚀、防潮。电饭锅不宜烧煮酸、碱食物。不用时也不宜放在有腐蚀性气体或潮湿的环境。

2）防变形。待煮食物最好用其他容器淘洗后倒入，避免因用内胆淘洗时破坏不粘层、不小心损坏内胆底或边缘碰撞变形，从而影响热传导效果。

3）用后清洗。内胆有锅巴时宜用竹木勺铲刮或用热水浸泡后再用软布揩擦，经常保持发热盘与内胆底清洁干净。

4）内胆经洗涤后外表的水必须擦干后再放入电饭锅内。

5）发热盘与外壳切忌浸水，只能在断电后用潮湿的软布擦洗。

6）使用时应先将蒸煮食物放入锅内再通电，反之应断电后再取出食物，以避免触电。

7）电饭锅功率较大，忌与其他小功率如台灯之类电器共用一插线板。

8）打开锅盖时用手稍微扶一下，功能键不要乱按，内胆须经常清洗。

由于电子技术的飞速发展，微电脑技术（即单片机技术）应用于电饭锅中，能以更合理的方式进行加热，精确地调节火候，达到最佳的工作效果。智能电饭锅的核心是脑芯片即CPU，因品牌不同所用CPU不同，但控制程序基本相同。整个过程大体是“吸水→加热煮饭→维持沸腾→再加热→焖饭→保温”这6个步骤。

思考与练习

1. 电饭锅________直接加热生鸡蛋。

A. 不能　　B. 能

2. 电饭锅加热的装置是________。

A. 保温开关　　B. 发热盘　　C. 温控器

3. 电饭锅________放在电视机旁边。

A. 可以　　B. 不可以

4. 电饭锅的电源线内部断开，会引起________故障。

A. 指示灯不亮，电热盘不热

B. 指示灯不亮，电热盘发热

C. 指示灯亮，电热盘不热

5. 电饭锅的发热盘接线松脱，会引起________故障。

A. 指示灯不亮，电热盘不热

B. 煮不熟饭或夹生

C. 指示灯亮，电热盘不热

6. 请同学们调查一下，家里电饭锅的品牌及类型？在日常生活中使用了电饭锅的哪些功能？

7. 请同学们思考一下，家里的电饭锅坏了，应该准备些什么工具进行维修？日常生活中电饭锅有哪些常见故障以及该如何排除？

项目 8
电烤箱的拆装与维修

学习目标

知识目标

1. 了解电烤箱的类型及结构。
2. 理解电烤箱的电路工作原理。
3. 掌握电烤箱的拆装方法。
4. 了解电烤箱的维护。

技能目标

1. 会拆卸与组装电烤箱。
2. 会检测电烤箱的主要部件。
3. 能排除电烤箱的常见故障。

电烤箱又叫电烤炉，是利用电热元件发出的辐射热来烤制食物的厨房电器。它可用来加工面包、披萨，也可用来制作蛋挞、蛋糕、小饼干之类的点心，还可进行鸡、鸭等肉类的烹调。

任务8.1 电烤箱的拆卸与组装

任务目标

1．会拆卸与组装电烤箱。

2．能认识电烤箱的主要部件。

任务分析

拆卸与组装电烤箱的流程如下所示。

确定电烤箱的类型 ⇨ 认识电烤箱的外形结构 ⇨ 拆卸电烤箱 ⇨ 认识电烤箱的主要部件 ⇨ 组装电烤箱

8.1.1 实践操作：拆卸与组装电烤箱

微课 拆卸与组装电烤箱

1 确定电烤箱的类型

电烤箱可分为家用烤箱和工业烤箱。家用烤箱主要用来加工一些食品，工业烤箱主要用来烘干产品，又叫烤炉、烘干箱等。

常见家用电烤箱可分为台式烤箱和嵌入式烤箱两种，也可分为非自动控制普通型、恒温型、电子自动控制型、远红外线电烤炉和多士炉等，实物如图8-1所示。

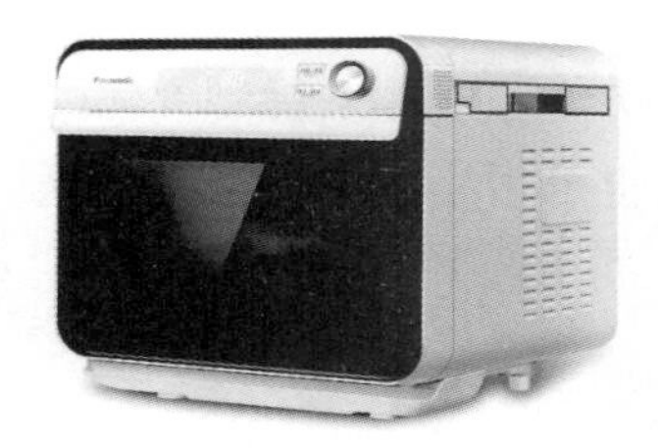

（a）台式烤箱

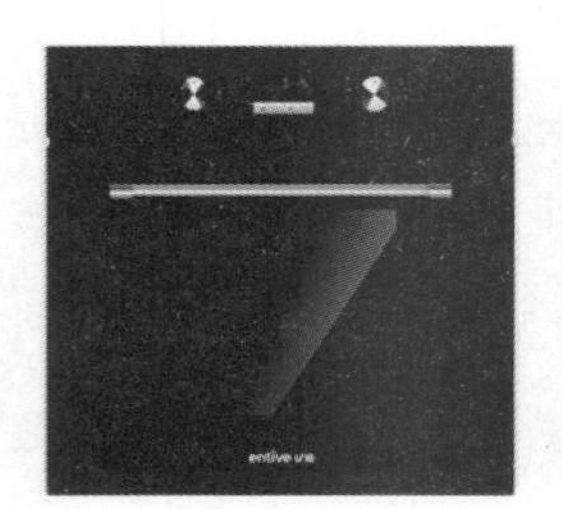

(b)嵌入式烤箱

(c)非自动控制普通型电烤箱

图8-1　常用电烤箱

2 认识电烤箱的外形结构

下面以苏泊尔K35FK602家用电烤箱为例来学习电烤箱的相关知识，其规格为：额定电压220V/50Hz，额定功率1600W，额定容积35L，温度设定范围70～230℃，定时范围0～120min，如果工作时间超过120min，可选择长通按钮。苏泊尔K35FK602电烤箱的外形结构如图8-2所示，主要由箱体、上温控旋钮、下温控旋钮、功能旋钮、定时旋钮、电源

指示灯、烤盘、烤网、门拉手、照明炉灯等组成。

图8-2　苏泊尔K35FK602电烤箱外形结构

3 拆卸电烤箱

第一步　拆卸电烤箱的外壳

将电源线拔掉，用合适的十字螺钉旋具旋下电烤箱底板及两侧板的螺钉，观察外壳固定方式，慢慢取出底座和外壳。将拆卸下来的部件按顺序摆放，如图8-3所示。

拆卸过程中零件之间的连接线可采用纸上画图、用标签标记或拍照的方式进行记录。

图8-3　电烤箱的外壳

第二步　认识电烤箱内部结构

如图8-4所示，电烤箱内部结构包括：上温控器、下温控器、功能转换开关、定时器、上电热管、下电热管、照明炉灯等部件。

图8-4　电烤箱的内部结构

第三步　拆卸电烤箱内部的主要部件

维修电烤箱时需拆下所需维修或更换的部件。这里介绍部分部件的拆卸方法。

（1）拆卸电热管

① 轻轻按住直插接线端的卡扣，拔出电热管件上的接线。	② 用工具取下固定金属电热管的铆钉，取出上电热管和下电热管。从接线可以看出上下两根电热管是串联的。
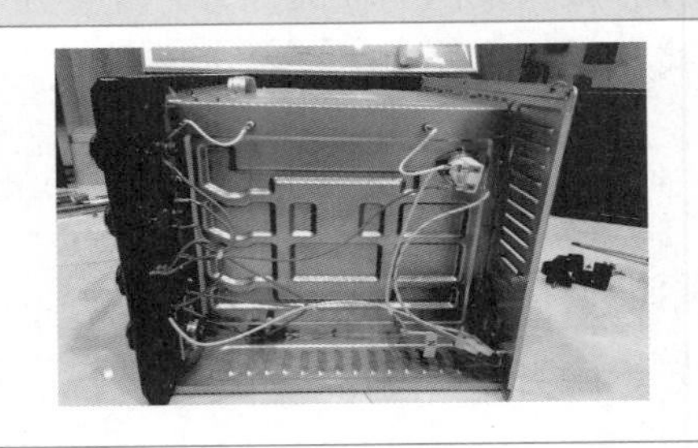	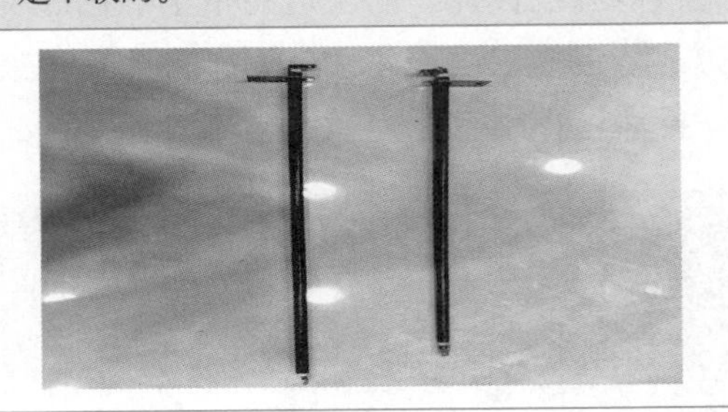

（2）拆卸温控器

① 轻轻按住直插接线端的卡扣，拔出温控器上的接线。	② 拔出面板上的温控器旋钮。	③ 用螺钉旋具旋下固定温控器的螺钉，取出温控器。
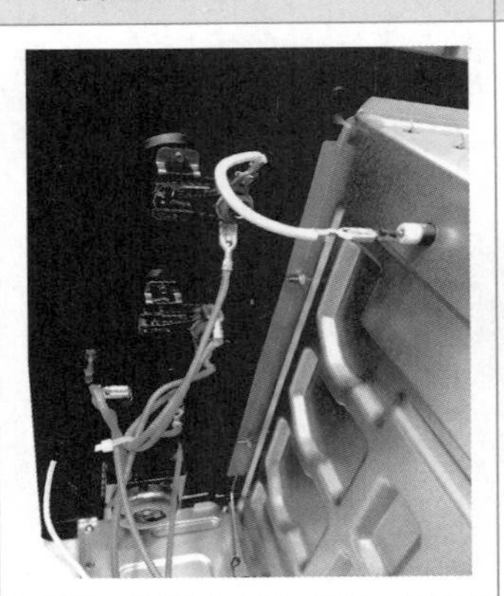	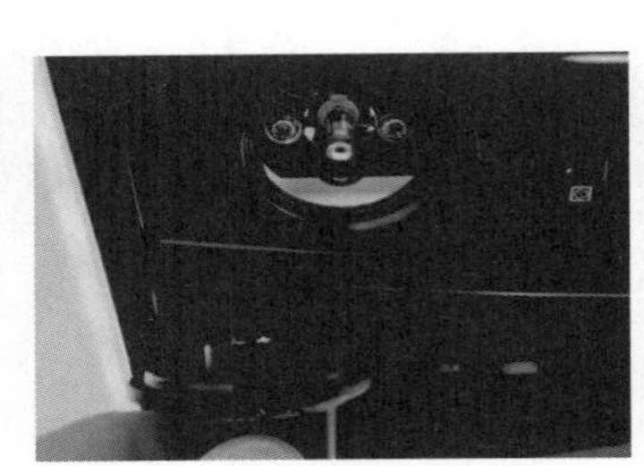	

（3）拆卸定时器和功能转换开关

① 轻轻按住直插接线端的卡扣，然后拔掉定时器和功能转换开关连接线。	② 拔出面板上的旋钮。	③ 用螺钉旋具旋下固定定时器和转换开关的螺钉，取出定时器和转换开关。
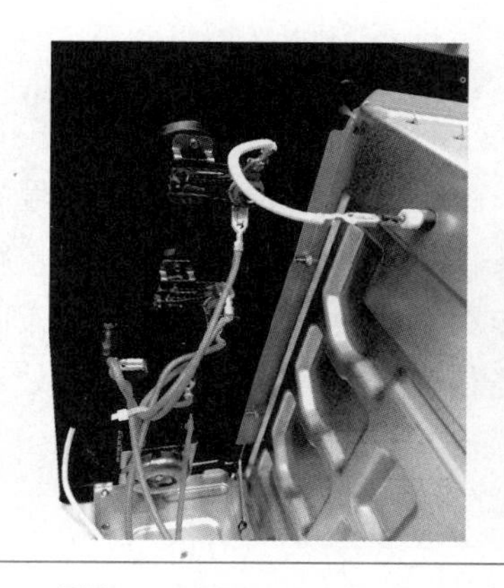	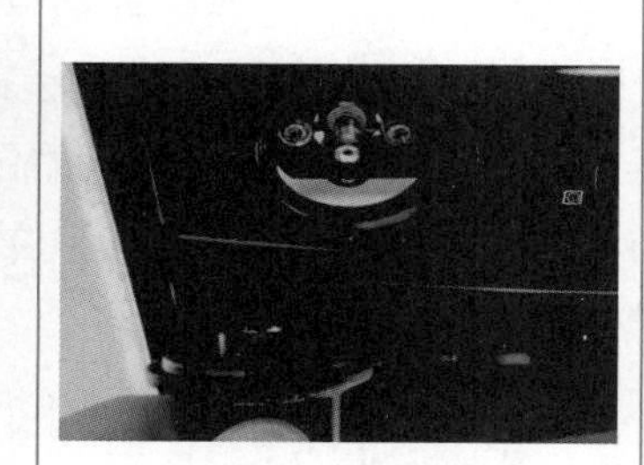	

4 认识电烤箱的主要部件

苏泊尔K35FK602家用电烤箱的主要部件有电热元件、温控器、定时器、功能转换开关等。

（1）电热元件

电烤箱的电热元件为管状电热管，是利用通电导体的电阻产生热量将电能转化为热能的元件。苏泊尔K35FK602电烤箱内上下各有2只电热管，其外形和图形符号如图8-5所示。管状电热管是由金属管、螺旋状电阻丝及导热性好、绝缘性好的结晶氧化镁粉等组成，并在管口两端用硅胶密封，再经过其他工业处理工艺而成的电热元件，具有结构简单，机械强度高、热效率高、安全可靠、安装简便、使用寿命长等特点。

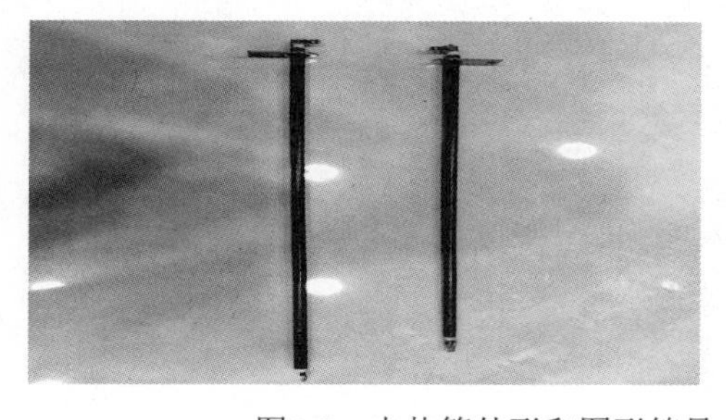

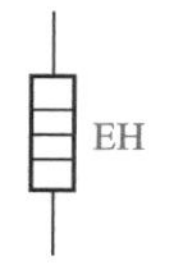

图8-5　电热管外形和图形符号

（2）温控器

温控器是实现温度自动控制的元件。温控器主要采用双金属片式，其外形和图形符号如图8-6所示。

温控器预定温度数值一般都标在旋钮周围的数字标牌上，转动温度旋钮可在70～230℃范围内调节温度。

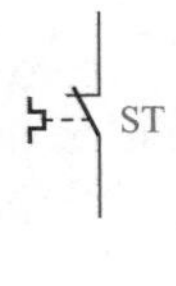

图8-6　温控器的外形和图形符号

（3）定时器

定时器是采用发条式定时的钟表部件，主要部件是一个凹轮，其外形和图形符号如图 8-7 所示。使用时，顺时针转动定时器旋钮拧紧定时发条，凹轮外圈顶住开关杠杆、触点闭合通电，定时器和发热器同时开始工作。由于发条的作用，迫使凹轮朝着逆时针方向转动。当定时器的预定走时结束，旋钮转到“关（OFF）”位置，杠杆支点落入凹轮的凹处，触点分离，关断电源，电烤炉停止工作。

图8-7　定时器的外形和图形符号

（4）功能转换开关

功能转换开关用于控制加热器的电流通或断。电烤箱的功能转换开关一共有三挡，上下发热管同时工作、上发热管独自工作或下发热管独自工作。可根据需要选择合适的挡位，其外形和图形符号如图8-8所示。

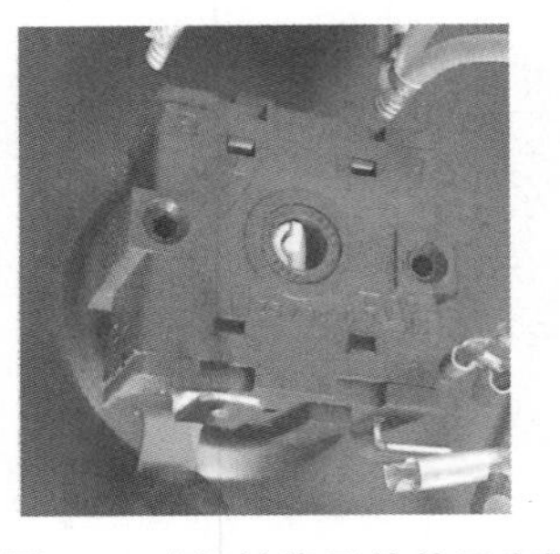
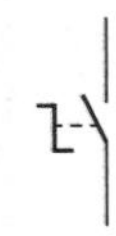

图8-8　功能转换开关外形和图形符号

5 组装电烤箱

排除电烤箱故障后，需要重新组装电烤箱。组装电烤箱的操作过程与拆卸过程基本相反，但要注意不同规格的螺钉、紧固件要安装牢固，旋钮开关要灵活。组装电烤箱的具体步骤如下。

第一步　安装温控器、定时器和功能转换开关。

将温控器、定时器和功能转换开关放进面板相应的孔位，注意方向，用螺钉旋具将固定螺钉旋紧。分别将温控器、定时器和功能转换开关的旋钮放进相应的孔位，锁紧，正确连接线路。

第二步 安装电热元件。

将电热元件（管状电热管）放进相应位置，打上铆钉，将电热元件固定好，正确连接线路。

第三步 安装照明炉灯。

将照明炉灯放进相应位置，固定好，正确连接线路。

第四步 正确连接好电源线。

第五步 安装外壳。先将外壳按原来位置扣好，观察外壳装配是否到位，再用螺钉紧固外壳和底座。

第六步 通电试机，观察是否正常。

操作评价 电烤箱的拆卸与组装操作评价表

<table>
<tr><th>评分内容</th><th colspan="2">技术要求</th><th>配分</th><th colspan="2">评分细则</th><th>评分记录</th></tr>
<tr><td>认识外形</td><td colspan="2">能认识电烤箱外观部件及其名称</td><td>10</td><td colspan="2">操作错误每次扣1分</td><td></td></tr>
<tr><td rowspan="2">拆卸电烤箱</td><td colspan="2">1. 能按照步骤和方法，顺利拆卸</td><td>10</td><td colspan="2">操作错误每次扣2分</td><td></td></tr>
<tr><td colspan="2">2. 拆卸的配件完好无损，并做好记录</td><td>10</td><td colspan="2">操作错误每次扣2分</td><td></td></tr>
<tr><td rowspan="2">认识部件</td><td colspan="2">1. 能够正确认识电烤箱主要部件和名称</td><td>10</td><td colspan="2">操作错误每次扣2分</td><td></td></tr>
<tr><td colspan="2">2. 能够正确描述主要部件的基本功能</td><td>10</td><td colspan="2">操作错误每次扣2分</td><td></td></tr>
<tr><td rowspan="2">组装电烤箱</td><td colspan="2">1. 组装还原整机，方法与步骤正确</td><td>20</td><td colspan="2">操作错误每次扣2分</td><td></td></tr>
<tr><td colspan="2">2. 不错装和遗漏配件</td><td>20</td><td colspan="2">操作错误每次扣2分</td><td></td></tr>
<tr><td>安全文明生产</td><td colspan="2">凡是操作过程中有重大安全事故隐患时，立即制止，并中止考核</td><td>10</td><td colspan="2">不按安全规程操作的酌情扣分，严重者终止操作</td><td></td></tr>
<tr><td>额定时间</td><td colspan="2">每超过5min扣5分</td><td></td><td colspan="2"></td><td></td></tr>
<tr><td>开始时间</td><td></td><td>结束时间</td><td></td><td>实际时间</td><td></td><td>成绩</td></tr>
<tr><td>综合评议意见</td><td colspan="6"></td></tr>
</table>

8.1.2 相关知识：电烤箱的类型与结构

1 电烤箱的类型

电烤箱的类型较多，按功能分有两种，一种是普通型电烤箱，另一种是自动调温型电烤箱。普通型电烤箱的温度只有一挡，没有定时器和温度自动调节恒温器，结构简单，修理方便；自动调温型电烤箱温度可自动控制，有多挡温度，装有温度自动调节恒温器和定时器，结构比较复杂，维修也比较困难。

按食物烘烤方式分有两种，一种是固定式，另一种是旋转式。固定式电烤箱利用内层箱底作为放置食物的托盘，可烘烤更多食物；旋转式电烤箱除上下装有加热器外，还另设有微型电动机，能带动食物托盘转动，使食物烘烤更加均匀。

按加热器的种类分，有管状加热器式、石英玻璃加热管式、硅碳棒式和远红外发热器式等。除有单一种加热器外，还有两种加热器组合使用的电烤箱，以提高烘烤效率及效果。

2 电烤箱的结构

电烤箱由箱体（外壳、内腔、炉门）、加热器、电气控制装置（调温器、定时器、转换开关等）、电气接线和炉具附件（烤盘、烤网、柄叉）等部分构成。

（1）箱体

电烤箱的箱体由外壳、内腔及炉门组成。

外壳与内腔之间一般为空气夹层，用来提高保温效果，也有一些电烤箱的中间填充硅酸铝纤维毡或其他保温材料，以得到更好的保温效果。电烤箱外侧设有可拆卸的活动盖板，盖板内是安装电气元件的控制室，卸下盖板可方便维修电气元件和控制器。

电烤箱内腔经镀铬处理，镀层反射率高，可将加热器的一部分热辐射到被烤食物和烤盘上。烤炉内腔两侧设有烘烤架，用来搁置烤盘或烤网，烘烤架有3～4层，各层具有不同的烘烤效果。

电烤箱的炉门门内设有拉簧结构，能自如地开闭。炉门上装有耐热的钢化玻璃窗，透过玻璃可以随时观察箱内食物的烘烤火候。炉门与箱体之间留有适当的缝隙，烘烤过程中蒸发出的水分能及时地通过缝隙排出箱外。

（2）加热器

电烤箱的加热器一般分为两部分。一部分安装在内腔的上部称为上加热器，另一部分安装在内腔的下部，称为下加热器。加热器由管状电热元件或乳白石英玻璃加热管构成。

管状电热元件的管壳一般由不锈钢制成，管内装有螺旋状电热丝。管壳与电热丝填充具有良好导热性能但不导电的氧化镁粉。管壳表面有远红外线涂层，涂层可使电烤箱提高烘烤效率20%～30%，其结构如图8-9所示。

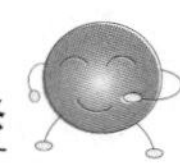

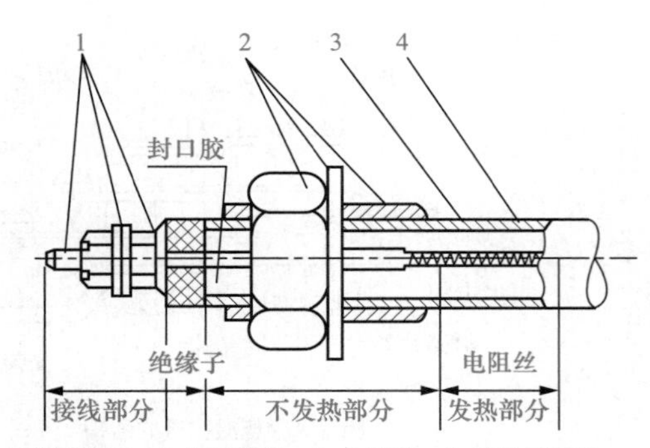

1. 接线装置；2. 紧固装置；3. 金属管；4. 结晶氧化镁。

图8-9　管状电热元件的结构图

管状电热元件根据外形可分为直型单端加热管、直型双端加热管、U形加热管、W型加热管、异型加热管和螺旋式加热管。根据用途的不同可分为烘箱用散热片电热管、桑拿浴电热管、蒸饭机水箱用电热管、紧固件安装电热锅炉用电热管、法兰安装电热锅炉用管状电热元件、空气电热管、液体电热管及锅炉电热管等。

石英玻璃加热管是在乳白石英玻璃管内装进带支架的螺旋状电热丝制成。加热器一般有两根石英玻璃管。其两端有陶瓷管座支承，两管一端相连，另一端分别做成电源接线端，石英玻璃加热管具有热容量小、升温快、热效率较高的优点。如图8-10所示为石英玻璃加热管的结构图。

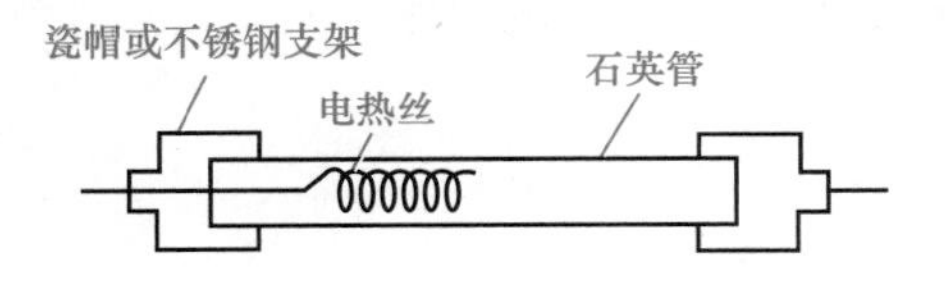

图8-10　石英玻璃加热管的结构图

石英玻璃加热管在通电后，电热丝发出可见光和红外线，经石英管壁吸收后，引起石英玻璃中晶体振动，从而向外辐射远红外线来烘烤食物。

1）反射罩：不锈钢抛光制成，提高辐射效率。

2）防护网罩及外壳：塑料注塑或薄铁皮冲压而成，有装饰、防护、支撑作用。

3）其他：旋转装置、防倾倒开关、风扇。

（3）电气控制装置

电气控制装置包括功能转换开关、调温器和定时器等。

功能转换开关用于控制加热器的电流通或断。一般转换开关有三四个挡。

温控器通常用双金属片做成，其实物图、结构及图形符号如图8-11所示。当电烤炉工作时，热量经装于烤炉内腔的铝板支架传至双金属片，双金属片受热后变形弯曲；当烤炉内温度达到预定值时，双金属片的弯曲正好将动触头顶开，使其与定触点分开而切断电源；当炉内温度下降时，双金属片也逐渐回伸，回伸到预定位置又将电源接通，电烤炉又重新工作，温度回升。

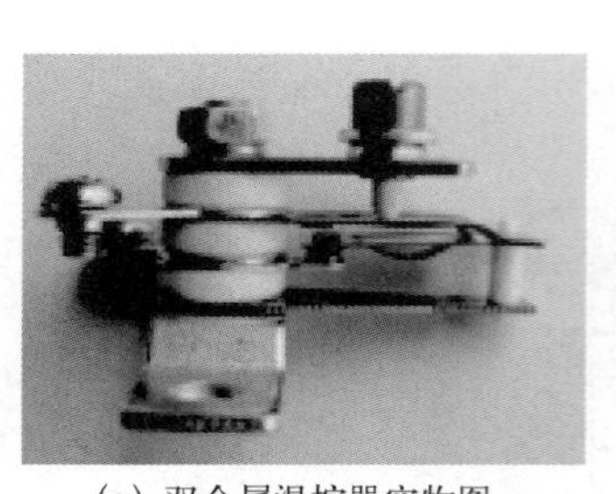

(a) 双金属温控器实物图

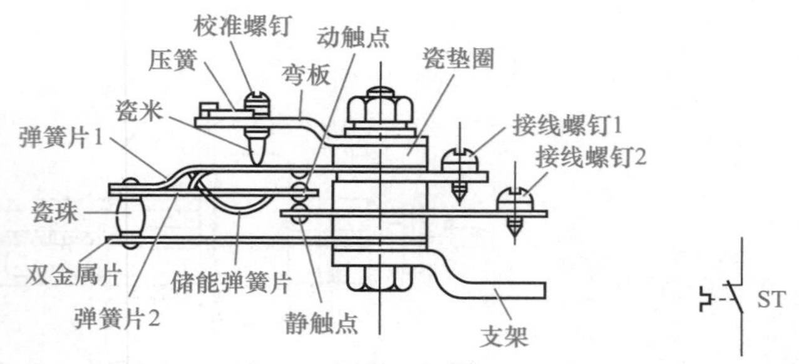

(b) 双金属温控器的结构　　(c) 双金属温控器图形符号

图8-11　双金属片温控器

温控器预定温度数值一般都标在旋钮周围的数字标牌上，通常分为5挡或7挡，最低挡为100℃，最高挡为250℃。

定时器有发条式和电动式两种，前者定时范围在1h以内，后者可达数小时。有的电烤箱中还设有食物托盘，由微电机驱动，低速旋转，使食物烤制更加均匀。20世纪80年代初出现电脑电烤箱，采用温度传感器、重量传感器、湿度传感器和微处理机，可以根据预先输入的烤制程序，自动选取最佳烤制模式，使烤制过程更加优化和自动化。

任务8.2 电烤箱的维修

任务目标

1. 学会检测电烤箱的主要部件。
2. 学会排除电烤箱的常见故障。

任务分析

学会检测电烤箱的主要部件，学会维修电烤箱的主要部件和常见故障。

微课
电烤箱的维修

8.2.1 实践操作：电烤箱主要部件检测与常见故障排除

1 检测与维修电烤箱的主要部件

（1）加热器

苏泊尔K35FK602家用电烤箱的加热器由4只单管金属电热元件构成。首先检查外观，再使用万用表的200Ω挡检测电热元件的阻值，两表笔分别接触电热元件两端，测得该电热元件的阻值为30Ω左右，电热元件损坏后阻值应为∞。电烤箱中电热元件的检测如图8-12所示。

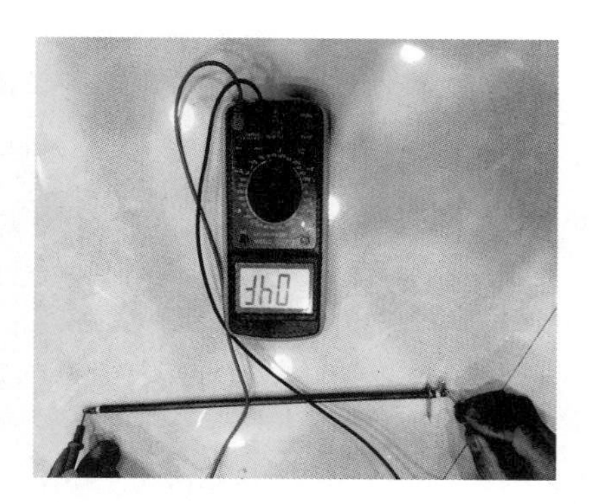

图8-12　电烤箱中电热元件的检测

（2）温控器

检测双金属温控器，首先观察动、静触点是否接触良好，是否能关断和开启闭合，是否有关断和开启的响声，有无氧化层。然后用手拨动双金属片，看动断是否良好，若双金属片能打开能闭合，则正常可用。温控器检测如图8-13 所示。温控器闭合时测得电阻为0；温控器断开时，测得电阻为∞。还可使用电烙铁对双金属片加热，同时调节旋钮在不同位置检测其受热通断情况。当触点断开或提前断开，将造成不保温或保温温度低；当触点粘连或触点断开温度升高时，将造成温度过高。此时可调节校准螺钉或整体更换。

（a）闭合时动静触电闭合

（b）闭合时检测电阻应为0

图8-13　电烤箱中温控器的检测

（3）定时器

检测定时器，首先观察外观是否损坏，引线插头是否松动。再拧动定时器旋钮，使用万用表检测2个接线柱位置的通断情况。测得电阻为0，则通；测得电阻为∞则为断。

（4）功能转换开关

检测功能转换开关，首先观察外观是否损坏，引线插头是否松动。无损坏或松动后再使用万用表检测功能开关3个位置的通断情况。测得电阻为0，则通；测得电阻为∞则为断。

（5）限流电阻及氖泡

检测电烤箱指示电路元件时，用万用表的200kΩ挡检测限流电阻阻值，应为150kΩ左右，如图8-14所示。氖泡两端阻值应为无穷大，氖泡两端加上几十伏交流电压应发光，如图8-15所示。损坏后不能发光，更换电阻器或氖泡即可。

图8-14 检测限流电阻阻值

图8-15 氖泡通电几十伏会发光

2 排除电烤箱的常见故障

电烤箱的常见故障现象及排除方法如下。

典型故障一：电烤箱不发热

检修过程

1）确认室内电源是否停电。

2）检查电源线是否断线，电源插头、插座是否接触不良。找出断线重新连接，并用绝缘胶布包缠好。若插头、插座损坏，则更换同规格新品。

3）检查发热器是否松动，发热器与插座之间接触是否良好。属接触不良，重新连接即可；如损坏严重则更换同规格新品。

4）电热丝烧断，更换同规格新品。

5）功能转换开关、温控器、定时器的开关触片失去弹性；触点严重烧蚀或接触不良。找到损坏件进行修复或更换同规格新品。

典型故障二：温控器失灵

检修过程

1）温控器双金属片失去弹性或触点黏结，更换失去弹性的触片或用细砂布修磨触点。

2）转轴螺纹套随转轴旋转，使定触片无法调节位置，重新固定螺纹套。

3）双金属片上的瓷珠损坏或脱落，致使双金属片无法顶到触点。更换瓷珠或紧固瓷珠。

4）双金属片损坏，更换同规格新品。

典型故障三：定时开关损坏

检修过程

1）触点烧蚀或黏结，用细砂纸小心打磨光滑。

2）动弹簧片疲软，更换同规格新品。

3）钟表弹簧或齿轮损坏，更换所损零件。

典型故障四：炉门卡住或关不牢

检修过程

炉门卡住主要是门珠凸出弹簧盒过多，卡住后无法缩回，重新调整门珠即可。关不牢主要是弹簧疲软，失去弹性，须更换新弹簧。

典型故障五：炉门玻璃损坏

检修过程

主要是压紧螺钉压得过紧，或在高温烘烤食物时玻璃门被冷水淋到。更换原规格耐热玻璃。

典型故障六：漏电

检修过程

1）加热器的封口绝缘材料经受高温而降低其绝缘性能，造成漏电，需重新封口。

2）加热器插座有导电污垢降低其绝缘性能，可用干布擦去导电污垢。

3）功能转换开关、保温开关或定时开关受潮而降低绝缘性能，进行干燥处理。

4）电源线或插头绝缘层损坏，更换新品。

5）接线头松脱与外壳碰触，将松脱线头重新连接。

典型故障七：指示灯不亮

检修过程

1）灯泡或限流电阻损坏，按原规格更换灯泡或限流电阻。

2）指示灯线路线头松脱或断裂，重新连接。

操作评价　电烤箱的维修操作评价表

评分内容	技术要求	配分	评分细则	评分记录
检测元件	1．能正确检测电热管的好坏	40	操作错误每次扣5分	
	2．能正确检测温控器的好坏		操作错误每次扣5分	
	3．能正确检测定时器的好坏		操作错误每次扣5分	
	4．能正确检测功能转换开关的好坏		操作错误每次扣5分	
基本故障的维修	1．按照步骤和方法，顺利拆卸	40	操作错误每次扣2分	
	2．观察现象并准确判断故障		操作错误每次扣5分	
	3．用正确的步骤排除故障		操作错误每次扣5分	
	4．组装还原整机，不遗漏配件		操作错误每次扣2分	
安全使用	安全检查，正确的使用电烤箱	10	操作错误每次扣5分	
	正确观察并能判断电烤箱运行状态		操作错误每次扣5分	
安全文明生产	凡是操作过程中有重大安全事故隐患时，立即制止，并中止考核	10	酬情扣分	
额定时间	每超过5min扣5分			
开始时间	结束时间	实际时间		成绩
综合评议意见				

8.2.2 相关知识：电烤箱的工作原理与维护

1 普通电烤箱的电路工作原理

普通电烤箱内有上下两个加热器，加热器一般采用金属管状电热元件。图8-16所示为普通型电烤箱电路原理图。采用双金属片温控器进行温度控制，温度控制范围为70～250℃。食物加热方式通过功能转换开关控制，可单管加热，也可双管同时加热。定时器一般采用发条式定时器设定好时间后，自行接通电源，指示灯亮，加热管发热，将电能转换成热能。当定时时间到，定时器自行关断电源，指示灯灭。

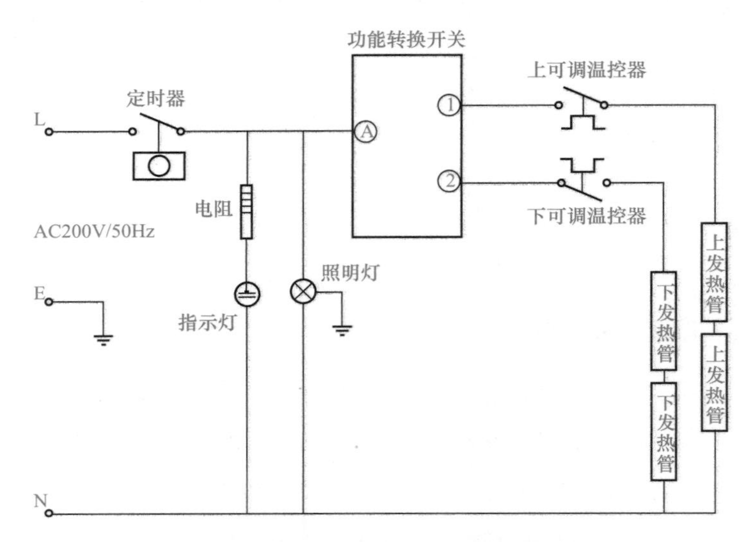

图8-16　普通型电烤箱电路原理图

2 电烤箱的维护

安全维护电烤箱需要做到以下几点。

1）电烤箱使用前要认真检查其安全状况，发现故障要及时维修。在停电或使用完后必须切断电源，避免电烤箱在无人看管的情况下处于工作状态。

2）根据电烤箱的负载，正确选用连接电烤箱的电线，严禁导线过载供电。一般大功率的烤箱宜采用单独的线路供电，并需要安装合适的开关机熔断器，以防不测。供电导线与电烤箱电热元件之间接线应牢固，并具有耐高温的绝缘材料保护。

3）根据烘烤物件的性质，严格控制温度和时间，以免一次性烘烤时间过长，温度过高，引起燃烧。除此之外，需要烘烤的可燃物件，应放在固定的支架上，不能直接与电热元件接触。烤箱内的固定支架应由非燃材料制成。

4）电烤箱的周围应该保持清洁干净，不要摆放易燃易爆物品，以防遇高温发生燃烧。

以上就是防止电烤箱起火的一些安全措施，在日常的使用过程中一定要规范使用，安全第一。

3 电烤箱的保养

烘烤中若有食物汤汁滴在电热管上，会产生油烟并烧焦黏附在电热管上，因此必须在冷却后小心刮除干净，以免影响电热管效能。

要去除黏附在烤盘或网架上的焦黑残渣，可先将烤盘或网架浸泡在加了中性清洁剂的温水中，约半小时后再用海绵或抹布轻轻刷洗，切忌使用钢刷，以免刮伤后生锈，清洗干净后应立即用干布擦干。

若烤箱内残留油烟味，可放入咖啡渣加热数分钟，即可去除异味。

思考与练习

1．电烤箱的控制装置由____________、____________、____________构成。

2．用于控制电烤箱在设定时间内的电路通、断的部件是____________。

3．温控器的作用是____。

4．简述电热元件的检测方法。

5．简述温控器的检测方法。

6．简述电烤箱的工作原理。

项目 9
电热饮水机的拆装与维修

学习目标

知识目标

1. 了解电热饮水机的类型、结构。
2. 理解电热饮水机的工作原理。
3. 掌握电热饮水机的技术标准。
4. 了解电热饮水机的选购、使用与维护。

技能目标

1. 会拆卸与组装电热饮水机。
2. 能认识电热饮水机的主要部件。
3. 会检测电热饮水机的主要部件。
4. 能排除电热饮水机的常见故障。

饮水机是将桶装纯净水（或矿泉水）加热升温或制冷降温并方便人们饮用的装置，通过水桶把水注入饮水机后，接通电源可获得85～95℃的热水或10℃以下的冷水，供给人们直接饮用。饮水机具有无污染、饮水卫生、美观耐用及取用方便等特点，成为家居、办公、公共场所的常见饮水设备。

目前，无热胆即热型饮水机的闪亮登场，使饮水机行业发生了革命性的创新。随着科技的发展，一定会设计生产出更健康、卫生、节能、低碳、安全的饮水机。

任务9.1 电热饮水机的拆卸与组装

任务目标

1. 会拆卸与组装电热饮水机。
2. 能认识电热饮水机的主要部件。

任务分析

拆卸与组装电热饮水机的工作流程如下。

确定电热饮水机的类型 ⇨ 认识电热饮水机的外形结构 ⇨ 拆卸与认识电热饮水机 ⇨ 认识电热饮水机的主要部件 ⇨ 组装电热饮水机

9.1.1 实践操作：拆卸与组装电热饮水机

微课
拆卸与组装电热饮水机

1 确定电热饮水机的类型和认识电热饮水机的外形结构

饮水机种类较多，按放置形式分有台式和立式；按功能分有温热型、冷热型和温热冷型；按制冷方式分有半导体制冷（电子制冷）和压缩机制冷；目前又出现了抑菌型饮水机、无热胆即热型饮水机、公用净化饮水机。普通的饮水机一般由箱体、聪明座、电热元件、温控器、水龙头、指示灯（或显示屏）、开关等组成。

不同类型的电热饮水机，其拆卸与组装方法有所区别。常见的电热饮水机如图9-1所示。

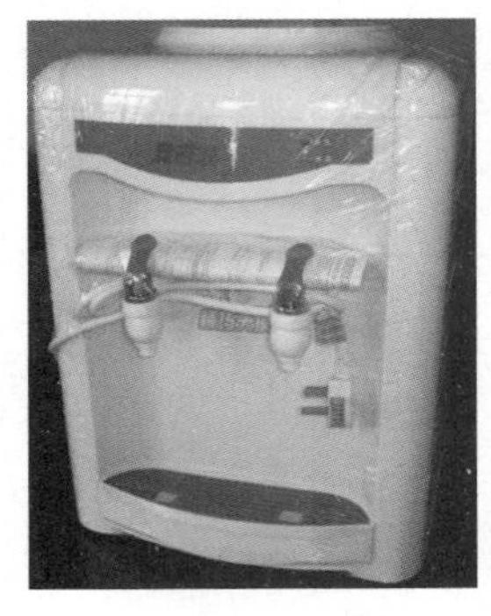

(a) 台式温热型饮水机

(b) 台式冷热型饮水机（电子制冷）

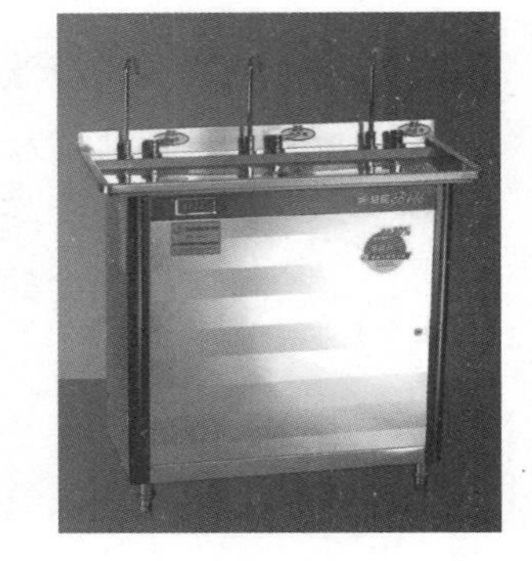

(c) 落地式学生用电热饮水机

图9-1 常见的电热饮水机

（d）立式抑菌温热型饮水机

（e）立式无热胆即热型饮水机

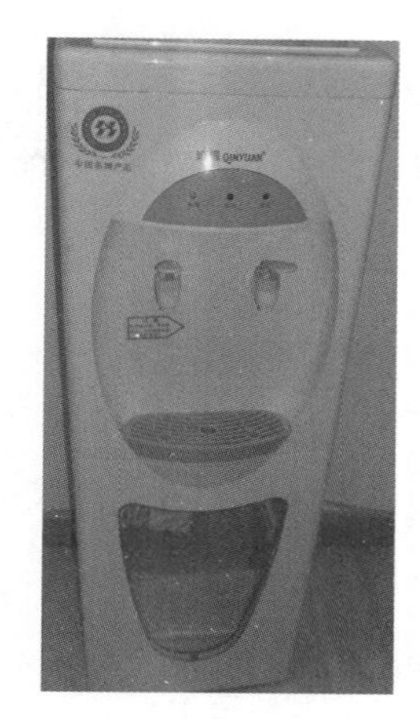

（f）立式温热型饮水机

图9-1（续）

如图9-2所示，这里拆卸的是YR-4X立式抑菌温热型电热饮水机。其上部是饮水机、下部是消毒柜（兼储藏柜），与水接触的塑料和水管中添加了抗菌剂；它利用电能自动加热饮用水并保温，可立于地面使用。从外形看，有加热和保温指示灯、温水和热水水龙头、接水座、消毒室、消毒定时器、电源开关、箱体、聪明座等。

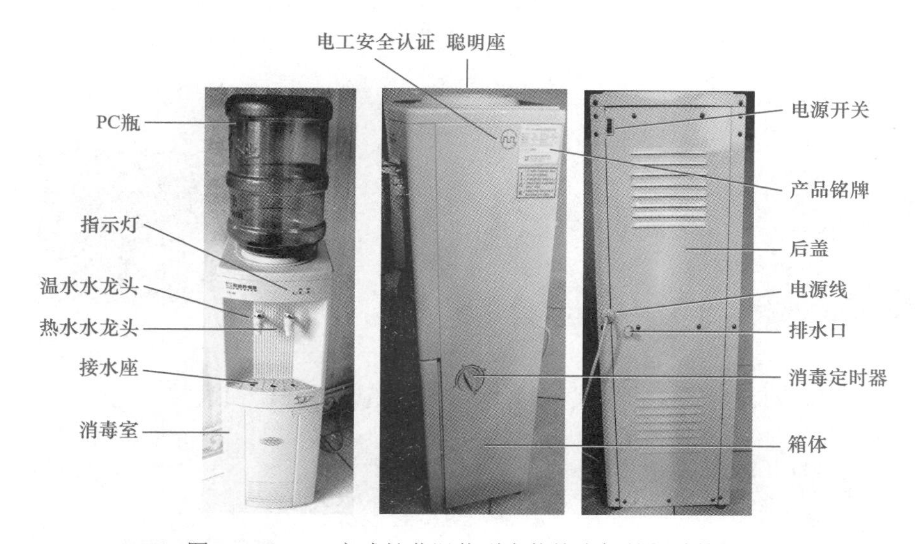

图9-2　YR-4X立式抑菌温热型电热饮水机外部结构图

2 拆卸与认识电热饮水机

饮水机因种类、厂家不同而固定方式不同。拆卸前要准备好工具、装螺钉的工具盒，拆卸中随时记录螺钉、部件规格及位置，线路贴上标签。

电热饮水机的具体拆卸步骤如下。

第一步　拆卸与认识YR-4X立式抑菌温热型电热饮水机的外围构件。

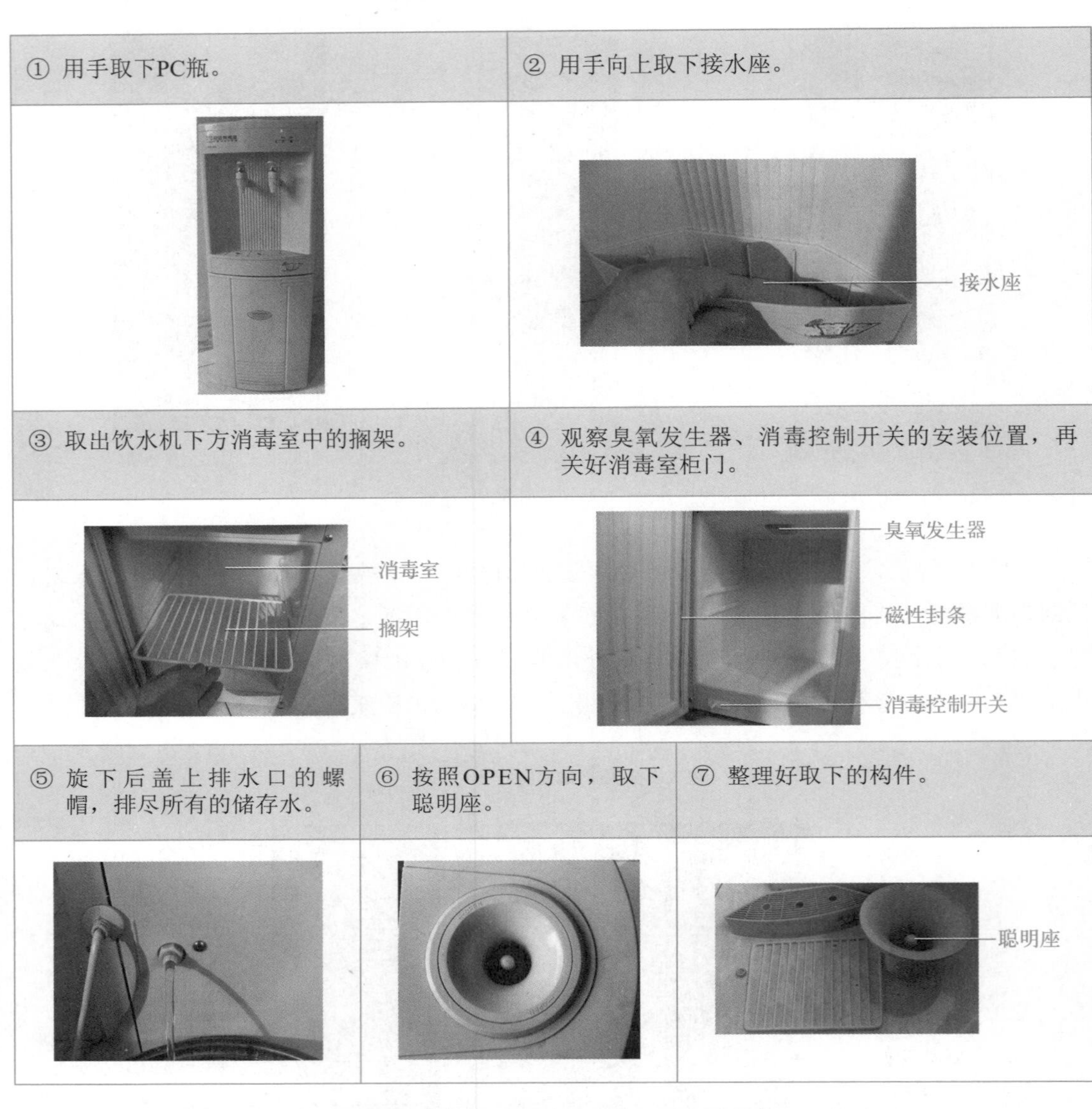

① 用手取下PC瓶。	② 用手向上取下接水座。
③ 取出饮水机下方消毒室中的搁架。	④ 观察臭氧发生器、消毒控制开关的安装位置，再关好消毒室柜门。

⑤ 旋下后盖上排水口的螺帽，排尽所有的储存水。	⑥ 按照OPEN方向，取下聪明座。	⑦ 整理好取下的构件。

第二步　拆卸YR-4X立式抑菌温热型电热饮水机后盖和认识内部结构。

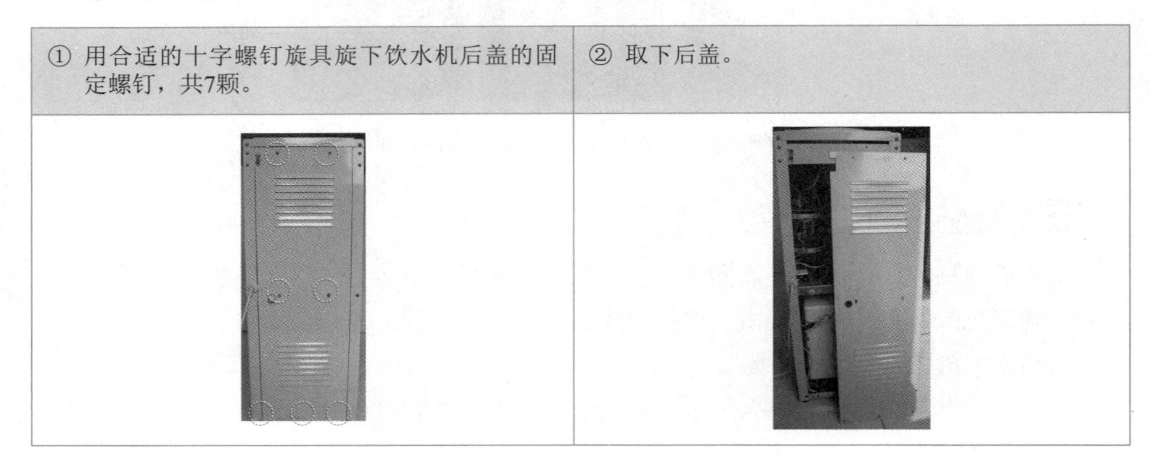

① 用合适的十字螺钉旋具旋下饮水机后盖的固定螺钉，共7颗。	② 取下后盖。

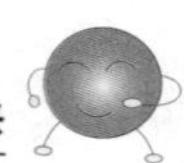

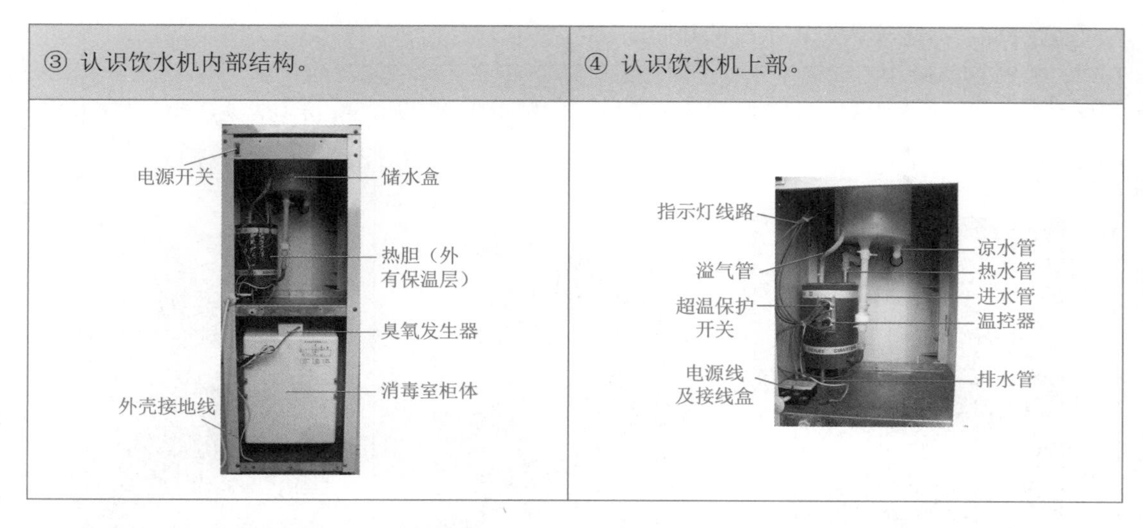

③ 认识饮水机内部结构。

④ 认识饮水机上部。

第三步 拆卸与认识饮水机的臭氧发生器。

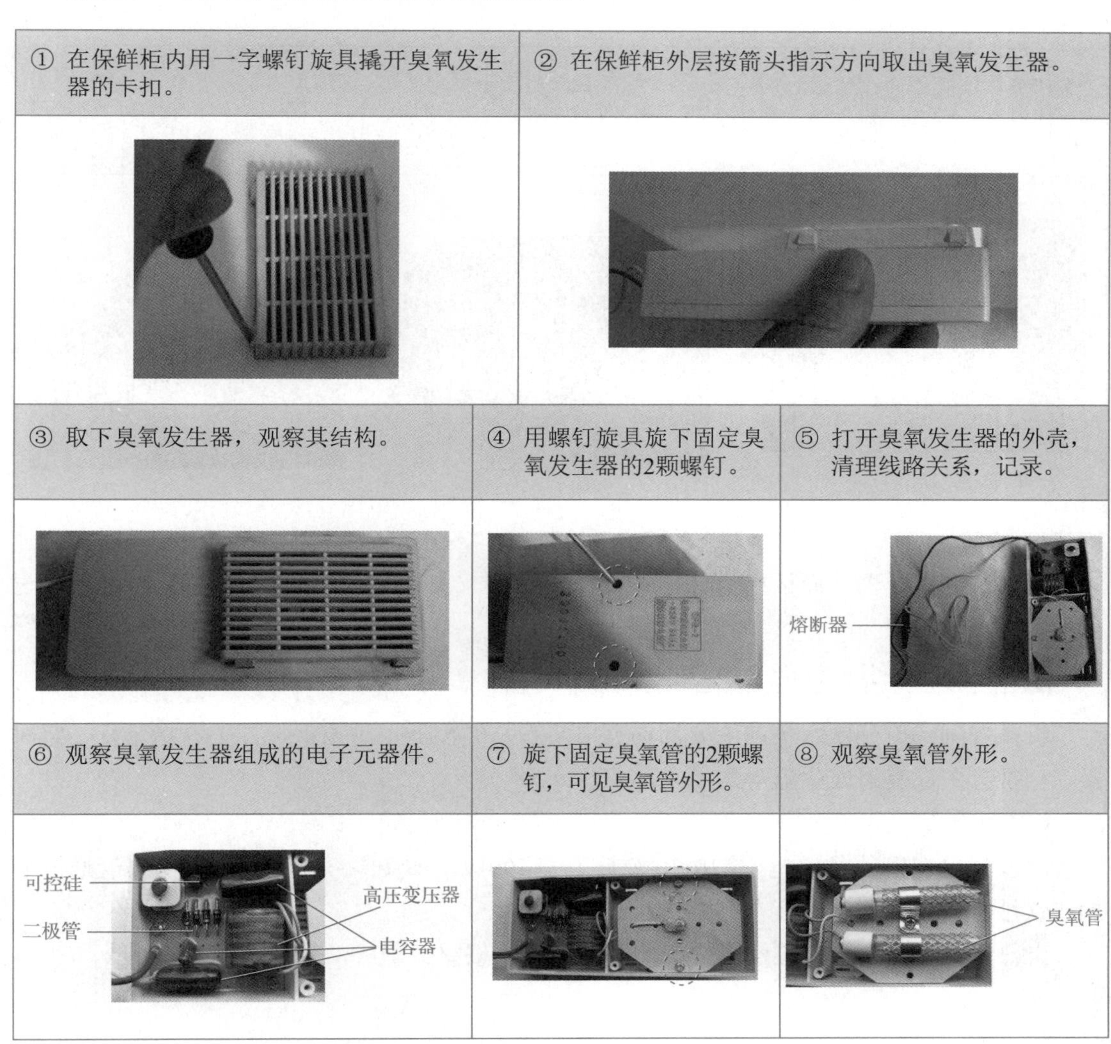

① 在保鲜柜内用一字螺钉旋具撬开臭氧发生器的卡扣。

② 在保鲜柜外层按箭头指示方向取出臭氧发生器。

③ 取下臭氧发生器，观察其结构。

④ 用螺钉旋具旋下固定臭氧发生器的2颗螺钉。

⑤ 打开臭氧发生器的外壳，清理线路关系，记录。

⑥ 观察臭氧发生器组成的电子元器件。

⑦ 旋下固定臭氧管的2颗螺钉，可见臭氧管外形。

⑧ 观察臭氧管外形。

第四步　拆卸与认识饮水机的热胆。

① 松开扎带，取下连接进水管胶管，拔下各插线。	② 松开扎带，取下连接溢气管、热水管的胶管。	③ 用十字螺钉旋具旋下接地线螺钉。
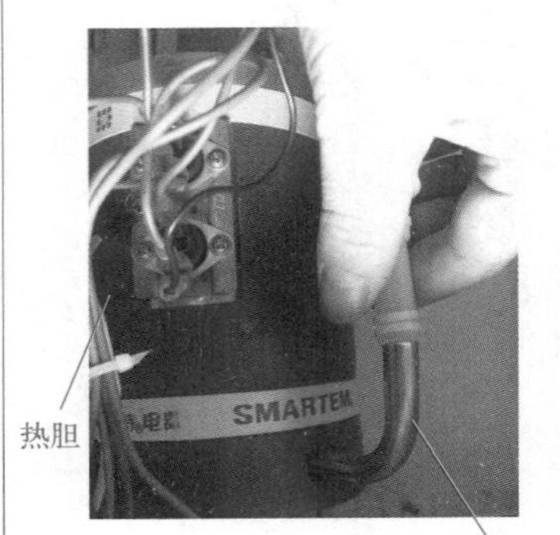	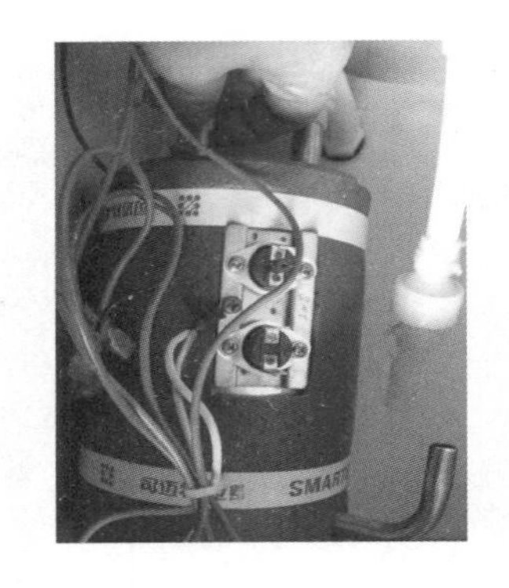	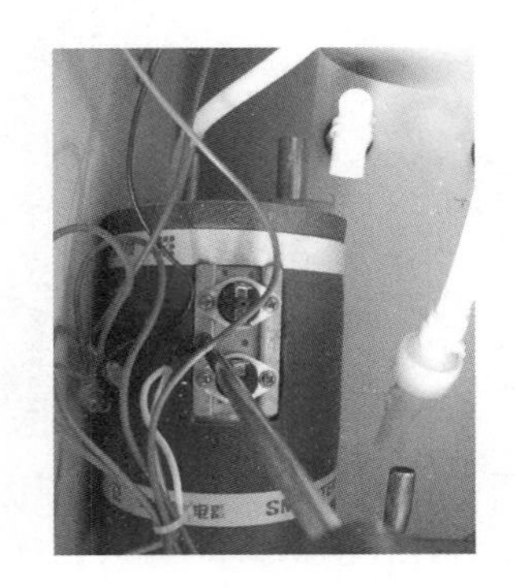
④ 在热胆的底部有排水管，连接有胶管，从热胆上取下连接胶管。	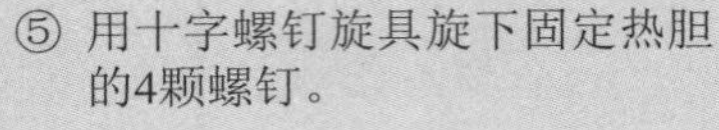⑤ 用十字螺钉旋具旋下固定热胆的4颗螺钉。	⑥ 取下连接热胆发热管的2根导线，取出热胆，记录线路情况。
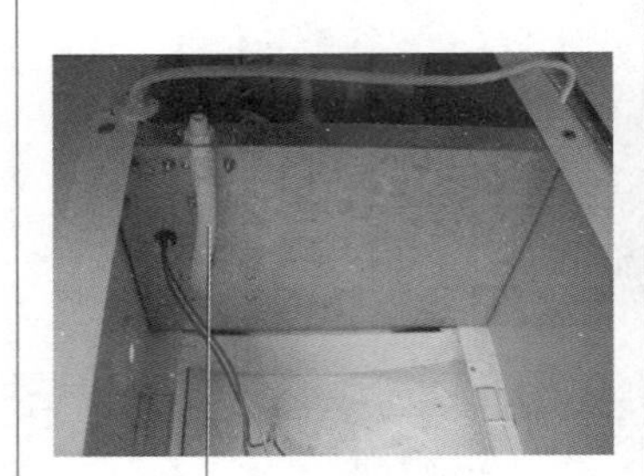	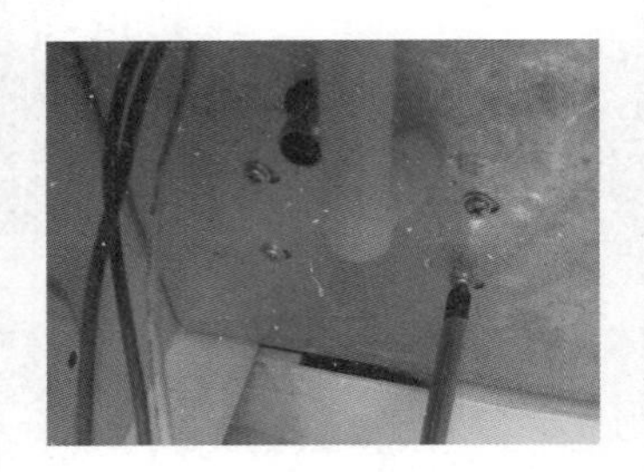	

饮水机的定时器、面板指示灯、开关、温控器、水龙头等的拆卸方法相同，这里不再一一介绍。

3 认识电热饮水机的主要部件

机械控制式电热饮水机的主要部件有电热管、温控器、超温保护开关、指示灯、定时器、门控开关、臭氧发生器等。

（1）电热管

浸没式电热管的额定电压220V，额定功率500W，如图9-3（a）所示；电热管通电后加热饮用水，使饮用水温度在95℃左右。

电热管固定并密封在热水罐中，此罐多用不锈钢材料制成，如图9-3（b）所示。

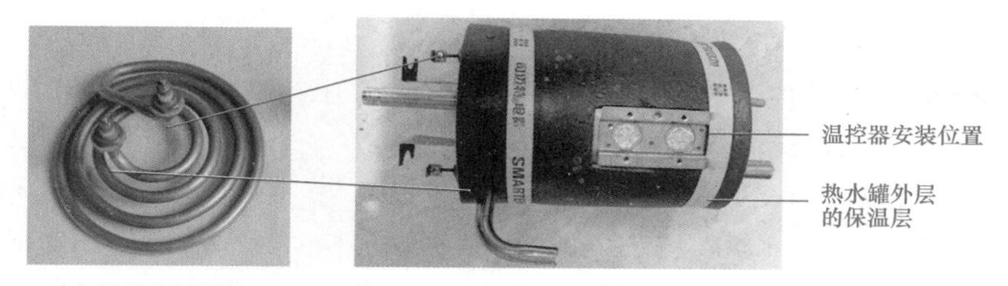

（a）浸没式电热管　　（b）热水罐

图9-3　饮水机的电热管及热水罐

（2）温控器及超温保护开关

温控器和超温保护开关的安装位置、外形标示如图9-4所示，它们都是双金属片结构，根据双金属片随温度变化而发生形变的特性来控制电路的通断。温控器会在88℃附近自动接通和断开电路，从而控制热水罐中热水的温度。超温保护开关与温控器作用一样，只是温控点为95℃，但是触点一旦断开后不能自动复位，必须手动按复位按钮才能使触点闭合。

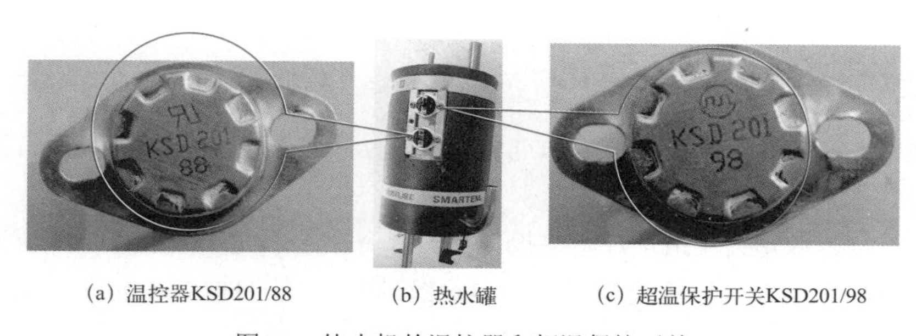

（a）温控器KSD201/88　　（b）热水罐　　（c）超温保护开关KSD201/98

图9-4　饮水机的温控器和超温保护开关

（3）指示灯

饮水机的工作状态是由两个发光二极管来表示，煮水时加热指示灯工作红灯亮；保温时，黄灯亮。指示灯电路组件如图9-5所示，主要由电阻器、整流二极管、发光二极管组成，具体电路见电子技能教材的介绍。

图9-5　饮水机指示灯电路组件

（4）定时器

YR-4X立式抑菌温热型电热饮水机的消毒柜采用臭氧杀菌，其杀菌时间为0～15min，由一个机械时钟来定时。

（5）门控开关

消毒柜在工作时，为防止开门时臭氧外泄，设置了门控开关。其型号为KP-2，规格为0.5A/250V，标示在元件外壳上，如图9-6所示。

（6）臭氧发生器

臭氧发生器是电热饮水机实现保鲜柜消毒的主要器件。它是由二极管、晶闸管、电容器、高压变压器和臭氧管等元器件组成的电子设备，如图9-7所示。

图9-6　门控开关的外形

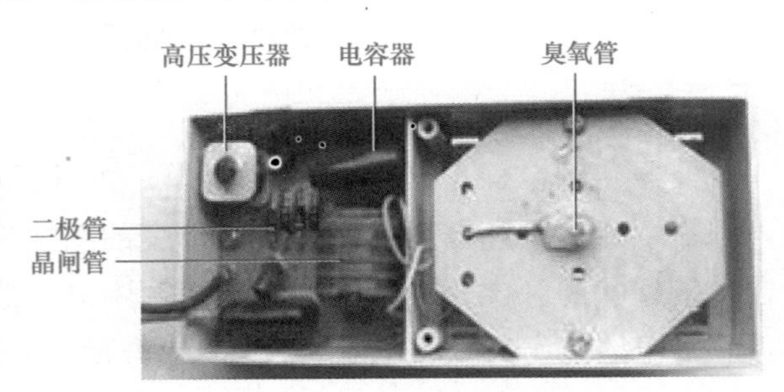

图9-7　臭氧发生器内部组成元器件

4 组装电热饮水机

组装电热饮水机的操作过程与拆卸过程相反，从上往下安装、紧固。其具体的组装步骤如下。

第一步　安装水龙头及指示灯电路板。将热水、凉水水龙头安装在相应位置，用扳手旋紧螺母；再将指示灯电路板安装好，用2颗螺钉固定；然后把储水桶安装在箱体上方，卡扣好并用螺钉固定。

第二步　连接进出水胶管。把连接凉水水龙头、热水水龙头、排水口的胶管连接好，并用尖嘴钳拉紧扎带。

第三步　安装热水罐。把电热管的两根导线插接牢固，把热水罐放入安装位置，用4颗螺钉固定。再把进水管、出水管、溢气管、排水管的连接胶管连接好，并用扎带在尖嘴钳的帮助下轧紧。

第四步　安装温控器等。把超温保护开关、温控器固定在热水罐上，接地线紧固在热水罐上。

第五步　安装主线路。把电源开关固定在横梁上，横梁固定在机箱上，按原理图插接好各线路。

第六步　安装定时器。把定时器安装在相应位置，注意起始位置确定，再用3颗螺钉固定，装上旋钮。

第七步　安装保鲜柜。臭氧发生器安装在保鲜柜体上，把柜体卡在机体上，并用螺钉固定。

第八步　安装底座及柜门。把门控开关卡在底座上，并连接好线路。把底座固定在箱体上，同时安装固定好柜门。注意固定好接地线。

第九步　安装后盖。整理并绑扎好线路，先用3颗螺钉安装好后盖，再将所有螺钉固

定后盖。最后把排水螺帽、接水座、聪明座、搁架等外部构件装到相应位置。

第十步　通电前检测。检查正常后才可通电试机，观察装接质量。

① 使用万用表的欧姆挡，在插头处检测电源开关断开时阻值为∞。	② 电源开关闭合时为95Ω。	③ 检测饮水机绝缘阻值为∞。

操作评价　电热饮水机的拆卸与组装操作评价表

评分内容	技术要求		配分	评分细则		评分记录
认识外形	能正确描述电热饮水机外观部件的名称		10	操作错误每次扣1分，扣完为止		
拆卸电热饮水机	1．能正确顺利拆卸		20	操作错误每次扣2分		
	2．拆卸的配件完好无损，并做好记录		10	配件损坏每处扣2分		
认识电热饮水机部件	能够认识电热饮水机组成部件的名称		10	操作错误每次扣1分		
组装电热饮水机	1．能正确组装并还原整机		20	操作错误每次扣2分		
	2．螺钉装配正确，配件不错装、不遗漏配件		20	错装、漏装每处扣2分		
安全文明操作	能按安全规程、规范要求操作		10	不按安全规程操作酌情扣分，严重者终止操作		
额定时间	每超过5min扣5分					
开始时间		结束时间	实际时间		成绩	
综合评议意见						

9.1.2　相关知识：电热饮水机的技术标准

快热式热水器（包括即热和速热式）按GB 4706.11——2008《家用和类似用途电器的安全 快热式热水器的特殊要求》和QB/T 1239——1991《快热式电热水器》的规定，主要质量要求如下。

1）泄露电流。不大于0.75mA或按每千瓦0.75mA计，但最大不超过5mA。

2）接地电阻。不大于0.1Ω。

3）电气强度。能承受交流1250V电压试验，历时1min无击穿或闪络。

4）热效率。不小于80%。

5）渗漏性。正常使用情况下，不得有渗漏现象。

6）通断特性。热水器自动接通、断开电源装置，在供水后即可接通电热元件，在供水停止后，应能自动切断电源。热水器在正常使用中不允许有干烧现象。

7）温度特性。在额定电流、额定流量下，通电90s内出水温度应达到表中规定值。最高水温不得超过95℃。

8）调温特性。控温器应能可靠地调节水的温度；换挡调温应有标记，并用O、Ⅰ、Ⅱ由低到高顺序标记。

任务9.2 电热饮水机的维修

任务目标

1．会检测电热饮水机的主要部件。

2．学会排除电热饮水机的常见故障。

任务分析

学会检测电热饮水机的主要部件，学会排除电热饮水机的常见故障。

9.2.1 实践操作：电热饮水机主要部件检测与常见故障排除

微课

电热饮水机的维修

1 检测电热饮水机的主要部件

（1）电热管

使用万用表检测电热管的阻值为95Ω左右，可判定正常可用， 如图9-8所示。

（2）温控器

温控器KSD201/88的检测方法如图9-9所示。可在常温下检测其阻值应为0；用电烙铁对温控器加热到88℃以上，检测其阻值应为∞，再冷却到常温时阻值又为0，则正常可用。

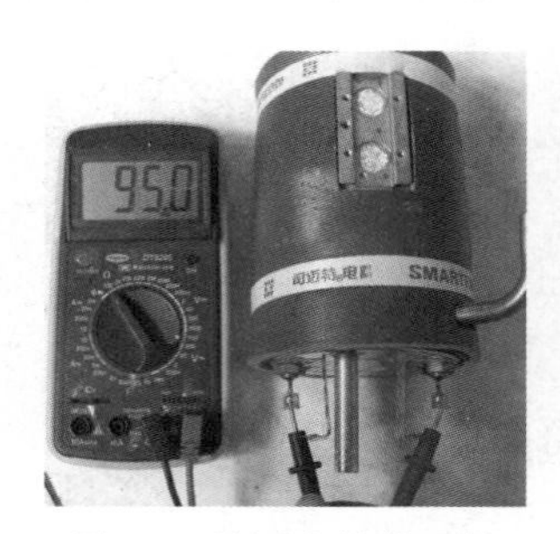

图9-8 检测电热管阻值

（a）常温下阻值约为0

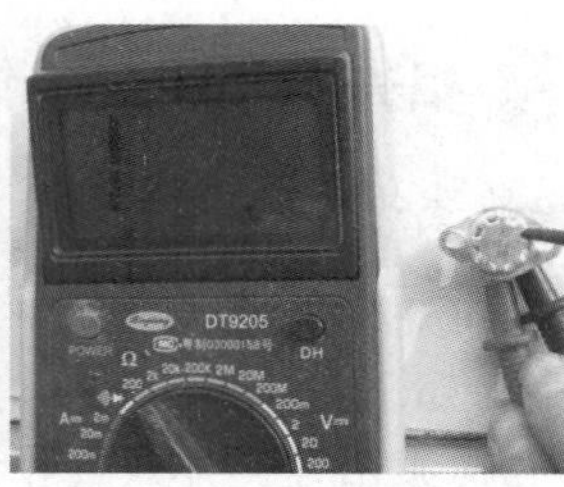

（b）加热温控器后阻值为∞

图9-9 检测温控器KSD201/88

（3）超温保护开关

超温保护开关在常温下检测其阻值应为0；用电烙铁对其加热到98℃以上，再检测其

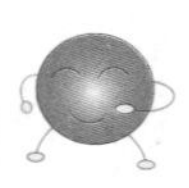

阻值应为∞，再冷却到常温时阻值仍为∞，需按下复位按钮后，阻值才为0，则正常可用。检测方法如图9-10所示。

（a）常温下检测超温保护开关阻值约为0

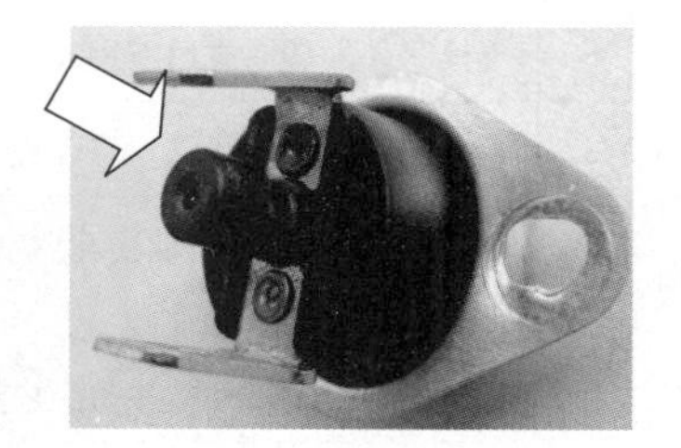

（b）超温保护开关有复位按钮

图9-10　检测超温保护开关KSD201/98

（4）电源开关

电源开关的规格为10A/250V，单刀单掷开关。检测方法如图9-11所示，分别检测开关在Ⅰ和O两个位置的通断情况，还需手动检查是否接触良好。

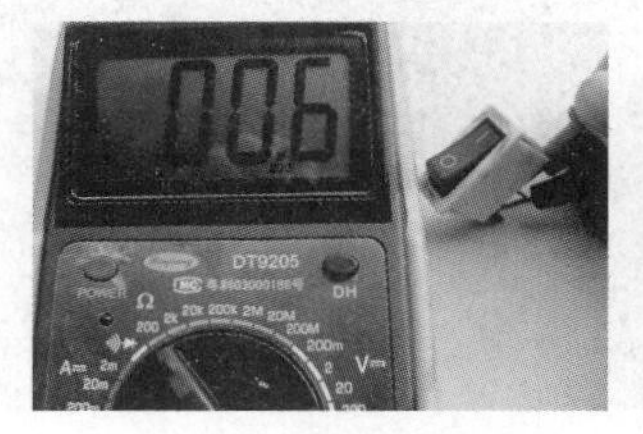

（a）开关在Ⅰ位闭合

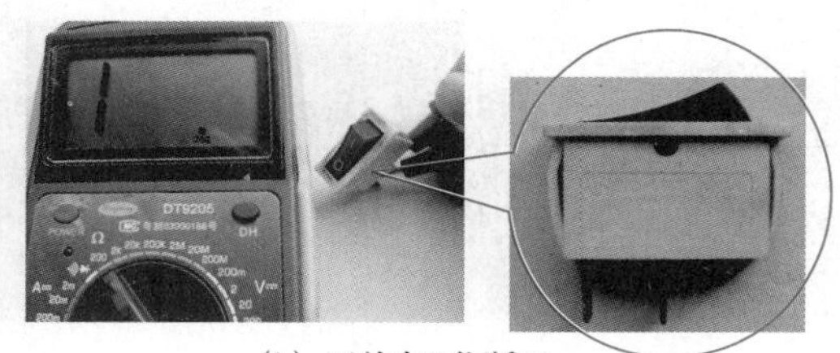

（b）开关在O位断开

图9-11　检测电源开关

（5）门控开关

门控开关检测方法如图9-12所示，分别检测门控开关在开门状态和关门状态下的通断情况，另外还需手动检查其是否接触良好。

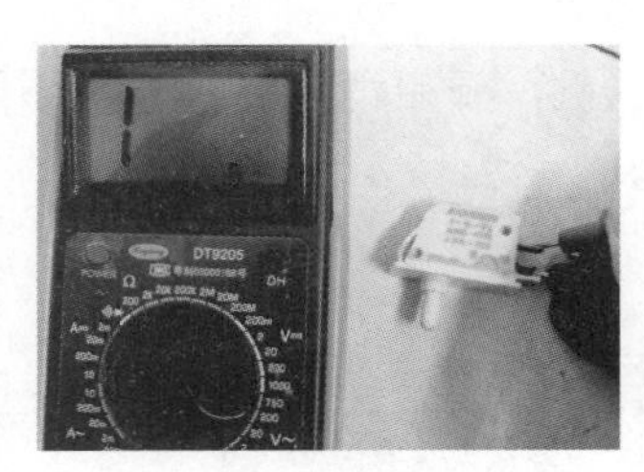

（a）开门状态为不通

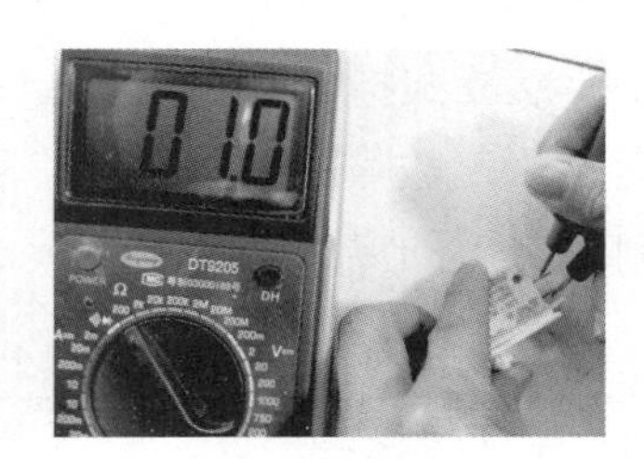

（b）关门状态为通

图9-12　检测门控开关

2 电热饮水机常见故障的排除

电热饮水机电路参见相关理论知识，通过典型故障学习，学会排除电热饮水机常见故障。

典型故障一：按下电源开关，不能加热饮用水

故障现象　YR-4X立式抑菌温热型电热饮水机，按下电源开关后不能加热饮用水。

故障分析　分析故障可能的原因见表9-1。

故障排除　排除故障的方法见表9-1。

表9-1　故障分析及排除方法

引起故障的可能原因	排除故障的方法
电源插座无电	更换另外的插座或用万用表、试电笔检查插座有无电压输出
电源线路损坏断路	电阻法检查电源线路，修理或更换电源线路
电源开关损坏开路	从后盖上用手直接取出电源开关，用万用表检测，若损坏更换同规格的开关即可，如图9-13所示
超温保护开关保护	拆卸后盖，按下复位按钮后检测，若损坏则更换同规格超温保护开关
温控器损坏	如图9-14所示用万用表检测，损坏则更换同规格温控器
电热管损坏	万用表检测两引出线头，阻值为∞则损坏，更换热水罐整体

图9-13　更换电源开关

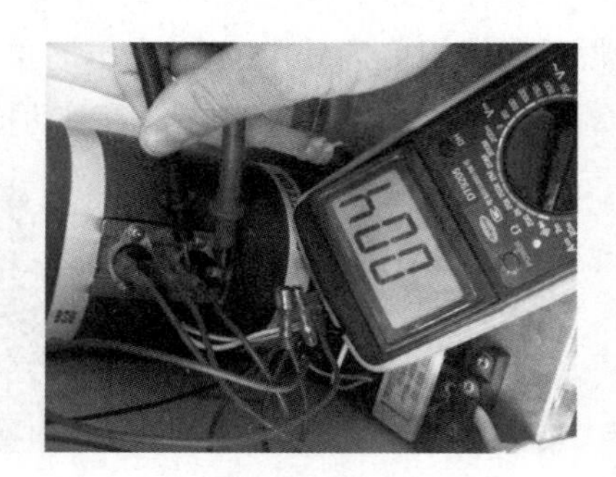
图9-14　用万用表检测温控器好坏

检修过程　接通电源，按下电源开关后观察指示灯是否发光，若都不发光，说明故障原因可能是表9-1前4种中的一种（或几种）；若加热指示灯亮，而不加热饮用水，说明电热管EH损坏或开路；若保温指示灯亮，而不加热饮用水，说明温控器ST1损坏或开路。

典型故障二：开启消毒定时器，不能产生臭氧

故障现象　YR-4X立式抑菌温热型电热饮水机，开启消毒定时器，不能产生臭氧。

故障分析　分析引起故障的可能原因见表9-2。

故障排除　排除故障的方法见表9-2。

表9-2　故障分析及排除方法

引起故障的可能原因	排除故障的方法
熔断器熔断	拆卸后盖检查熔断器，损坏则更换同规格熔断器
定时器内两触点不能接触	拆卸后盖，检查定时器，用短路法试机；损坏则修复或更换
门开关开路	拆卸背板，检查门控开关，短路法试机；损坏则修复或更换
臭氧发生器损坏不能工作	直接通电试机，损坏则整体更换或检修其中的元器件

操作评价　电热饮水机的维修操作评价表

评分内容	技术要求		配分	评分细则		评分记录
检测部件	能正确检测饮水机部件的好坏		20	操作错误每次扣5分		
排除电热饮水机的故障	1. 能够正确描述故障现象、分析故障，确定故障范围及可能原因		20	不能，每项扣5分，扣完为止		
	2. 能够正确拆装电热饮水机		20	操作错误每次扣2分		
	3. 能够根据原因确定故障点，并能排除故障点		20	不能，扣20分；基本能，扣5～10分		
安全使用	安全检查，正确使用电热饮水机		10	操作错误每次扣5分		
安全文明操作	能按安全规程、规范要求操作		10	不按安全规程操作酌情扣分，严重者终止操作		
额定时间	每超过5min扣5分					
开始时间		结束时间	实际时间		成绩	
综合评议意见						

9.2.2 相关知识：电热饮水机的工作原理与维护

1 YR-4X立式抑菌温热型电热饮水机的工作原理

图9-15所示为ZYR-4X立式抑菌温热型电热饮水机的电路原理图，臭氧发生器原理图可参见项目4。电热饮水机电路由加热电路、工作状态指示电路和臭氧产生电路3部分组成。

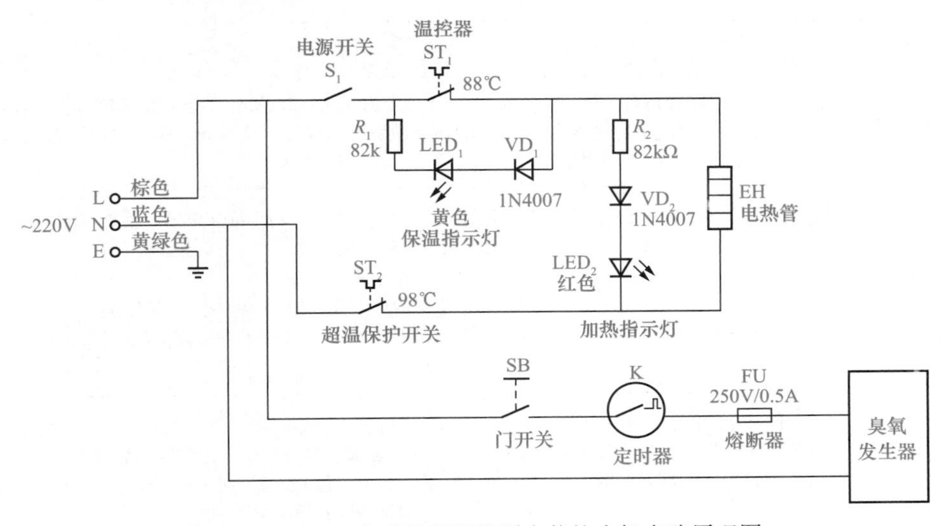

图9-15　ZYR-4X立式抑菌温热型电热饮水机电路原理图

该饮水机可提供常温水和85～95℃的热水，还能对保鲜柜内食具消毒灭菌。电热饮水机电路中各元件名称、电路符号、图形符号、规格/型号及作用如表9-3所示，电路工作原理如表9-4所示。

表9-3　电热饮水机电路中各元件名称、电路符号、图形符号、规格/型号及作用

元件名称	电路符号	图形符号	规格/型号	作用
电阻器	R_1、R_2		82kΩ	限流降压
熔断器	FU		250V 0.5A	臭氧发生器工作电流大于0.5A熔断
电热管	EH		220V 500W	给饮用水加热
电源开关	S_1		单刀单掷	控制电热管电源通断
门开关	SB		常开按钮	消毒控制，门打开时断开，门关闭时闭合
温控器	ST_1		KSD201/88℃	饮用水温度低于80℃时，闭合加热；水温高于88℃时断开，保证水温度在85～95℃范围
超温保护开关	ST_2		KSD201/98℃	当水温高于98℃以上时，自动断开，防止干烧，降温后需手动复位
定时器	K		机械式	与机械钟结构相似，控制消毒时间，实质为一个延时断开开关
二极管	VD_1、VD_2		1N4007	将交流电源整流为脉冲直流电
发光二极管	LED_1、LED_2		ϕ5	通过正向电流发出不同颜色的光，指示饮水机工作状态

表9-4　电热饮水机电路工作原理

饮水机完成功能	工作原理
加热	由于常温下温控器ST_1、ST_2是闭合的，按下电源开关S_1，220V电源电压加在电热管两端，对水加热，同时220V交流电通过R_2降压、VD_2整流，使发光二极管LED_2发光，而LED_1支路被ST_1短路不发光，表示此时工作在加热状态
超温保护	当水温高于98℃时，ST_2动作断开电热管电源，防止干烧，防止损坏电器以及火灾的发生；温度降低后ST_2不会自动复位，需人工排除故障后，手动复位
保温	当水温高于88℃时，ST_1断开，220V电压加到R_1、VD_1、LED_1和EH这些元件上，只有十几毫安的电流流过EH，电热管端电压极小，故此时LED_2不发光，而LED_1发光表示处于保温状态；当水温下降到一定温度时，ST_1闭合，对水加热，如此反复
消毒	关上保鲜柜的门，门控开关S闭合，此时顺时针旋转定时器，定时器开关闭合，220V电压通过门控开关、定时器、熔断器加到臭氧发生器输入端，臭氧发生器开始工作产生臭氧（O_3）；设定时间到后，定时器使内部开关断开，臭氧发生器停止工作，若工作期间柜门打开，门控开关断开也会使臭氧发生器停止工作。臭氧发生器内部工作原理参见项目4理论知识介绍

2 电热饮水机的维护

1）清洗方法。清洗冷水桶时，排掉冷水桶内的水，拔掉冷水桶内的隔水盘，用干净抹布擦净，并用清水洗一遍；清洗热水桶时，打开饮水机下面的排水堵管，排净热水桶里的水，然后装上排水堵管。

2）节能。长时间不使用冷水或热水，有制冷和制热两种电源开关的饮水机可断开相应电源开关，电脑自动控制的饮水机可调节相应水温设置关闭制冷或制热功能以节约用电。

3）饮水机长期不使用，请拔掉电源插头，通过排水口清除机内余水。

思考与练习

1. 电热饮水机种类虽多，但一般离不开________、________、________、________、________等几部分。

2. 电热饮水机是利用________________________完成加热饮用水的。

3. 电热饮水机的电热管一般使用的材料是____________。

4. 根据图9-15，分析电热饮水机如何完成自动加热。

5. 根据图9-15，若电热饮水机通电两个指示灯都发光，应如何排除故障？

项目 10 微波炉的拆装与维修

学习目标

知识目标

1. 了解微波炉的类型与结构。
2. 知道微波炉的加热原理。
3. 理解微波炉电路的工作原理。
4. 掌握微波炉的技术标准。

技能目标

1. 会拆卸与装配机械式微波炉。
2. 能检测机械式微波炉中的主要部件。
3. 能排除微波炉常见故障。

微波炉是利用微波辐射烹饪食物和饮料的一种厨房电器。

微波是一种波长为1mm～1m的电磁波，相应频率为300MHz～300GHz，属超高频。微波除了具有一般电磁波的特性外，还有较强的穿透性（微波能穿透玻璃、瓷器、陶器、塑料或纸张等绝缘物体）；较好的反射性（遇到铜、铁、铝、不锈钢等导电金属，像光束一样反射到另一方向）；较强的吸收性（微波能被鱼肉、脂肪、蔬菜、水果等含有水分的食物所吸收，并转变成热能进行加热和烹饪食物）。使有水分的食物快速被加热，且能杀灭细菌和病毒，是家庭中安全、卫生、便捷的理想厨具。

任务10.1 微波炉的拆卸与组装

任务目标

1. 会拆装微波炉。
2. 能认识微波炉的主要部件。

任务分析

拆卸与组装微波炉的工作流程如下。

确定微波炉的类型 ⇨ 认识机械式微波炉的外形结构 ⇨ 拆装机械式微波炉外壳 ⇨ 认识微波炉的内部结构

拆装机械式微波炉外壳 ⇩ 拆装机械式微波炉内部的主要部件 ⇨ 认识机械式微波炉的主要部件

10.1.1 实践操作：拆卸与组装微波炉

微课
拆卸与组装微波炉

1 确定微波炉的类型

随着微波炉技术的发展，出现了多种类型的微波炉。有商用和家用两大类，有机械式（机电式）和电脑控制式，还有光波、变频等种类的微波炉，常见的类型如图10-1所示。

（a）商用微波炉

（b）机械式家用微波炉

（c）电脑控制式微波炉

（d）光波微波炉

（e）变频微波炉

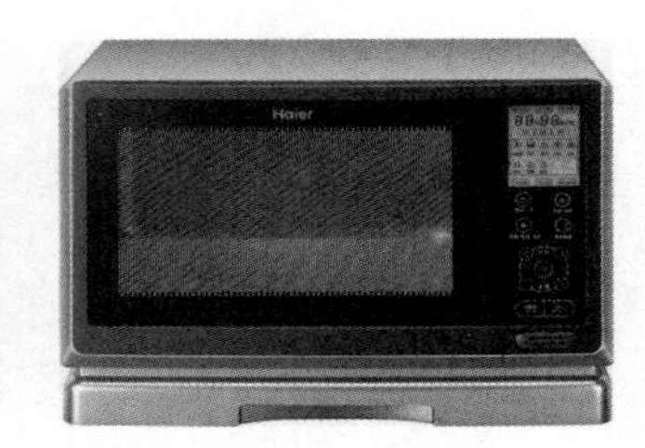

（f）蒸汽转波微波炉

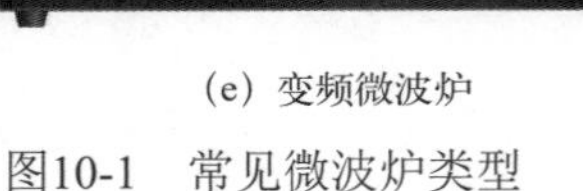

图10-1 常见微波炉类型

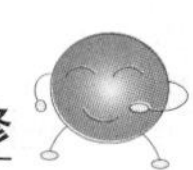

2 认识机械式微波炉的外形结构

图10-2所示为机械式微波炉。从外形看有炉门、观察窗、门安全连锁开关、托盘支架、托盘、炉腔、定时器旋钮、火力选择旋钮和外壳等结构。

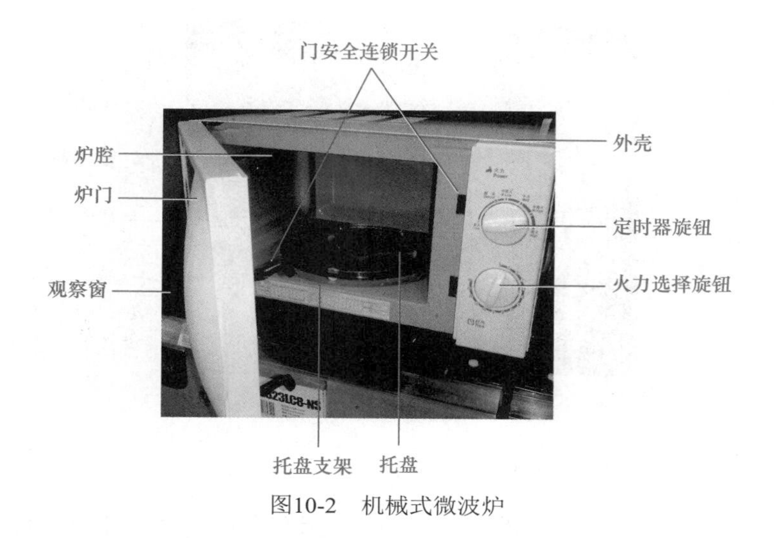

图10-2　机械式微波炉

3 拆卸和装配机械式微波炉

拆卸之前要将电源线拔掉，将炉腔内的托盘和托盘架取出，关好炉门。

首先打开外壳，再拆卸所要拆卸的部件，拆卸下来的部件按顺序摆放，安装顺序与拆卸顺序相反。注意，拆卸过程中零件之间的连接线最好在纸上画图记录或者用标签标记。

机械式微波炉的具体拆装步骤如下。

第一步　拆装微波炉的外壳。如图10-3所示，用合适的十字螺钉旋具旋下微波炉背面及两侧的螺钉，观察外壳固定方式，慢慢取出外壳。

装配微波炉外壳时，先将外壳按原来的位置扣好，观察外壳装配是否到位，再用螺钉紧固外壳。

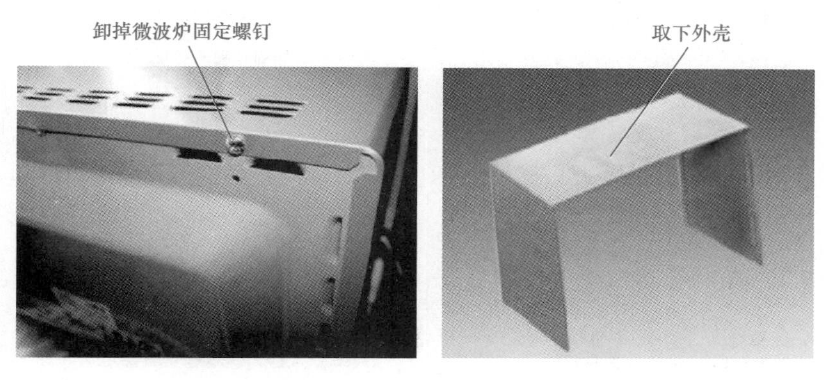

图10-3　拆卸微波炉的外壳

第二步　观察微波炉内部结构。如图10-4所示，取下微波炉外壳放在指定位置，防止影响下一步操作。认真观察微波炉内部结构，可见机械式微波炉主要有：炉门联锁开关、定时器、磁控管、高压变压器、高压熔断器、高压整流二极管、散热风扇、熔断器、超温温控器等部件。

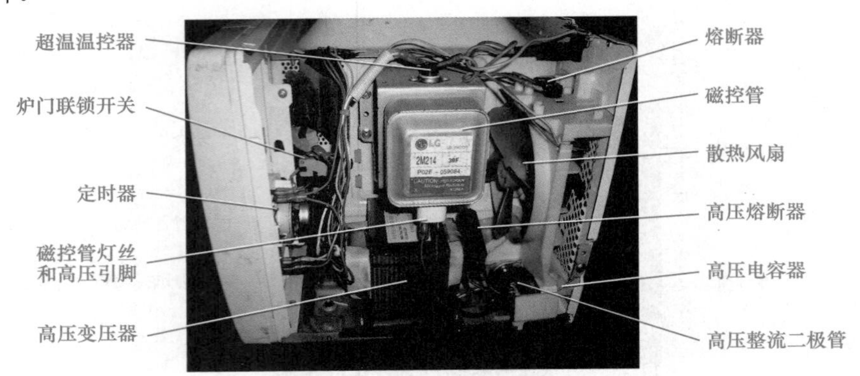

图10-4　认识微波炉的内部结构

4 拆装机械式微波炉内部的主要部件

维修微波炉时需拆下所需维修或更换的部件，这里介绍部分部件的拆装方法。注意，在拆卸部件时要记录好接线情况，做好标记以便于组装。

第一步　拆装微波炉散热风扇，如图10-5所示。

① 把风扇塑料骨架上能拆卸的线路和部件取下。首先拔出散热风扇电源供电插接线和保险管的插接线，做好记录。

② 使用十字螺钉旋具旋下高压整流二极管在外壳的固定螺钉。

③ 使用十字螺钉旋具旋下散热风扇后板的2颗螺钉，取出散热风扇，再拆卸风扇骨架上的其他部件（如高压电容器、高压二极管）。

④ 认识风扇，再拆卸风扇的扇叶和罩极式电动机，进行检查和修复。

⑤ 修复好风扇或更换后，按相反顺序装配散热风扇在原来位置，并检查是否紧固良好，线路是否连接正确。

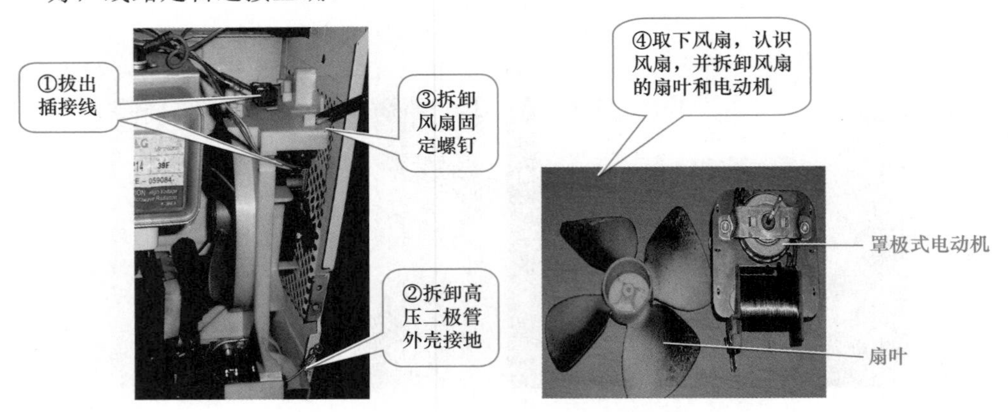

图10-5　拆装微波炉散热风扇

第二步　拆装微波炉高压电容器和高压二极管，如图10-6所示。

① 高压电容器和高压二极管安装在散热风扇支架上，首先必须拆卸散热风扇。

② 使用螺钉旋具拆下固定高压电容器的金属卡箍，取下高压电容器。

③ 拆掉高压电容器两个引脚上的接线和高压二极管，取出并认识高压电容器和高压二极管。

④ 检查并更换好高压电容器、高压二极管后，按上述相反顺序装配好电容器和二极管，最后安装好风扇组件。须特别注意，高压二极管的接地一定要接好，否则会引发严重的故障。

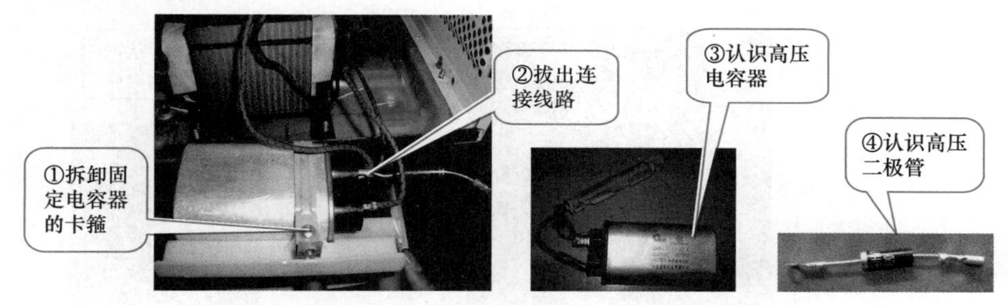

图10-6　拆装微波炉高压电容器和高压二极管

第三步　拆装微波炉磁控管，如图10-7所示。

磁控管是微波炉的核心器件，也是易损器件，拆装时要小心谨慎。拆装步骤如下。

① 拔出磁控管顶端温控器的插接线。

② 拔出磁控管供电接线。

③ 旋下磁控管左右两侧的固定螺钉。

④ 小心取出磁控管，认识磁控管的型号。

⑤ 修复或更换好磁控管后，重新安装好磁控管，并正确连接磁控管和温控器的线路。

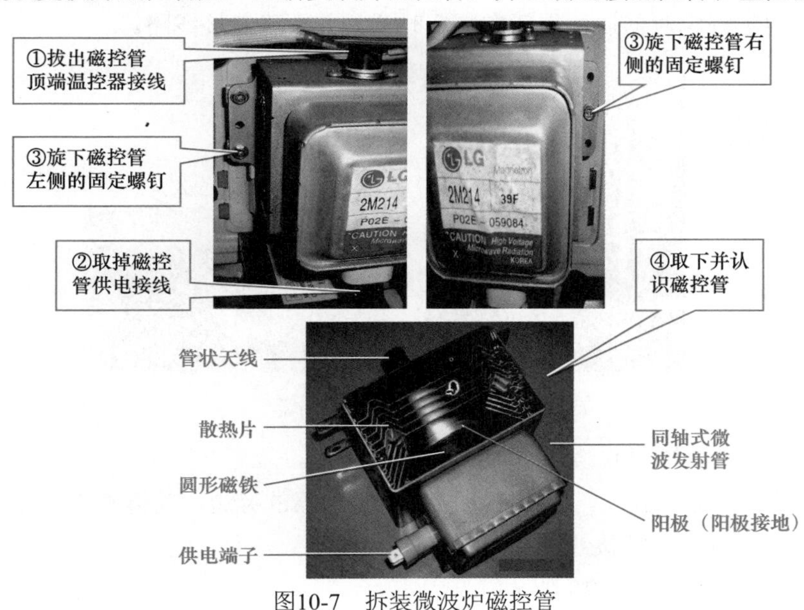

图10-7　拆装微波炉磁控管

第四步　拆装微波炉高压变压器，如图10-8所示。

高压变压器是电磁炉中的储能元件，比较重。拆卸高压变压器之前应先拆卸磁控管。高压变压器的拆装步骤如下。

① 拔掉连接高压变压器的外接线路。

② 从微波炉底部使用螺钉旋具、扳手等工具旋下固定变压器的螺钉。

③ 取下变压器，认识其外形、规格。

④ 修复或更换好高压变压器后，重新安装好变压器，并正确连接线路，最后装配好磁控管及线路。

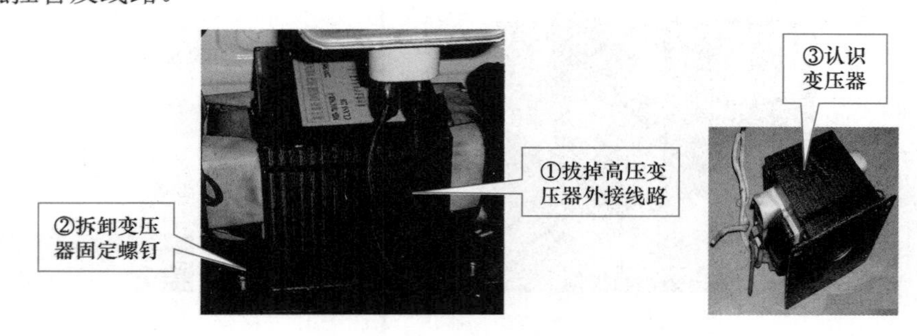

图10-8　拆装微波炉高压变压器

第五步　拆装微波炉定时器，如图10-9所示。

定时器周围的接线较多，拆卸时一定要做好标记。固定的螺钉一般有4颗，上面2颗下面2颗。拆装步骤如下。

① 记录线路连接情况，做好标记，然后拔掉定时器连接线。

② 使用十字螺钉旋具旋出固定定时器的固定螺钉。

③ 取下定时器，并认识定时器的规格、型号、结构。

④ 修复或更换好定时器后，重新安装定时器，并正确连接线路。

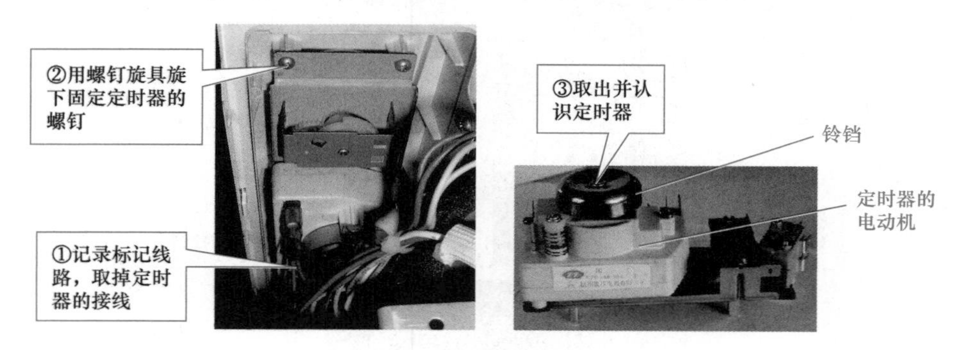

图10-9　拆装微波炉定时器

第六步　拆装微波炉门联锁开关，如图10-10所示。

门联锁开关也称微动开关，体积不大，就在定时器的旁边，其拆装步骤如下。

① 拔出连接门联锁开关接线，并做好标记。

② 取出固定门联锁开关的塑料卡扣。

③ 取下门联锁开关，认识其结构、型号。

④ 修复或更换门联锁开关后，重新按上述相反顺序装配。

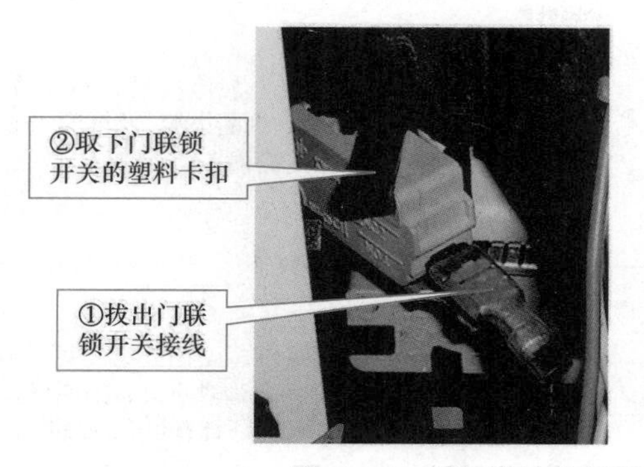

图10-10　拆装微波炉门联锁开关

5 认识机械式微波炉的主要部件

微波炉的主要部件有磁控管、高压变压器、高压电容器、高压二极管、高压熔断器、温控器、炉门联锁开关、散热风扇、定时器、托盘电动机等，如表10-1所示。

表10-1　微波炉主要部件及作用

部件名称	实物外形	电路、图形符号及参数	作用
磁控管		MG	磁控管又称微波发生器，它是微波炉的心脏部件。磁控管的作用是将电能转变成微波能，产生和发射微波
高压变压器	高压变压器	1、2：220V；3、4：2kV；5、6：3.6V	将220V交流电转换为3.6V的交流电提供给磁控管灯丝，还输出2kV左右的交流电压，提供磁控管所需高压。功率一般为1kW
高压电容器		C 1μF 2.1kV	内置10MΩ的电阻，用于对高压电提供放电回路。作用是对经过高压二极管整流后的电压滤波，并且与高压整流二极管一起形成倍压整流电路，将高压变压器输出的2kV转换为4kV的直流高压提供给磁控管的阴极
高压二极管		VD 4kV	用于将2kV交流电整流为直流高压电，与高压电容器一起实现倍压整流，供给磁控管阴极
高压熔断器		H.V.FU 0.75~1A 5kV	当微波炉高压绕组输出电流过电流时，它会被熔断，实现对高压电路的保护，是专用高压熔断器

续表

部件名称	实物外形	电路、图形符号及参数	作用
温控器		ST 熔断温度 145℃	实质是双金属温控器，当微波炉内温度高于145℃时，切断电源，从而防止微波炉磁控管因温度太高而损坏
炉门联锁开关		S2 S3	为一组常开、常闭互锁开关，由炉门上的门挂钩触发。通过触点进行通断转换，控制微波的产生，且保证打开炉门时微波炉停止工作
散热风扇		M 220V	散热风扇的电动机一般采用单相罩极式，功率为20～30W，转速约为2500r/min。散热风扇的作用是给磁控管和变压器散热
定时器（电动式）		M 220V	定时电动机与中控开关齿轮构成一体化。采用带铃铛的定时电动机，由220V市电直接供电，用于控制微波电热持续时间。定时结束时上部的铃铛会响一声提醒操作者
托盘电动机	托盘电动机	M 220V	托盘安装在炉腔底部，由一只微型电动机带动，以5～8r/min的转速旋转，使放在托盘上食品的各部位周期性地不断处于微波场的不同位置上，均匀受热

操作评价　微波炉的拆卸与组装操作评价表

评分内容	技术要求	配分	评分细则	评分记录
认识微波炉外形	能认识机械式微波炉外观部件名称及作用	10	操作错误每次扣1分，扣完为止	
微波炉中重要部件的识别	1．能够根据实物说出名称	10	操作错误每次扣1分	
	2．能够知道微波炉中各部件的作用	10	操作错误每次扣2分	
	3．能够认识各部件在电路中的图形符号	10	操作错误每次扣1分	
	4．能认识各部件的型号并明白其参数	10	操作错误每次扣1分	

续表

<table>
<tr><th>评分内容</th><th colspan="3">技术要求</th><th>配分</th><th colspan="2">评分细则</th><th>评分记录</th></tr>
<tr><td rowspan="4">微波炉的拆卸与组装</td><td colspan="3">按照步骤和方法，顺利拆卸部件</td><td rowspan="4">40</td><td colspan="2">操作错误每次扣2分</td><td rowspan="4"></td></tr>
<tr><td colspan="3">拆卸的部件完好无损</td><td colspan="2">操作错误每次扣5分</td></tr>
<tr><td colspan="3">组装还原整机，方法与步骤正确</td><td colspan="2">操作错误每次扣2分</td></tr>
<tr><td colspan="3">组装还原整机，不遗漏配件</td><td colspan="2">操作错误每次扣2分</td></tr>
<tr><td>安全文明操作</td><td colspan="3">能按安全、文明生产的技术要求进行操作</td><td>10</td><td colspan="2">操作严重失误终止实习，轻微者酌情扣分</td><td></td></tr>
<tr><td>额定时间</td><td colspan="3">每超过5min扣5分</td><td></td><td colspan="2"></td><td></td></tr>
<tr><td>开始时间</td><td></td><td>结束时间</td><td></td><td>实际时间</td><td></td><td>成绩</td><td></td></tr>
<tr><td>综合评议意见</td><td colspan="7"></td></tr>
</table>

10.1.2 相关知识：微波炉的加热原理及其类型与结构

1 微波炉的加热原理

微波炉通电工作，由变压器把220V的交流电升压为2kV，再通过倍压整流为4kV左右的直流电压，该电压加到磁控管的阴极后，磁控管产生2450MHz的微波。微波传入炉腔内，在炉内反复反射（因为微波遇到金属会像光一样被反射），这些微波束不断穿透炉腔内含有水分的食物，使食物被快速加热或煮熟。因为微波能穿透陶瓷、玻璃、木器、竹器、纸盒、塑料等绝缘材料，而被金属材料反射，所以盛装食物的器皿不能为金属。

微波最重要的特点就是吸收性。微波能被鱼肉、脂肪、蔬菜、水果等含有水分的食物所吸收，食物中的水分子作为电解质，在2450MHz的微波电场力下，极性反复改变，水分子间不断振动、撞击、摩擦，在短时内会产生足够的热量来加热食物。

可见，微波炉加热食物时微波穿透食物深层，内外同时加热，因此加热速度快、受热均匀、热效率高。微波炉的加热原理如图10-11所示。

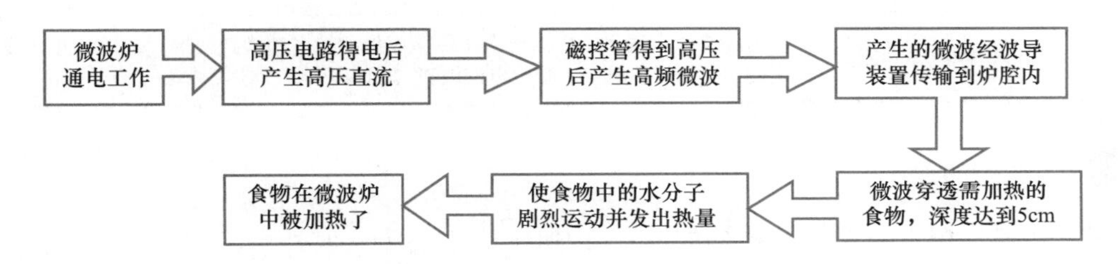

图10-11 微波炉的加热原理

2 微波炉的类型

国际上规定的微波炉加热专用（常用的）频率为915MHz和2450MHz。微波炉使用专用频率是为了避免对雷达系统和微波通信系统产生干扰，并使微波器件标准化。

随着微波炉制造技术的不断提高，出现了各种类型，其常见的类型如表10-2所示。

表10-2　微波炉的类型

分类方法	类型	特点
容量和用途	商用型	商用型多为柜式，容量大，微波频率为915MHz，输出微波功率在1kW以上，大多用于烘烤、干燥、消毒、杀菌等工业商业部门
	家用型	家用型为轻便式，容量较小，微波频率为2450MHz，微波输出功率在1kW以下，主要用于家庭菜肴烹调，饮料、熟食的加热或解冻等
控制方式	机械式	机械式微波炉设有定时装置和功率调节器，使用时可根据不同食物，选定烹调时间和合适的加热功率，定时时间到后铃声提示，终止烹调。功率调节器分5挡：高挡为100%、中高挡为70%～80%、中挡为50%、解冻挡为30%～40%、低挡为15%～20%
	电脑式	电脑式微波炉带有一个微电脑，除具有基本的定时功能（常为0～99min 或0～99s）、功率调节功能（9或10挡）外，还有时钟、定时启动、自动控温等功能，可按预先设定的程序完成食物的解冻、全功率加热、半功率加热和保温。预定程序通过按键开关或接触感应开关输入。具有操作方便、功能齐全、自动化程度高等优点
安装方式	台式	功率小、体积小，置于工作台使用，多为家用型微波炉
	柜式	功率大、体积大，落地使用，多为商用型微波炉
结构与功能	普通型	多为机械控制式微波炉，主要具有利用微波加热食物的功能
	烧烤复合型	在普通型基础上，增加石英电热管实现烧烤的功能，有机械式和电脑式
	光波多功能型	一种带有光波的多功能微波炉，加热方式有光波、微波、光波加微波，以及烧烤组合加热等，光波以30 0000km/s的速度作用于食物，实现高速加热，加热均匀，杀灭细菌、病毒快速彻底，有机械式和电脑式之分
	紫外线光波多功能型	具有紫外线、微波、光波三合一强力消毒多功能微波炉
	变频多功能型	一种采用变频技术的多功能微波炉，可省电25%，电源范围宽
	转波多功能型	炉腔内无托盘的多功能微波炉。采用微波散射技术，加热更均匀、高效，使炉腔内容积利用率提高25%
	蒸汽多功能型	利用微波使水汽化，用蒸汽内循环料理食物的多功能微波炉。不用微波直接加热食物，养分不流失，减少电磁波对食物的影响，加热效率和安全性提高

3 微波炉的结构

家用普通型微波炉的内部结构如图10-12所示，主要由金属外壳、炉腔、炉门、磁控管（微波发生器）、波导管（微波传输通道）、搅拌器、高压变压器、整流器、搁板、托盘和控制系统等组成。

（1）炉腔

炉腔是食物加热的场所，是微波谐振腔，也称加热室，一般用铝板或不锈钢板制成。框架右边1/3区域外部设置操作控制面板，如图10-13所示，面板上有功率控制选择器、定时器旋钮等；内置定时器、磁控管、变压器、整流器和散热风扇等部件。

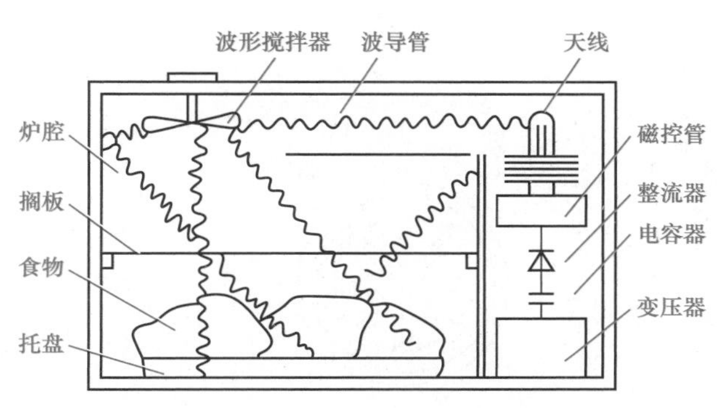

图10-12　普通型微波炉的内部结构图

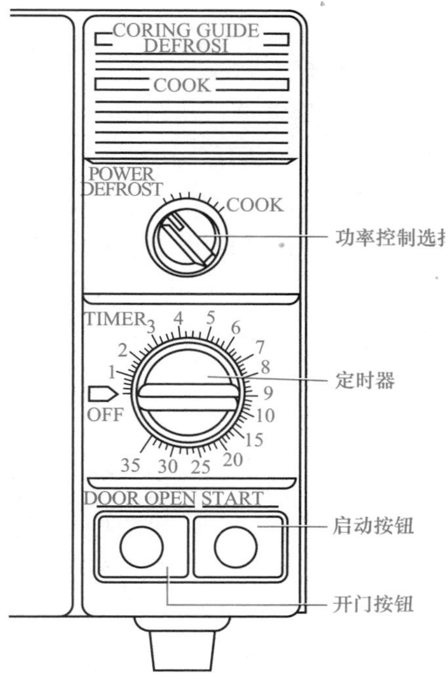

图10-13　普通型微波炉控制面板

（2）炉门

炉门由金属框架和玻璃观察窗两部分组成，采用扼流结构以防微波泄漏，玻璃上的金属网也是为抑制微波外泄而设置的，保证微波泄漏不会超过允许值。炉门上装有两道联锁开关，如图10-14所示，通过炉门的把手控制，以便开门、关门联锁保护。炉门打开或关闭不严时，门上联锁开关就断开电源，磁控管不工作，微波停止辐射。若联锁开关出现问题，还有监控开关来保险，如图10-15所示。

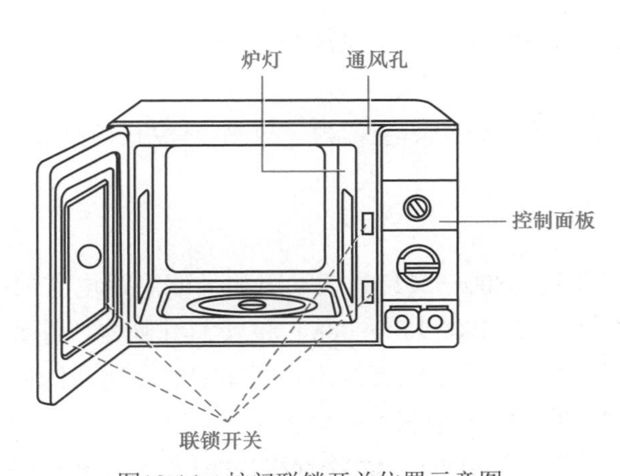

图10-14　炉门联锁开关位置示意图

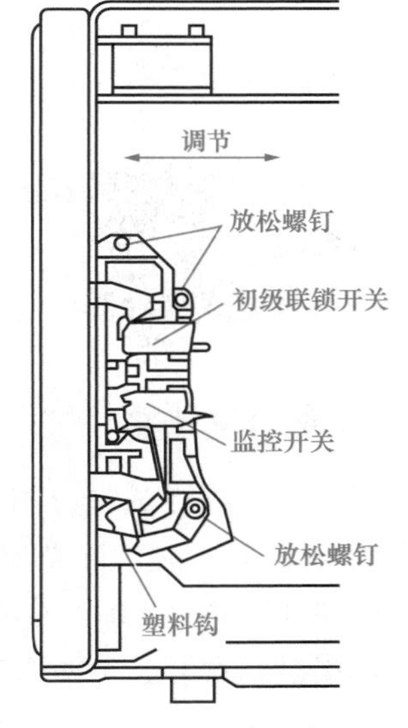

图10-15　炉门联锁开关与监控开关结构示意图

（3）磁控管

磁控管也称为微波发生器，是一种产生微波能量的真空管。其作用是将电能转换为磁能，产生并发射微波，结构如图10-16所示。磁控管由管芯、磁铁和散热片组成，管芯由阴极、灯丝、阳极、天线等构成。其中，磁铁在阳极与阴极间形成恒定的竖直方向的强磁场；阴极在灯丝加热时反射电子，阳极接收阴极发射的电子，并在阳极的谐振腔内谐振，同时阴极反射电子还受磁场作用围绕阴极的中轴线高速旋转，向阳极流动，并在谐振腔内振荡，使频率不断提高，当频率到达2450MHz时，便形成微波由天线耦合至射频输出口，通过波导管传输到炉腔，加热有水分的食物。

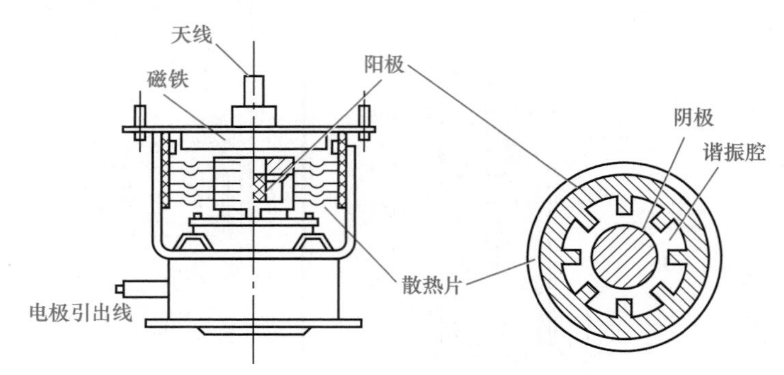

图10-16　磁控管结构图

（4）波导管

波导管是用来传输微波的，一般为矩形截面的金属导管。

（5）搅拌器

搅拌器是用来改善腔体中负载与微波发生器之间耦合关系的一种装置，这种装置可以是旋转搁架（托盘）或可移动的附加天线或金属螺旋桨，使微波场均匀。

（6）托盘

托盘以微型电动机带动，食物转动使受热均匀。

（7）外壳

外壳一般用镀锌薄钢板或镍铬薄钢板冲压而成，屏蔽微波和装饰作用。

（8）控制系统

控制系统由电源、定时器、温控器、高压变压器、整流器、风扇电动机等组成。

4 微波炉的质量要求

按《家用微波　性能试验方法》（GB/T 18800—2017）、《家用和类似用途电器的安全　微波炉，包括组合型微波炉的特殊要求》（GB 4706.21—2008）和《家用和类似用途电器　噪声限值》（GB 19606—2004）的规定，微波炉是用微波能加热腔体中的食物和饮料；组合微波炉除用微波加热外，兼有传统炉灶的某些或全部加热功能。

质量要求主要是安全、性能及外观3方面。微波炉属于I类防触保护器具，主要指标如下。

1）泄漏电流。不大于0.75mA。

2）电气强度。能承受交流1250V电压试验，历时1min无击穿或闪络。

3）微波频率。必须在（2450±50）MHz内。

4）电源。额定频率50Hz，交流单相电压220V。

5）电压波动。应在额定值的80%～125%以内。

6）炉门系统。能经受总数为10万次开闭试验。

7）效率。输入与输出功率之比应不低于50%。

8）加热均匀性。按规定方法试验不小于70%。

9）防泄措施。采取严密的防泄技术，使微波泄漏在1mW/cm^{2}以下。

10）噪声限值。不大于68dB。

此外，还应通过高、低温负荷，高、低温储存，湿热及耐扫频振动等项目的试验。

任务10.2　微波炉的维修

任务目标

1．学会检测微波炉的主要部件。

2．学会排除微波炉的常见故障。

任务分析

微波炉出现故障时，需要检测、维修微波炉，因此必须学会检测微波炉的主要部件，学会维修微波炉的方法，从而排除微波炉的常见故障，使之正常工作。

微课
微波炉的维修

10.2.1　实践操作：微波炉主要部件检测与常见故障排除

1　检测机械式微波炉的主要部件

（1）检测磁控管

用数字万用表测量磁控管任一灯丝引脚与磁控管外壳间的阻值为∞，磁控管灯丝就不漏电，检测方法如图10-17（a）所示。如果灯丝引脚与外壳间有一定阻值或为0，则磁控管漏电，必须更换同规格的磁控管，也可使用指针式万用表的R×10k挡来检测。

如图10-17（b）所示，用数字万用表200Ω挡检测灯丝两脚，阻值应接近0。如果两灯丝间阻值为∞，则灯丝断开，需修复灯丝引脚或更换同规格的磁控管，也可使用指针式万用表R×1挡来检测。

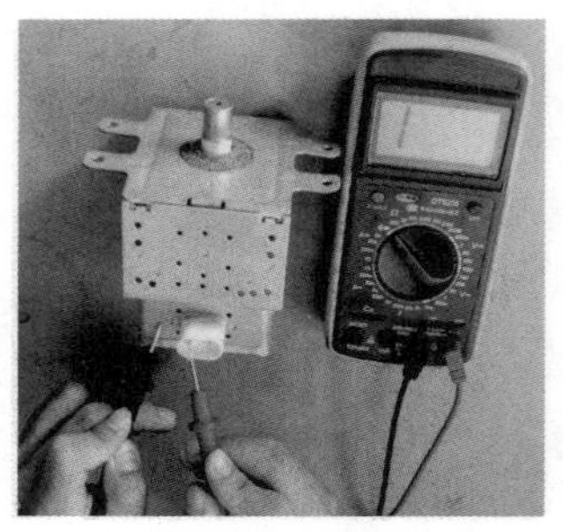

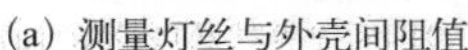

(a) 测量灯丝与外壳间阻值

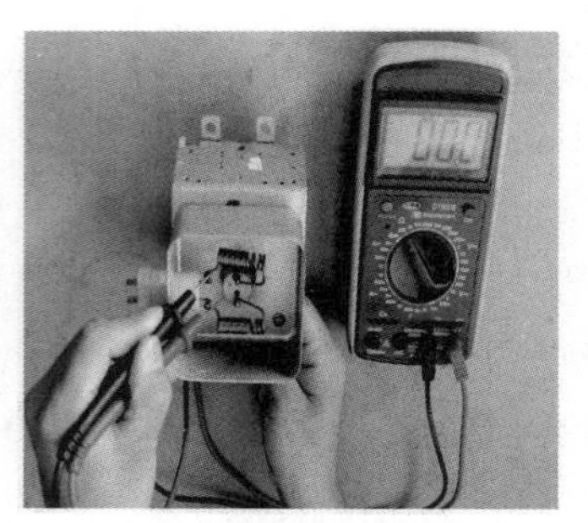

(b) 测量灯丝阻值

图10-17　磁控管的检测

（2）检测高压二极管

高压二极管的导通压降较高，使用数字万用表200k挡测量，正常的高压二极管，其正向电阻为20～300kΩ，反向电阻应为∞，如图10-18所示。也可使用指针式万用表的R×10k挡来检测，其正向电阻应为150kΩ左右，反向电阻应为∞。

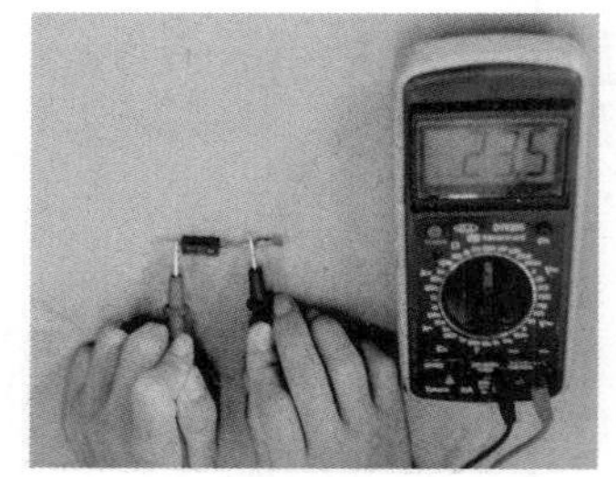

(a) 测量高压二极管的正向阻值

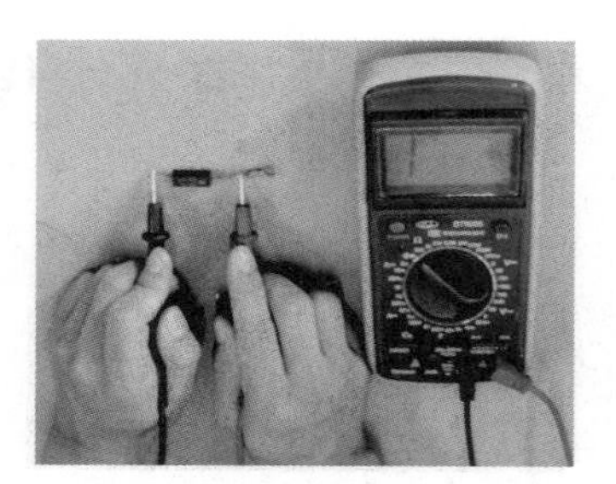

(b) 测量高压二极管的反向阻值

图10-18　高压二极管的检测

如果使用绝缘电阻表测量正常的高压二极管，正向电阻应小于2kΩ，反向电阻应为∞。对于有些微波炉采用的非对称保护二极管，可用10k挡测量，其正常的正反向电阻都应为∞。

当高压二极管损坏后，就无法产生4kV高压直流电，由于电压较高，可采用更换法进行维修。

（3）检测高压电容器

高压电容器的检测方法与常用电容器的检测方法相同，主要检测电容量和绝缘性能。使用指针式万用表的R×10k挡测量高压电容器时，指针应摆动一定角度后逐渐回到∞。若指针不返回∞表明电容器漏电；若测量的瞬间指针不摆动，说明电容器无电容量或内部开路损坏。高压电容器开路、容量下降或漏电都必须更换同规格的高压电容器。

微波炉中其他部件的检测方法如表10-3所示。

表10-3　机械式微波炉主要部件的检测方法

部件名称	检测方法
高压变压器	使用数字万用表的欧姆挡分别测量高压变压器的初级绕组、高压绕组、灯丝绕组的阻值，应分别为2Ω、130Ω、0.08Ω；再用200M挡分别检测3个绕组间绝缘阻值应都为∞；也可使用绝缘电阻表检测其绝缘电阻。当高压变压器绕组短路、开路或绝缘性能下降时需修复或更换

续表

部件名称	检测方法
高压熔断器	用数字万用表的200Ω挡测量阻值应为0，熔断开路需更换同规格熔断器
定时器（电动式）	直接通电220V，观察定时器走动情况，触点接触与断开情况； 观察定时器触点是否锈蚀、有杂质或氧化；接触不好需修复触点； 手动旋钮，感受转动是否灵活
托盘电动机	用数字万用表欧姆挡测量电动机两端阻值约为7kΩ，若为0或∞需更换同规格的电动机。也可直接通电220V观察电动机转动性能
散热风扇	检查扇叶是否变形，变形后会增加电动机负载，噪声增大； 手动电动机，检查电动机转动是否灵活，检查轴承情况； 万用表检测电动机绕组阻值应为170Ω左右，若绕组阻值较小或∞，说明电动机绕组短路或开路，需修复或更换电动机
超温温控器	用万用表测量其阻值在常温下应为0；使用电烙铁等加热方法使温控器温度升高到145℃以上，此时测量其阻值应为∞。损坏后需更换
炉内照明灯	直接观察灯泡灯丝好坏；也可用万用表测量灯丝阻值，220V 15W灯泡的阻值约为3kΩ，损坏后更换新灯泡
门联锁开关	两个联锁开关均为复位开关，使用万用表检查其通断情况，即可判断其质量好坏；接触不良时，更换同规格开关即可

2 排除微波炉常见故障

下面就机械式普通型微波炉，分析常见的故障现象，初步学会检修微波炉的常见故障。

常见故障一：接通电源并开机，炉灯不亮，托盘不动，也不加热

故障现象　接通电源，微波炉开机，炉灯不亮，托盘不动，也不加热。

故障分析　通电开机，微波炉没有任何反应，说明整机不通电，原因可能是：电源插头与插座接触不良或断线；熔丝熔断，一般由于某元件短路造成；炉门没关好、主联锁开关接触不良或损坏，引起双重开关未闭合。

故障排除

第一步　检查电源插头与插座间是否接触不良。若不良，则清洁电源插头的金属部分，检修或更换插座；若是电源线中间有接触不良或断线，则一定要更换整根电源线，不能剪接，以防意外。

第二步　检查熔丝是否熔断。若熔丝熔断，则更换熔丝并断开变压器二次电路后，接通电源观察，结果仍烧熔丝，这说明变压器二次电路基本正常，故障可能出现在变压器本身或一次电路中。应重点检查变压器和一次电路，查明原因后再更换同型号的熔丝。

第三步　上述均正常，检查门联锁开关。观察是否有异物阻碍门的关闭，用细砂纸摩擦主联锁开关触点使其接触良好。若严重损坏，则予以更换。

常见故障二：炉灯亮，托盘转动，但微波炉不加热

故障现象　炉灯亮，托盘转动，但微波炉不能加热。

故障分析　炉灯亮、托盘转动正常，说明整机供电正常，不加热说明加热部分出现故障。由微波炉的工作原理得知：微波炉的加热主要是由高压变压器产生高压，经过高压二极管、高压电容器组成的倍压整流升压后输给磁控管，同时变压器的另一组输出

3.6V的低压电输给磁控管的灯丝。磁控管得到这两个电压后才能产生微波，对食物进行加热。

故障排除 在对部件检查之前，首先要检查相关连接导线或连接点是否出现断线或接触点氧化等现象。在保证连接线路完好的情况下再对以下部件进行检测，具体检测方法如下。

第一步 高压变压器是否损坏。可以用万用表测量各绕组，判断变压变压器是否出现断路。

第二步 磁控管的灯丝是否熔断。磁控管的灯丝电阻应为零点零几欧姆，若电阻为∞，说明灯丝断路，同时测量灯丝与外壳间的电阻应该为∞，否则说明磁控管被击穿损坏。

第三步 高压电容器是否失效或开路。放电后用电容表测量其容量并与标称值比较，也可以用万用表的电阻挡通过指针的偏转来判断电容的容量。

第四步 高压二极管是否损坏。用万用表$R\times10\text{k}$挡测量，正向电阻值约为150k，反向电阻值∞为正常，不符合上述电阻值的则为损坏，需更换同型号的高压二极管。

常见故障三：微波炉屡烧保险管

故障现象 微波炉屡烧保险管。

故障分析 微波炉屡烧保险管，说明微波炉电路存在短路故障。由原理图分析可知，造成短路烧保险的原因可能有：门监控开关短路，变压器初、次级出现短路，高压二极管或高压电容器击穿。

故障排除

第一步 对连接电路进行检查。

第二步 检测门监控开关和门开关。在炉门关闭的情况下，用万用表检测门开关两触点的电阻，为了避免外电路的干扰，去掉开关与外电路连接端子。电阻值应为∞。

第三步 检测高压变压器的输入、输出电阻是否正常，如果小于正常值说明变压器内部出现短路故障，需更换同规格的高压变压器。

第四步 检测高压二极管或高压电容器是否出现短路、击穿现象，击穿后更换同规格的二极管或电容器。

常见故障四：不能烧烤

故障现象 具有烧烤功能的微波炉微波烹饪正常，但不能烧烤。

故障分析 微波炉微波烹调正常，说明微波炉低压控制电路和高压电路均正常，故障只在烧烤部分，原因可能有：火力选择开关中烧烤开关触点不能闭合；继电器的常闭触点不能闭合，引起石英加热器不通电；石英电热管损坏引起不发热。

故障排除

第一步 断开电源，将火力选择开关选择在仅烧烤功能，用万用表欧姆挡测量烧烤开关引出接点的电阻，正常值应该为0或很小；若电阻值很大，说明开关触点已被氧化或开关损害，此类故障一般要更换同型号火力选择开关。

第二步 断开电源，用万用表欧姆挡检修继电器的常闭触点是否闭合，若电阻值很大，说明触点已不能闭合。

第三步　用万用表欧姆挡检测石英管的电阻值，正常时冷态电阻值一般为几十欧姆。若电阻值为∞，说明该石英电热管内部电阻丝烧断。应更换石英电热管。

操作评价　微波炉的维修操作评价表

评分内容	技术要求	配分	评分细则	评分记录
微波炉重要部件的检测	1．能正确检测磁控管的好坏	30	操作错误每次扣5分	
	2．能正确检测高压二极管、高压电容器的好坏		操作错误每次扣5分	
	3．能正确检测微波炉其他部件的好坏		操作错误每次扣1分	
微波炉典型基本故障的维修	1．按照步骤和方法，顺利拆卸	50	操作错误每次扣2分	
	2．能说明故障现象，并能分析故障原因		操作错误每次扣2分	
	3．能找到故障点，修复或更换部件		操作错误每次扣5分	
	4．组装还原整机，不遗漏配件		操作错误每次扣2分	
微波炉的安全使用	1．安全检查，正确启动微波炉	10	操作错误每次扣2分	
	2．观察微波炉运行状态，并能判断运行状态		操作错误每次扣2分 答错每次扣2分	
安全文明生产	能安全实习、文明实习；遵守操作规程；能按企业的6S现场管理要求执行	10	重大安全事故出现，终止实习，轻微者酌情扣分	
额定时间	每超过5min扣5分			
开始时间	结束时间	实际时间	成绩	
综合评议意见				

10.2.2 相关知识：微波炉的工作原理与维护

1 机械式普通型微波炉的工作原理

图10-19是机械式普通型微波炉电路图。

机械式普通型微波炉的工作原理如表10-4所示。

表10-4　机械式普通型微波炉的工作原理

工作过程		工作原理
1	打开炉门，放入食物	打开炉门时，S_1、S_3自动弹起处于断开状态；联锁监控开关S_2处于闭合状态。同时因为没有定时，没有选择火力开关，S_4、S_5均处于断开状态，即使接通电源，整机也无法工作
2	插上电源，关上炉门	关上炉门时，联锁机构随之动作，联锁监控开关S_2处于断开状态，而联锁开关S_1、S_3处于闭合状态；因为没有定时，没有选择火力开关，S_4、S_5均处于断开状态，整机没工作，处于准备工作状态

续表

工作过程		工作原理
3	定时，选择火力大小	整机电路中的开关S_1、S_3、S_4、S_5均处于闭合状态，S_2断开微波炉开始工作，炉灯亮，MD、MT、MF均运转，即定时器在定时、托盘在转动、散热风扇在转动。220V市电经高压变压器T变换后，一组输出3.6V交流电供给磁控管的灯丝；另一组输出2kV高压交流电经C、VD倍压整流后得到4kV负高压直流电供给磁控管MG的阴极，磁控管阳极接地，这样磁控管便产生2450 MHz的微波，对食品进行辐射加热
4	定时时间到，停止工作并响铃	定时时间到，S_4、S_5自动断开切断电源，炉灯熄灭，MD、MT、MF均停止工作，高压变压器T断电，磁控管MG失电停止传送微波，食品加热结束
5	保护	① 在微波炉正常工作时，若突然打开炉门，S_1、S_3自动弹起处于断开状态,使整机断电，无法产生微波，有效防止微波的外泄 ② 当高压电容器或高压二极管短路时，电流超过1A后，高压熔断器熔断，避免变压器损坏 ③ 当电路中门联锁开关出现故障短路时，或电路中其他元器件短路时，熔断器FU熔断，避免故障扩大

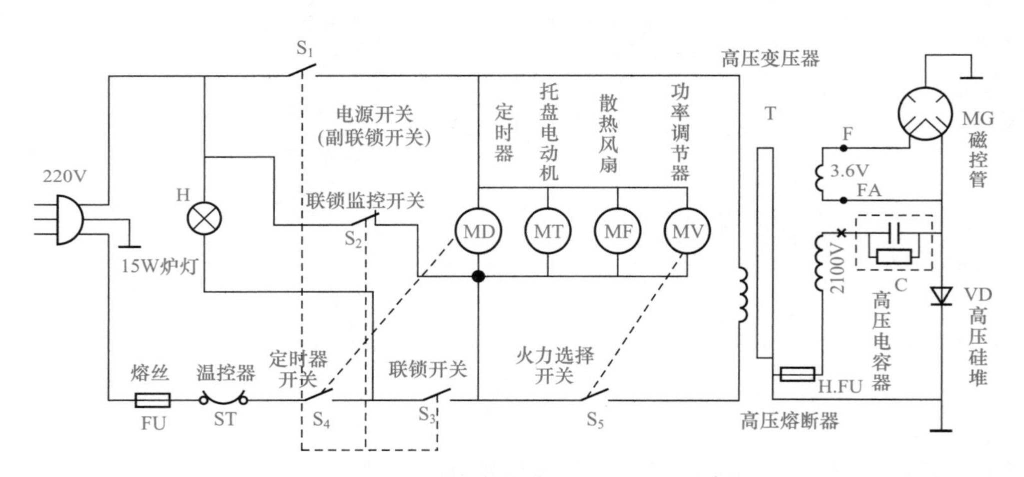

图10-19　机械式普通型微波炉电路图

2 微波炉的日常维护

在清洁微波炉前应先将电源插头拔掉。可使用中性洗涤液去污，用软布擦干，不要让水从通风孔处渗入炉内，以防损坏零件。玻璃托盘转轴应经常保持干净，以免转动时带来过大噪声。

知识拓展：电脑多功能微波炉

电脑控制式微波炉在结构上与普通型微波炉基本相同，区别在于控制系统。图10-20所示为一款电脑控制式微波炉主电路图。

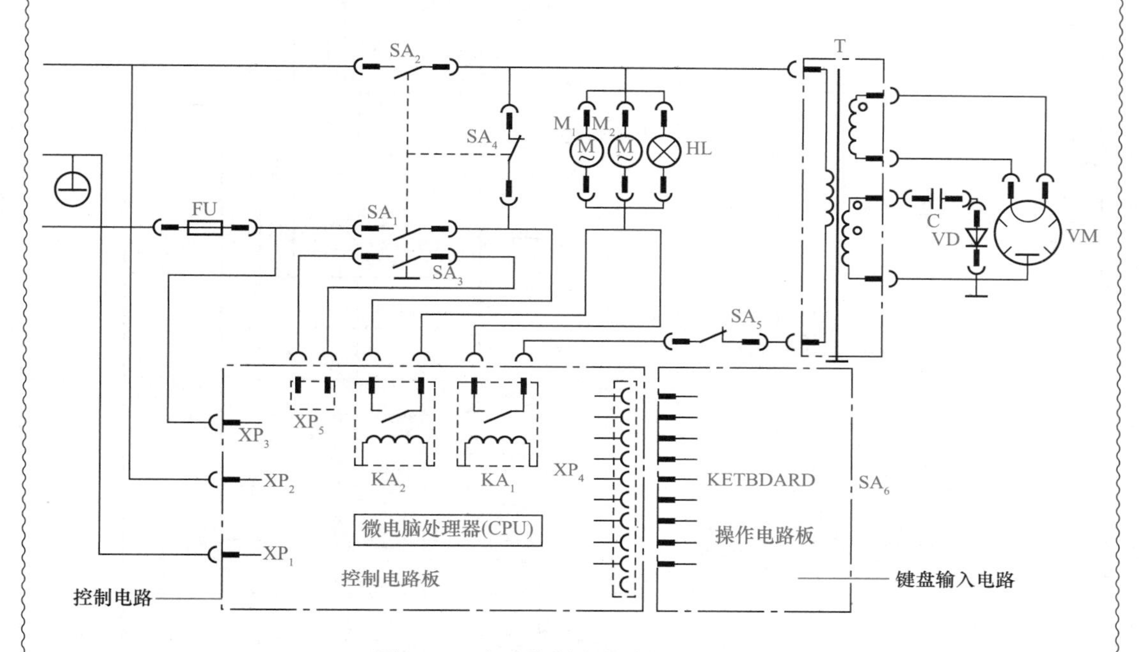

图10-20　电脑控制式微波炉主电路图

主电路由下列元器件组成。

SA_1、SA_2：门安全联锁开关；SA_3：门检测开关；SA_4：门监控开关；KA_1：功率控制继电器；KA_2：定时控制继电器；SA_6：轻触开关组；T：变压器，提供磁控管所需的电压；VD和C：倍压整流电路；M_1、M_2：转盘和风扇电动机。

其工作原理是：关上炉门，SA_1、SA_2、SA_3 闭合，SA_4 断开。选择烹调程序，按下启动键，继电器KA_2、KA_1吸合，动合触点闭合。磁控管通电开始产生微波，经波导管输入炉腔，对食物加热。同时M_1、M_2、HL 也通电工作。定时器、显示器开始倒计时。

程序终止时，单片微电脑使继电器KA_2、KA_1断电释放，切断微波炉的电源。在程序未结束时，如需中断，可按暂停键，则单片微电脑立即使KA_2、KA_1释放，也可直接打开炉门，通过SA_1～SA_4来中断加热。

图10-20中的控制电路如图10-21所示，其核心为CPU（IC1），包括低电压电源电路、输出驱动电路、键盘输入电路、显示电路和其他电路。

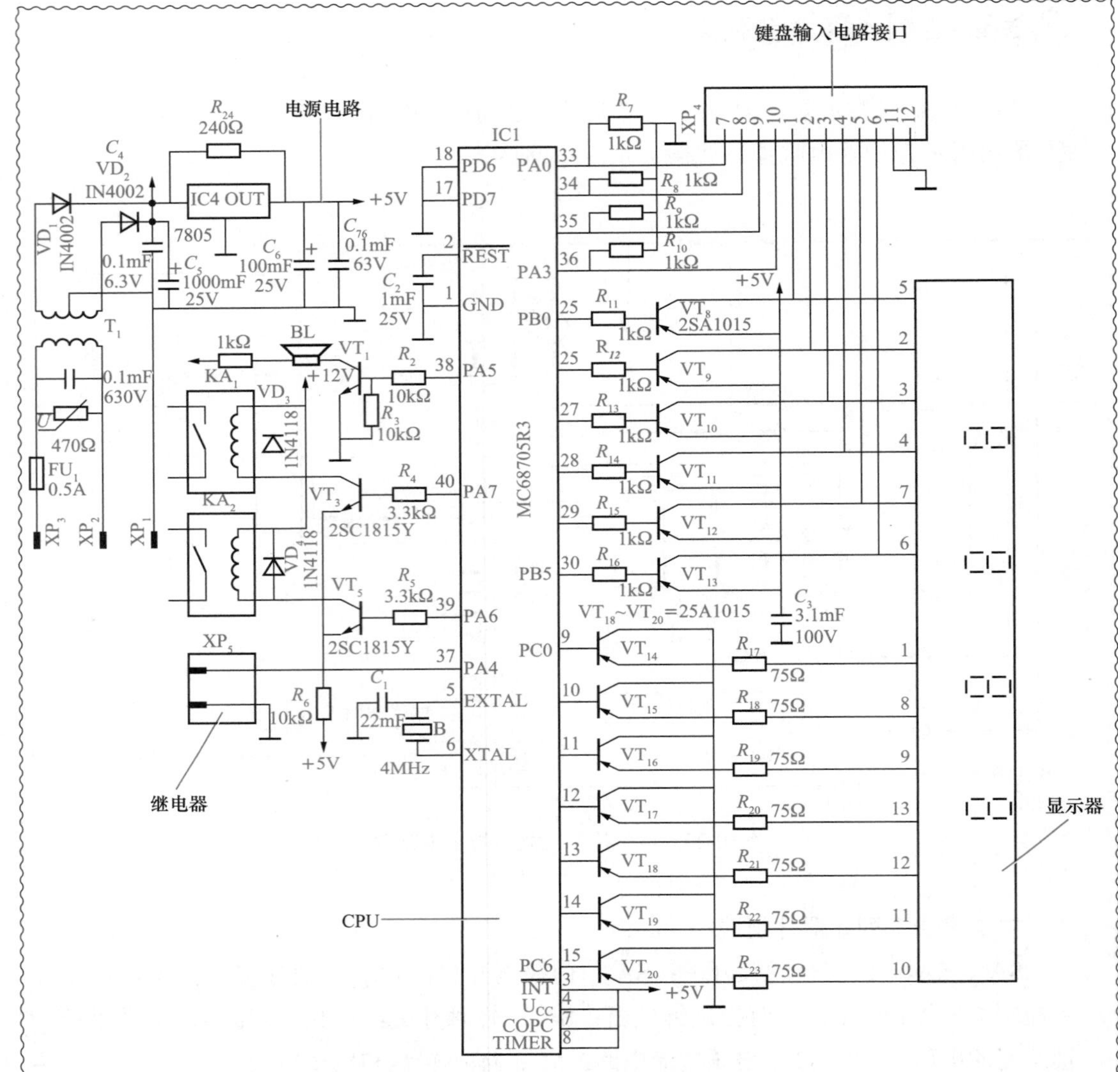

图10-21　电脑控制式微波炉的控制电路图

电脑型微波炉的控制电路组成及各部分功能如表10-5所示。

表10-5　电脑型微波炉的控制电路组成及各部分功能

电路名称	组成	功能	备注
低电压电源电路	T_1、VD_1、VD_2、C_5，三端集成稳压电路7850	为CPU和继电器等提供电源	RV_1、FU_1构成的保护单元
输出驱动电路	PA6、PA7、VT_5、VT_3、KA_2、KA_1	功率放大来驱动继电器	
键盘输入电路	XP_4、薄膜开关组成的4×6矩阵	控制信号的输入	电路如图10-20所示
显示电路	发光二极管数码管显示器	显示时间、火力大小等	共阳极接法，动态显示
其他	晶振B	为CPU提供振荡频率	4MHz
	C_2	为CPU复位电路	通电时，该脚低电平
	压电陶瓷BL	发出声响，提示或报警	发声声响3kHz

思考与练习

1. 微波炉________直接加热生鸡蛋。

 A. 不能　　　B. 能

2. 微波炉产生微波的装置是________。

 A. 磁控管　　B. 高压电容器　　　C. 高压二极管

3. 微波加热食物的时候，食物是________。

 A. 由内而外变热的　　　　　　B. 由外而内变热的

4. 微波炉________放在电视机旁边。

 A. 可以　　　B. 不可以

5. 微波炉________加热用不锈钢器皿盛装的冷饭。

 A. 可以　　　B. 不可以

6. 微波炉是怎样加热食物的?

7. 微波炉如果不能够对食物进行加热，主要有哪些原因?

项目 11

电磁炉的拆装与维修

学习目标

知识目标

1. 了解电磁炉类型和高频电磁炉的结构特点。
2. 理解高频电磁炉的基本工作原理。
3. 掌握选择电磁炉的技术标准。
4. 了解电磁炉的选购、使用与维护。

技能目标

1. 会拆卸与组装电脑型电磁炉。
2. 能认识电脑型电磁炉的主要部件。
3. 会检测电脑型电磁炉主要部件。
4. 初步学会排除电脑型电磁炉常见故障。

电磁炉又称电磁灶，是现代厨房革命的产物，它无须明火或传导式加热而让热量直接在锅底产生，热效率很高。它是一种利用电磁感应加热原理烹饪食物的厨房器具。

任务11.1 电磁炉的拆卸与组装

任务目标

1．会拆卸与组装电磁炉。

2．能认识电磁炉电路的主要部件。

任务分析

不同厂家、不同型号的电磁炉固定方式有所不同，但大多是通过螺钉固定的，因此只需按照拆卸固定螺钉的方法即可拆卸电磁炉。

拆卸与组装电磁炉的工作流程如下。

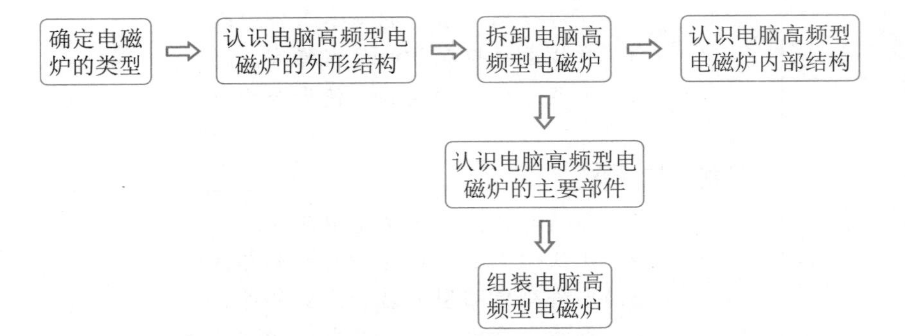

11.1.1 实践操作：拆卸与组装电磁炉

1 确定电磁炉的类型

电磁炉有商用型和家用型，还有工频和高频之分。常见的电磁炉如图11-1所示。

(a) 商用型电磁炉

(b) 家用型电磁炉

图11-1　常见电磁炉

2 认识电脑高频型电磁炉的外形结构

使用比较普及的是高频家用型电磁炉。图11-2是九阳JYC-21ES10电磁炉，规格为额定电压220V～50Hz、额定功率120～2100W、温度调节范围60～240℃、热效率为86%、能效等级为3级、待机功率为2W，具有多种智能烹饪功能。外形上主要由电源线、灶台面板、上盖、下盖、操作显示面板、进/排风口等组成。它的生产执行标准是GB 4706.1—2005和GB 4706.29—2008。

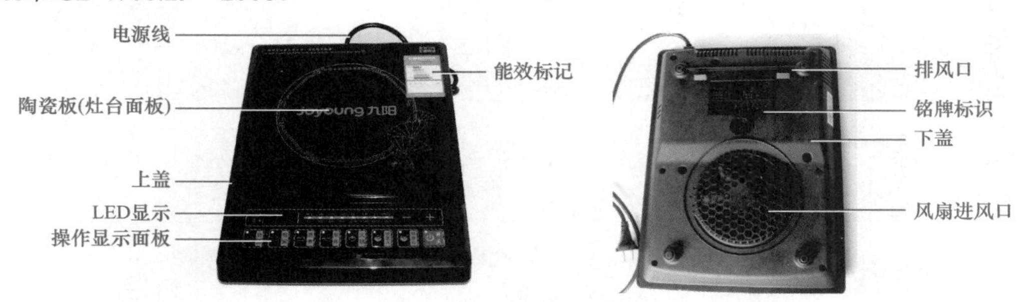

图11-2　高频家用型电磁炉的外形

3 拆卸电脑高频型电磁炉并认识内部结构

拆卸之前断开电磁炉的电源线，准备相应电工工具、电烙铁等。九阳JYC-21ES1电磁炉的拆装十分简单，其拆卸步骤如下。

第一步　拆卸电磁炉的上下盖。

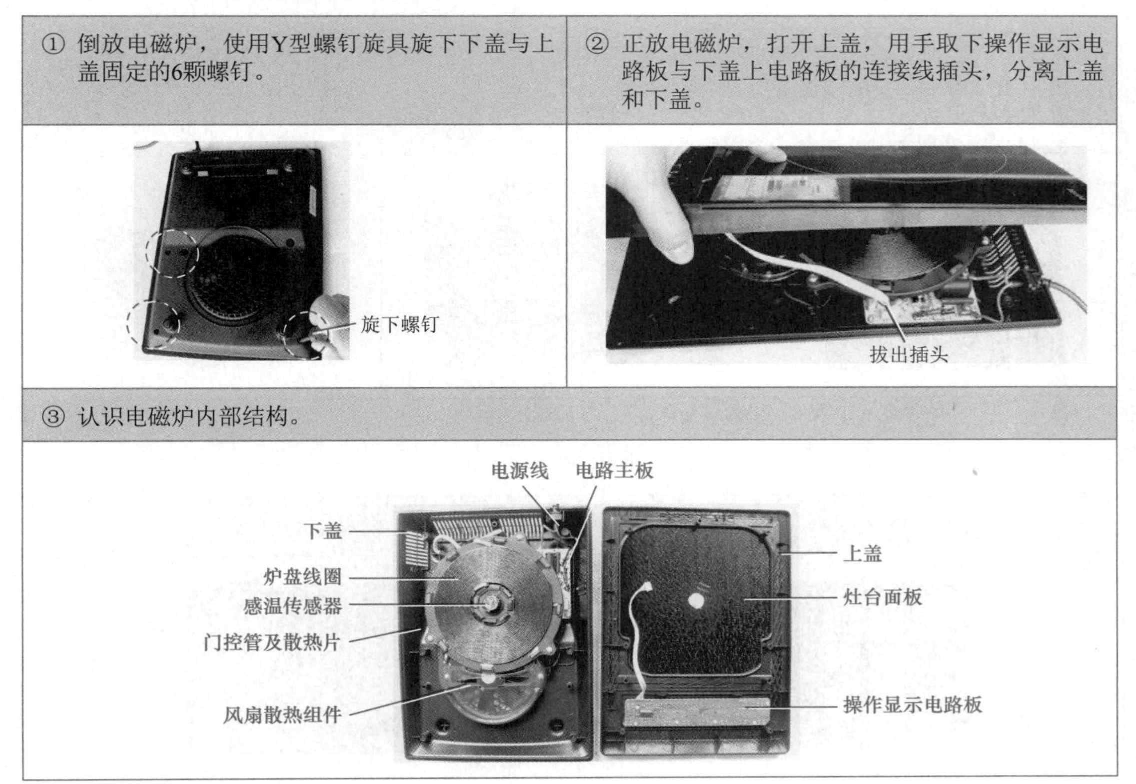

① 倒放电磁炉，使用Y型螺钉旋具旋下下盖与上盖固定的6颗螺钉。	② 正放电磁炉，打开上盖，用手取下操作显示电路板与下盖上电路板的连接线插头，分离上盖和下盖。
③ 认识电磁炉内部结构。	

第二步　拆卸炉盘线圈和热敏电阻。

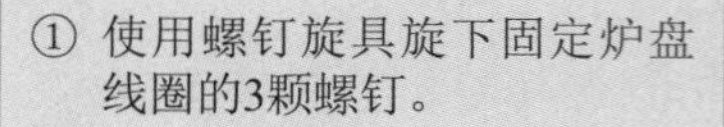① 使用螺钉旋具旋下固定炉盘线圈的3颗螺钉。	② 拔出连接在主电路板上的两个插接头。	③ 用螺钉旋具拆卸炉盘线圈的2个接线头。

④ 取出炉盘线圈，拆下2个温度传感器。	⑤ 取出灶面温度传感器。	⑥ 认识炉盘线圈和2个传感器中的热敏电阻。
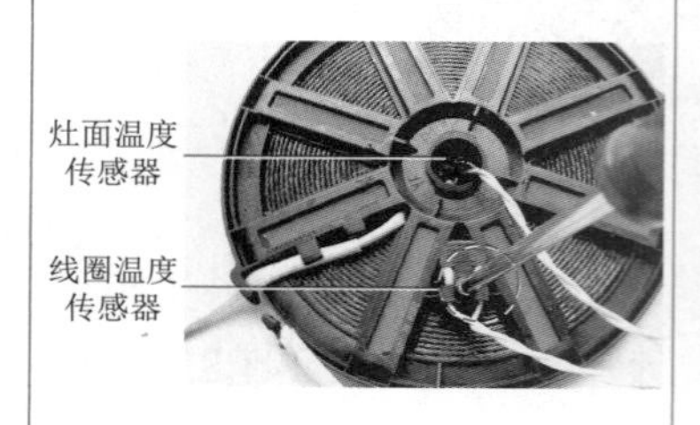		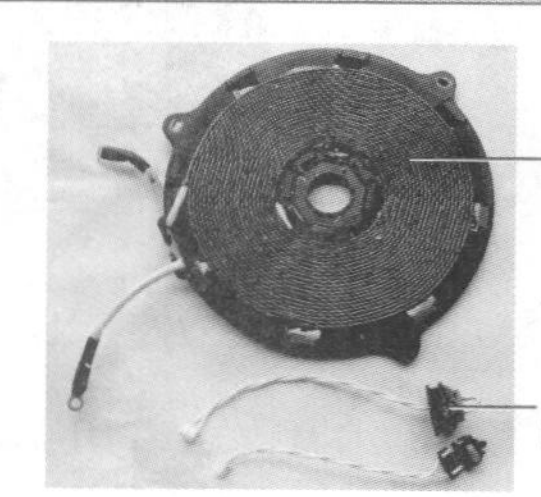

第三步　拆卸电风扇。

① 用手拔出插接在主电路板上的风扇接线头。	② 旋下2颗固定螺钉。	③ 取出散热风扇。

第四步　拆卸主电路板，认识电子元器件。

① 旋出固定电源线的螺钉。	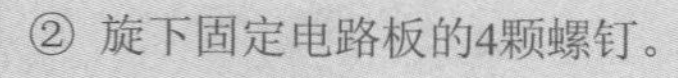② 旋下固定电路板的4颗螺钉。
	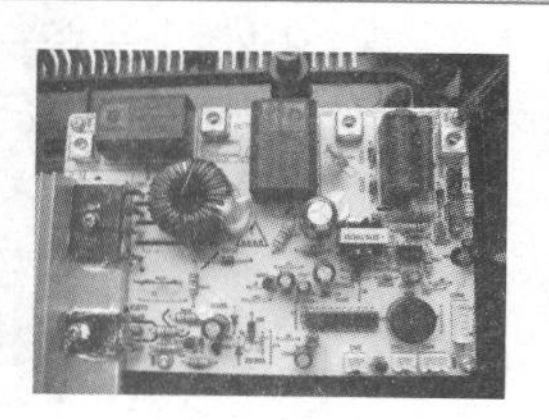

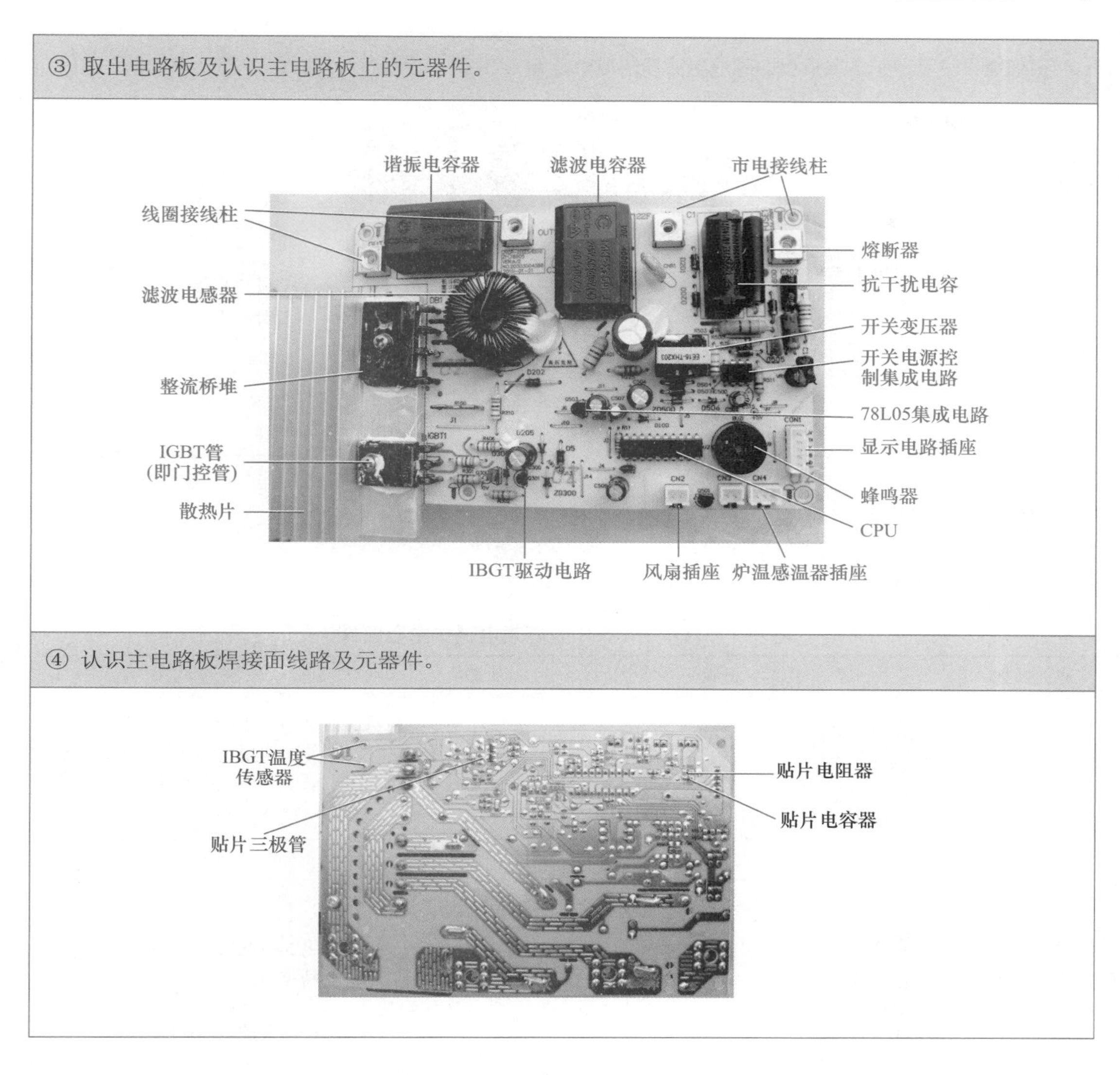

第五步　拆卸操作显示电路板。

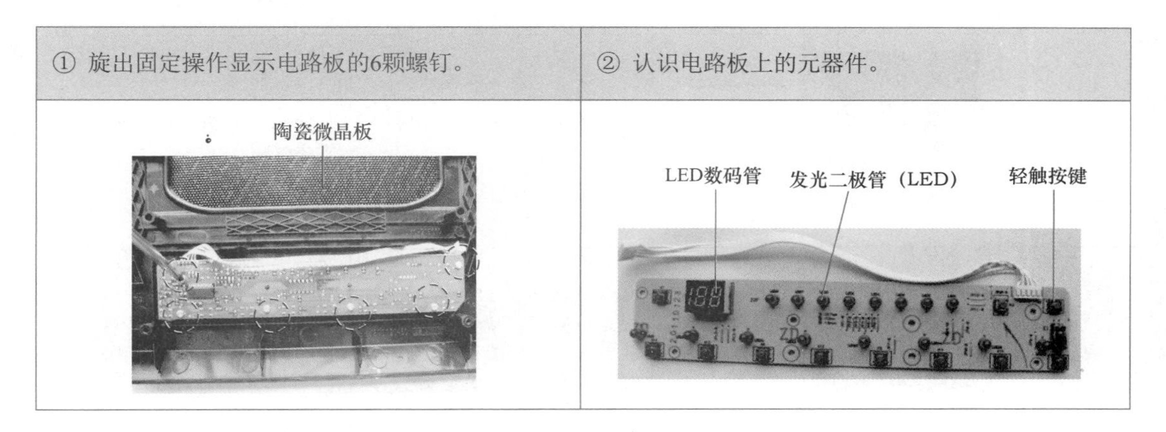

③ 认识操作显示印制电路板上的集成电路和部分贴片元器件。

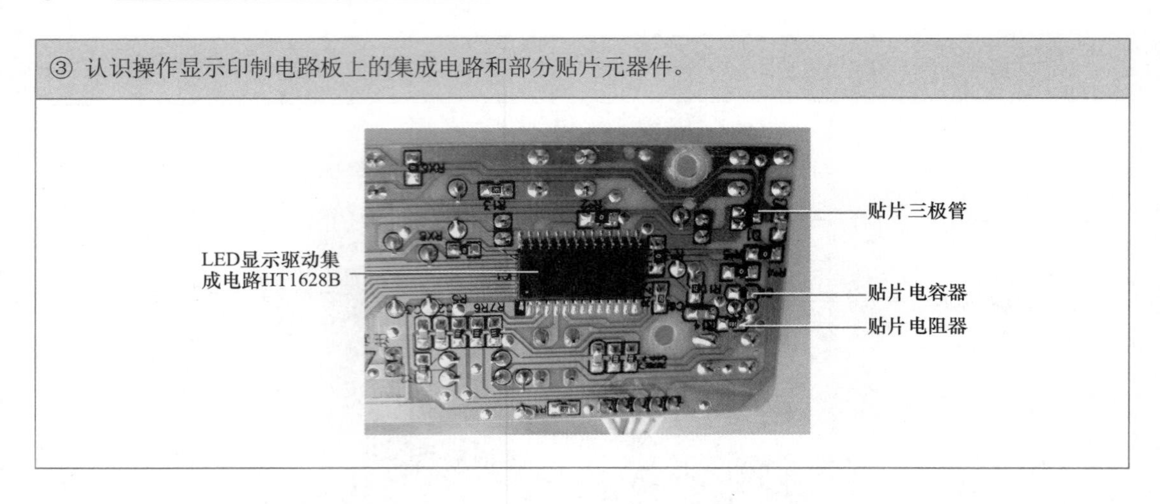

4 认识电脑高频型电磁炉的主要部件

JYC-21ES10型高频电磁炉主要部件见表11-1。

表11-1　JYC-21ES10型高频电磁炉主要部件

部件名称	实物外形	图形符号	参数	作用
电磁线圈		L	炉盘直径为180mm，多股漆包线绕24圈，是一个大电感线圈	是电磁炉唯一的功率输出元件，作用是将高频电流转换成高频磁场，再通过锅底将磁能转换成热能
门控管		C G IGBT E；C G E	型号为H20R1203，工作电流为20A，耐压1200V。内有二极管	将20～40kHz的高频电流进行功率放大，控制加热线圈工作。工作在高速开关状态，通过栅极控制其通断
整流桥堆		桥堆 − ～ ～ +	型号为D20XB 80，工作电流为20A，耐压800V	将220V交流电源转换为300V直流电源
抗干扰电容器		C	MKP-X2 3.3μF J 275VAC的含义是：MKP→金属化聚丙烯膜电容器；容量3.3μF，耐压交流电压275V，误差±5%	吸收来自电源的高频谐波，防止影响电磁炉的正常工作

续表

部件名称	实物外形	图形符号	参数	作用
滤波电感器		L	参数为400μH，为电感线圈	对整流后的300V左右的直流电压进行滤波
滤波电容器		C	MKP-X2 4μF J 275VAC的含义是：MKP→金属化聚丙烯膜；容量4μF，耐压直流电压275V，误差±5%	
谐振电容器		C	MKPH 0.3μF J 1200V DC的含义是：MKP→金属化聚丙烯膜；容量0.3μF，耐压直流电压1200V，误差±5%	与炉盘线圈一起组成LC谐振回路，实现加热
热敏电阻器		θ	电磁炉中一般有门控管温度检测传感器和灶台温度检测传感器,为NTC热敏电阻，一般在20℃时为100kΩ	检测门控管的工作温度、检灶台温度，当温度过高时，CPU发出停机指令，电磁炉停止工作，并报警和显示故障代码
蜂鸣器		B	有正、负之分，规格为5V，直径15mm	完成电磁炉工作状态、报警等方面的声音提示
风扇		M	规格为18V，DC，0.18A	将电磁炉工作时门控管、整流堆产生的热量及时排除，使电磁炉正常工作

5 组装电脑高频型电磁炉

排除电磁炉故障后，需按拆卸电磁炉相反步骤重新组装电磁炉，步骤如下。

第一步　将修复好的操作显示电路板用螺钉固定在上盖内相应位置。

第二步　安装并固定电风扇。

第三步　固定电磁炉主电路板，并将风扇连接线插在电路主板对应位置。

第四步　把炉面温度传感器安装在电磁线圈中央，涂上传热硅脂，再把连接线路插在主板对应位置。

第五步　固定电磁线圈在底座上，盖上上盖，并把操作显示电路板的连接线插在主板上。

第六步　螺钉固定上盖在底座上。

第七步　通电试机，观察电磁炉工作是否正常。

操作评价　电磁炉的拆卸与组装操作评价表

<table>
<tr><th>评分内容</th><th colspan="2">技术要求</th><th>配分</th><th colspan="2">评分细则</th><th>评分记录</th></tr>
<tr><td>认识外形</td><td colspan="2">能认识电磁炉外观部件的名称</td><td>10</td><td colspan="2">操作错误每次扣1分，扣完为止</td><td></td></tr>
<tr><td rowspan="2">拆卸电磁炉</td><td colspan="2">1．能正确顺利拆卸</td><td>20</td><td colspan="2">操作错误每次扣2分</td><td></td></tr>
<tr><td colspan="2">2．拆卸的配件完好无损，并做好记录</td><td>10</td><td colspan="2">配件损坏每处扣2分</td><td></td></tr>
<tr><td>认识部件</td><td colspan="2">能够认识电磁炉主要部件名称、作用</td><td>10</td><td colspan="2">操作错误每次扣1分</td><td></td></tr>
<tr><td rowspan="2">组装电磁炉</td><td colspan="2">1．能正确组装并还原整机</td><td>20</td><td colspan="2">操作错误每次扣2分</td><td></td></tr>
<tr><td colspan="2">2．螺钉装配正确，配件不错装、不遗漏配件</td><td>20</td><td colspan="2">错装、漏装每处扣2分</td><td></td></tr>
<tr><td>安全文明生产</td><td colspan="2">能按安全规程、规范要求操作</td><td>10</td><td colspan="2">不按安全规程操作酌情扣分，严重者终止操作</td><td></td></tr>
<tr><td>额定时间</td><td colspan="2">每超过5min扣5分</td><td></td><td colspan="2"></td><td></td></tr>
<tr><td>开始时间</td><td></td><td>结束时间</td><td></td><td>实际时间</td><td></td><td>成绩</td><td></td></tr>
<tr><td>综合评议意见</td><td colspan="7"></td></tr>
</table>

11.1.2 相关知识：电磁炉的类型、结构及其质量要求

1 电磁炉的类型

电磁炉是利用电磁感应原理，在铁锅中形成涡流加热食物的一种电热器具，主要由励磁线圈（感应线圈）、铁磁性锅底的灶具和电路控制系统构成，电磁炉类型如表11-2所示。目前广泛使用的是高频、电脑型、单头、台式电磁炉。

表11-2　电磁炉的类型

分法	类型	特点	应用
励磁线圈中工作频率	工频电磁炉	直接使用工频（50Hz）的交流电，通过有铁芯的励磁线圈建立交变磁场，对烹饪锅加热，电路简单可靠，但体积与重量大、震动大、效率低，家庭使用极少	较少
	高频电磁炉	高频电磁炉采用电子电路将工频交流电转换为直流电，再经控制电路变换为15kHz以上的高频交流电，经感应线圈建立交变磁场，实现对锅底加热，体积小、震动噪声小、效率高，但电路复杂	最广
控制方式	普通型	功率可调，有超温保护，但功能少	较少
	电脑型	功能多且智能，操作简单方便	最广
功率大小	家用型	电源电压220V 50Hz，功率一般在3kW以下，能煎、炒、炸、煮、蒸等烹饪	家庭
	商用型	多为380V电压，3～35kW为主，能煎、炒、炸、煮、蒸、炖、煲等烹饪	公用

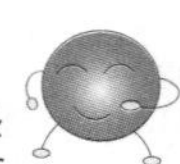

续表

分法	类型	特点	应用
工作灶头	单头炉	只有1个加热线圈，功率小	最广
	双头炉	有2个炉头，每个2100W，2个同时使用为4200W	较少
	多头炉	2个电磁炉炉头外加1个远红外炉头，少数厂家引进了国外技术在做	较少
	一电一气炉	电磁炉和煤气灶的产物，1个炉头可使用传统煤气，另1个炉头使用电磁炉，是近两年的新产品	较少
样式	台式	摆放方便，移动性强	最广
	嵌入式	安装在橱柜里，与橱柜同平面，使厨房美观	不多

2 电磁炉的结构

（1）工频电磁炉

工频电磁炉的结构如图 11-3 所示，由励磁线圈、励磁铁芯、灶台台面、烹饪容器和控制电路等构成。

（2）高频电磁炉

高频电磁炉一般为台式塑壳形式，其结构如图11-4所示，主要由上/下盖、灶台面板、炉盘线圈、主路板、操作显示电路板、供电电路板、检测控制电路板、门控管、散热器、散热风扇等构成。

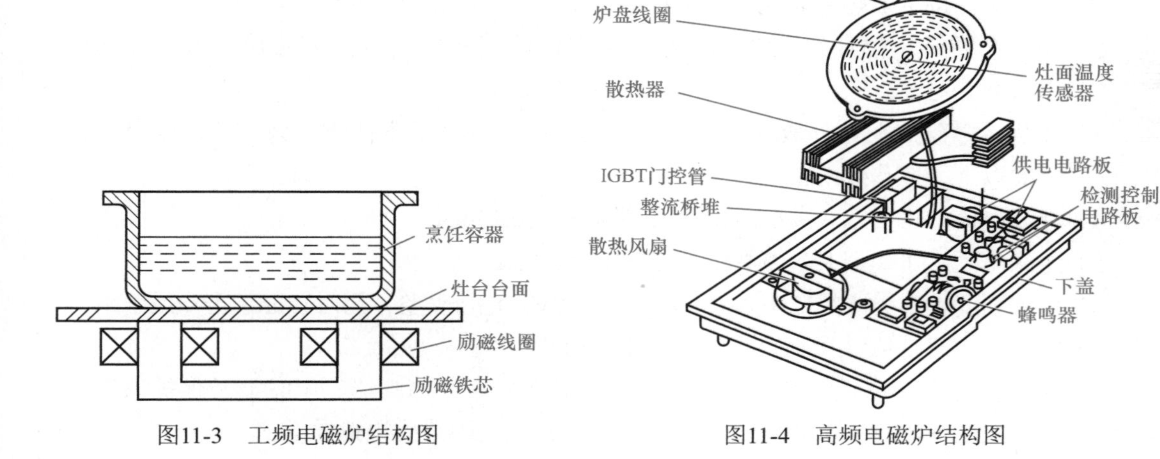

图11-3　工频电磁炉结构图

图11-4　高频电磁炉结构图

高频电磁炉主要部件及其特点如表11-3所示。

表11-3　高频电磁炉主要部件及其特点

部件名称	特点
灶台面板	其作用是支撑烹饪锅。采用4mm厚的结晶陶瓷玻璃（微晶玻璃），微晶玻璃绝缘性能好、机械硬度强、耐温耐腐蚀耐冲击，有良好的导热性能
炉盘线圈	通常为直径180mm的平板状碟形线圈，固定在塑料架上。线圈采用16～20股φ0.5mm的多股漆包线绕制而成，其功率大、电感大、电阻小。在其底部粘有4～6个铁氧体扁磁棒，以减小加热线圈产生的磁场对电路的影响
门控管	全称为绝缘栅双极晶体管（IGBT），是一种集 BJT 的大电流密度和 MOSFET 电压驱动场控型器件优点于一体的高压、高速、大功率半导体器件。目前有用不同材料及工艺制作的 IGBT，但它们均可被看成是一个 MOSFET 输入跟随一个双极性晶体管放大的复合结构。门控管有 3 个电极，分别为栅极（也称控制极，用 G 表示）、漏极（也称集电极，用 C 表示）、源极（也称发射极，用 E 表示）
供电电路板	220V市电经整流桥堆变换成300V的直流电压，为加热线圈和谐振电容器提供电源；同时经电压变换为低直流电压，为检测控制电路、CPU、操作显示电路等提供工作电压（5V、18V）
检测控制电路板	电磁炉是靠磁场的能量转换给灶具加热的，其工作状态必须由专门的器件进行检测，然后进行自动控制。炉盘和门控管集电极均设有温度检测，当其温度过高时，控制脉冲信号产生电路停止工作，进行自我保护
操作显示电路板	由操作按键、键控指令电路、CPU、输入 / 输出接口电路和显示电路等组成。它接收人工操作指令并送给 CPU，CPU 根据内部程序输出控制信号，通过接口电路分别控制脉冲信号产生电路，进行脉宽调制信号的设置（即功率设置）、风扇驱动等；同时，还驱动显示电路显示工作状态、定时时间及火力等
风扇散热组件	电磁炉内设有风扇及驱动电路，由CPU控制。开机后风扇立即旋转；当停机后，CPU使风扇电路再延迟工作一段时间，以保证良好的散热

3 电磁炉的质量要求

按《家用和类似用途电器的安全　第 1 部分：通用要求》（GB 4706.1—2005）和《家用和类似用途电器的安全　便携式电磁灶的特殊要求》（GB 4706.29—2008）的规定，主要技术要求如下。

1）标志。灶面板上应标有加热部位的位置标记或图案。具有一个以上的单独加热单元，应在每个加热单元或铭牌上标明各个单元的额定功率值。

2）功率允差。电磁灶输入功率，在正常工作温度和额定电压下的功率偏差应不超出-10%～5%。

3）发热。电磁灶在充分散热状态下，连续进行直到稳定条件建立为止，水温至少在95℃以上，工作90min。

4）泄漏电流。Ⅰ类器具≤0.75mA，Ⅱ类器具≤0.25mA。

5）绝缘电阻。Ⅰ类器具≥2MΩ，Ⅱ类器具≥7MΩ。

6）电气强度。Ⅰ类器具1250V，Ⅱ类器具3750V。电压试验，历时1min无击穿或闪络。

7）防水。电磁灶应经受规定方法的溢水试验。

8）非正常工作。电磁灶必须在任何控制装置（如程序控制器、定时器及保护系统元件）发生误动作或故障时，不发生火灾、机械危险或触电危险等。

9）电磁辐射。应满足国家对电磁辐射的最低要求，保证对人体无影响。

任务11.2 电磁炉的维修

任务目标

1．会检测电磁炉电路中的主要部件。

2．初步学会维修电磁炉的常见故障。

任务分析

学会检测电磁炉的主要部件，能判断部件的质量；会分析故障原因，初步排除电磁炉的常见故障。

11.2.1 实践操作：电磁炉主要部件检测与常见故障排除

微课

电磁炉的维修

1 检测电磁炉中的主要部件

（1）炉盘线圈

如图11-5所示，使用万用表200Ω挡，检测炉盘线圈的阻值应接近0；另外还需直观检查：无烧焦、无变色、无破损、不脱漆即为良好。损坏时只能整体更换。

（2）门控管（IGBT）

如图11-6所示，使用万用表的二极管挡分别测量G极与C极、G极与E极间正反向导通情况，正常时均为1；测量C极与E极的导通情况，带阻尼二极管的V_{EC}为0.354V，V_{CE}为1V。不带阻尼二极管的值均为1。当它损坏时，一般各脚间阻值为0，需更换同规格器件。

图11-5　检测炉盘线圈的阻值

图11-6　检测门控管C、E两极间的阻值

（3）整流桥堆

用万用表二极管挡，正反向分别测量两个~端均不通；+端与-端的正向测试为1，反向压降约为0.975V；+端与~端的正向电阻、~端与-端的正向电阻均为∞，反向压降约为0.438V，如图11-7所示。当它损坏时，一般各脚间均为0或不通，需整体更换。

（a）检测整流桥堆+端与-端的反向压降

（b）检测整流桥堆+端与～端的反向压降

图11-7　检测整流桥堆的质量

（4）抗干扰电容器、滤波电容器、谐振电容器

检测方法与一般电容器的检测方法相同，使用指针式万用表检测其漏电情况；使用数字万用表测量其电容量。图11-8所示为电容量检测方法，测量值需与额定容量相接近，否则需更换同规格的电容器。

（a）测量抗干扰电容器

（b）测量滤波电容器

（c）测量谐振电容器

图11-8　测量电容器的电容量

（5）散热风扇

可直接在风扇引线输入端加上9～18V直流电压，观察其运转情况，注意有正负之分。如图11-9所示，观察风扇是否转动、噪声大小、运转是否有摆动等。损坏后整体更换。

（6）熔断器

如图11-10所示，电磁炉中使用的熔断器规格一般为10A或15A，是易损元件，可使用万用表检测通断情况。

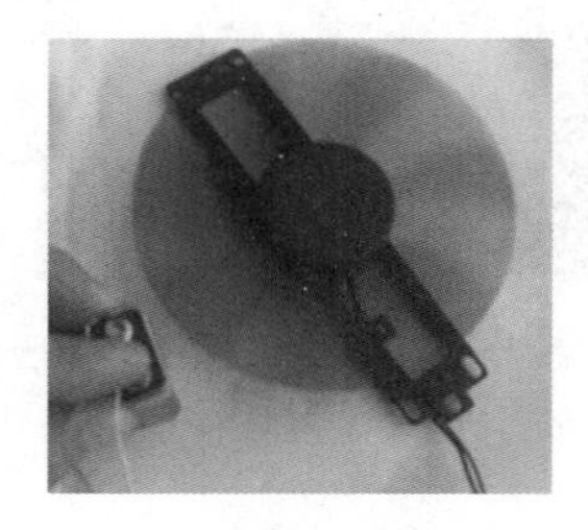

图11-9　给风扇通电会转动

图11-10　检测熔断器

（7）热敏电阻器

电磁炉中使用的两个温度检测传感器都为NTC热敏电阻器，检测方法就是使用万用

表的欧姆挡，检测常温下的阻值和加热状态下阻值的变化情况。检测方法如图11-11和图11-12所示。

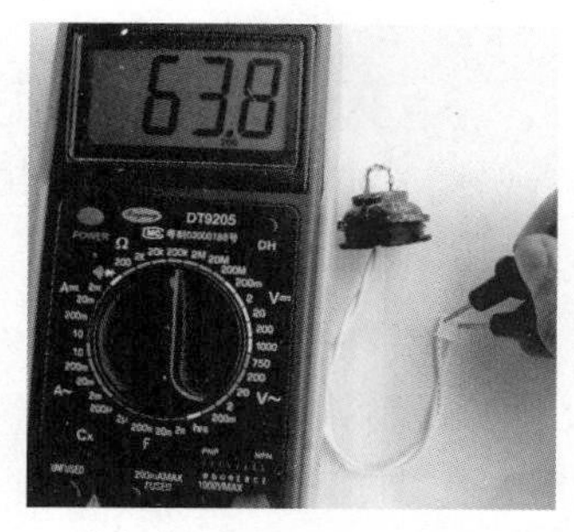

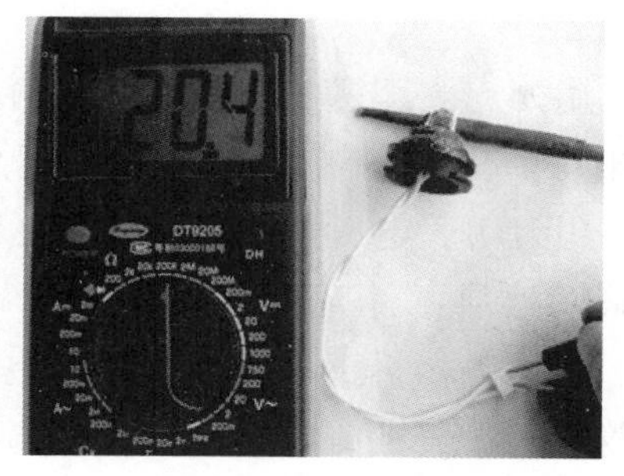

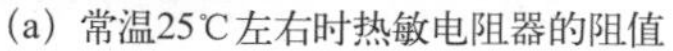

（a）常温25℃左右时热敏电阻器的阻值　　（b）电烙铁加热一会儿后的阻值

图11-11　灶台温度检测热敏电阻器的阻值变化

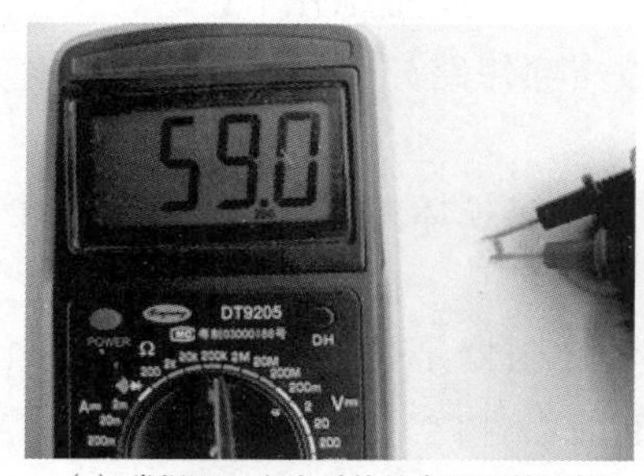

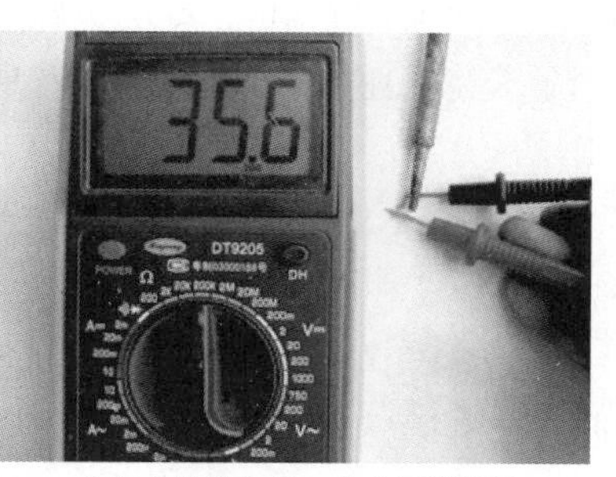

（a）常温25℃左右时热敏电阻器的阻值　　（b）电烙铁加热一会儿后的阻值

图11-12　门控管温度检测热敏电阻器的阻值变化

2 排除电脑高频型电磁炉的常见故障

电脑高频型电磁炉的电路比较复杂，因此排除部分故障有些难度。下面列举几种典型故障现象，通过分析排除故障，初步学会维修电磁炉。

典型故障一：通电开机没反应“全无”

故障现象　通电开机没反应“全无”。

故障分析　出现该故障所涉及的电路比较多，主要有电源电路、晶振电路、复位电路。

故障检修

第一步　检查熔断器的熔丝是否熔断。如果熔断器已烧断，先检查压敏电阻器、整流桥堆、IGBT管是否击穿。如果IGBT管损坏不要马上通电试机，应断开电磁线圈后再上电试机，整流桥堆输出电压应该是300V。

继续检测低压直流形成电路（一般为开关稳压电源）。检查其输入/输出端电压是否正常，重点是开关模块和限流电阻器。

第二步　检查CPU的晶振电路和复位电路。更换一支晶振试机，同时检查谐振电容器是否漏电。复位电路主要检查复位电容器是否漏电或失容，否则更换CPU。

典型故障二：蜂鸣器不响

故障现象　蜂鸣器不响。

故障分析　引起蜂鸣器不响的原因主要是蜂鸣器损坏或驱动电路不良。

故障检测

第一步　用万用表测量CPU的提示音输出引脚，会有5V的电压，按动显示板上的开关，如果有电压的变化，就表示CPU有信号驱动蜂鸣器，是蜂鸣器及驱动电路故障。

第二步　用万用表电压挡检测驱动三极管的集电极电压，应当有5V电压，否则是5V供电故障或蜂鸣器损坏。

第三步　将蜂鸣器拆下来，用万用表电阻挡检测时，蜂鸣器应当发声，否则已经损坏，也可以换上一个好的蜂鸣器开机，蜂鸣声正常，故障即可排除。

典型故障三：烧熔断器，烧 IGBT 管

故障现象　烧熔断器，烧IGBT管。

故障分析　熔断器的损坏主要是电流过大引起的，而IGBT管是其主要负载。IGBT管工作在大电流、高电压的状态下，很容易被击穿短路，引起熔断器熔丝熔断。

故障检测

第一步　检查IGBT、整流桥堆是否击穿，把已损坏的元器件拆下来，换上同型号的元器件。

第二步　检查IGBT管 G极的钳位二极管和电阻器是否损坏。测量这两个元器件时必须拆下来才能进行准确的测量，更换已损坏的元器件。

第三步　检查电路板上几个大功率的同步信号取样电阻，判断是否开路，如有电阻开路需更换。

第四步　检查谐振电容器的容量是否变小，该电容器的变值会引起逆程电压的升高，使IGBT管承受的电压升高，而引起击穿。必要时加以更换，注意必须采用MPK电容器。

第五步　不装电磁线圈，将一支100W的灯泡接到线圈的接线柱处代替线圈作为IGBT管的负载。通电后观察灯泡的明暗情况。如果灯泡不亮故障已排除（有些机器此时灯泡会断续点亮，并有报警声）；否则，继续排查故障，直到灯泡不亮为止。

第六步　检查驱动电路的对管是否损坏，以及LM339是否损坏，必要时可以更换。

典型故障四：工作一段时间后，停止发热

故障现象　工作一段时间后，停止发热。

故障分析　能工作说明整机电路基本正常，一段时间后停止加热，说明电路保护或不稳定。

故障检测

第一步　观察显示屏是否有故障代码显示，通过故障代码查出故障原因。

第二步　停机后，检查锅底温度和门控管温度，观察是否为温度过高引起的电路保护。

故障原因　可能是电源电压过高，此时会出现故障代码；可能是散热风扇不良或控制电路有故障或工作电流过大等。

操作评价　电磁炉的维修操作评价表

<table>
<tr><th>评分内容</th><th colspan="3">技术要求</th><th>配分</th><th colspan="2">评分细则</th><th>评分记录</th></tr>
<tr><td rowspan="2">检测电路中的主要部件</td><td colspan="3">1．能正确检测电源部分部件的好坏</td><td rowspan="2">40</td><td colspan="2">操作错误每次扣2分</td><td></td></tr>
<tr><td colspan="3">2．能正确检测功率转换部件的好坏</td><td colspan="2">操作错误每次扣2分</td><td></td></tr>
<tr><td rowspan="3">排除电磁炉的故障</td><td colspan="3">1．能够正确描述故障现象，分析故障，确定故障范围及可能原因</td><td>20</td><td colspan="2">不能，每项扣5分，扣完为止</td><td rowspan="3"></td></tr>
<tr><td colspan="3">2．能够正确拆装电磁炉</td><td>10</td><td colspan="2">操作错误每次扣2分</td></tr>
<tr><td colspan="3">3．能够根据原因确定故障点，并能排除故障点</td><td>10</td><td colspan="2">不能，扣10分；基本能，扣5～10分</td></tr>
<tr><td>电磁炉的安全使用</td><td colspan="3">安全检查，正确使用电磁炉</td><td>10</td><td colspan="2">操作错误每次扣5分</td><td></td></tr>
<tr><td>安全文明操作</td><td colspan="3">能按安全规程、规范要求操作</td><td>10</td><td colspan="2">不按安全规程操作酌情扣分，严重者终止操作</td><td></td></tr>
<tr><td>额定时间</td><td colspan="3">每超过5min扣5分</td><td></td><td colspan="2"></td><td></td></tr>
<tr><td>开始时间</td><td></td><td>结束时间</td><td></td><td>实际时间</td><td></td><td>成绩</td><td></td></tr>
<tr><td>综合评议意见</td><td colspan="7"></td></tr>
</table>

11.2.2 相关知识：电磁炉的工作原理与维护

1 高频电磁炉的基本工作原理

高频电磁炉的工作原理如图11-13所示，220V市电经整流桥堆变换成300V的直流电压，再由电感、电容组成的滤波器滤波后，通过门控管的控制使加热线圈和谐振电容产生高频谐振（20～40kHz），当控制门控管输入电压的频率和谐振频率相同时，整个电路就形成了振荡，加热线圈内就形成了高频振荡电流，所产生的磁力线就是高频磁力线。如图11-14所示，这些磁力线穿过炉面板上的铁磁性锅或磁感应材料锅底，就会产生很大的涡流，涡流克服锅体内阻力而作功→电磁能将转换为热能，实现对食品的加热。

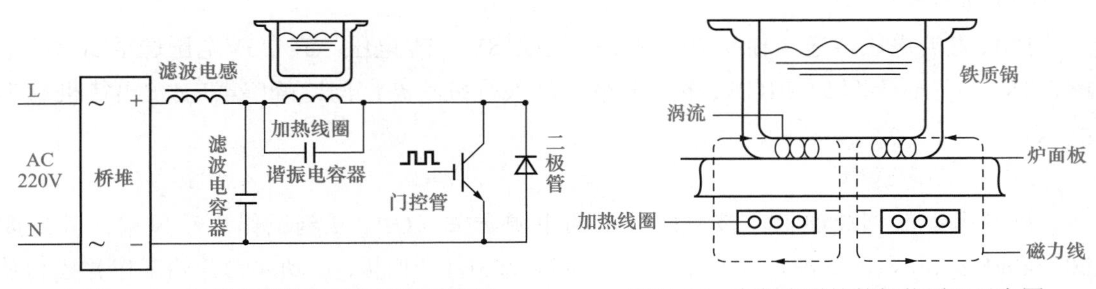

图11-13　高频电磁炉的工作原理示意图

图11-14　高频电磁炉的加热原理示意图

2 电脑型电磁炉电路的工作原理

电脑型电磁炉的电路比较复杂，主要使用了单片机技术实现智能控制。电路主要有 300VAC-DC 变换电路（主电源电路）、主回路（LC 谐振回路）、IGBT 功率控制电路、低压形成电路（辅助电源电路）、CPU 系统控制电路、功率控制驱动电路、同步控制与振荡电路、各种保护电路、检测电路、操作显示电路等。电脑型电磁炉典型电路组成框图如图 11-15 所示。

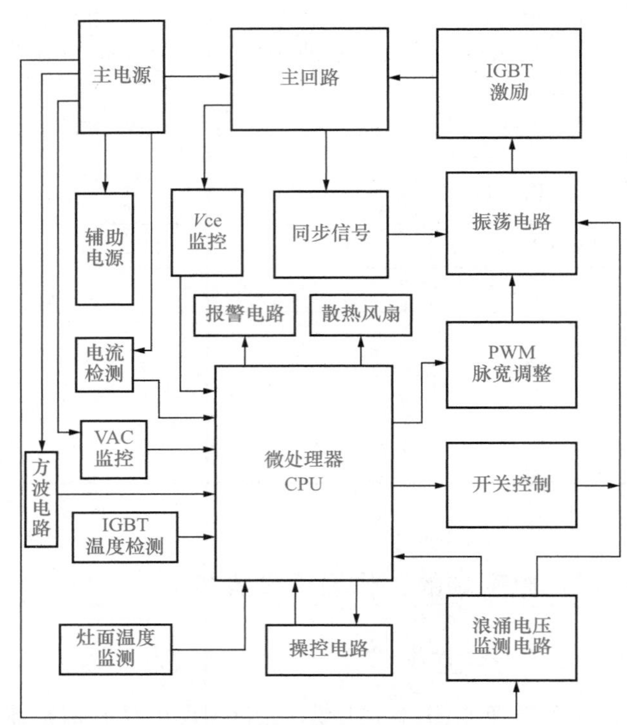

图11-15　电脑型电磁炉典型电路组成框图

电脑型电磁炉典型电路简图如图11-16所示。

电磁炉电路的工作原理如下。

（1）主电源电路

插上电源后，市电整流为300V的直流电，加至IGBT功率管的集电极。

（2）辅助电源电路

300V直流电压经送至辅助电源输出端生成18V、5V电压，其中5V电压送至CPU等电路，18V电压送至风扇和IGBT激励电路，进入待机状态，同时蜂鸣器BZ发出待机蜂鸣提示音。

（3）启动电磁炉

将专用锅放到灶面上，按动面板上的电源开关，CPU立刻工作启动风扇，并形成20～40kHz激励振荡脉冲，经驱动电路至功率管IGBT的栅极G，功率管开始工作并控制励磁线圈中的脉冲电流，功率管C极形成约700～1200V高压，励磁线圈中的高频励磁电流产

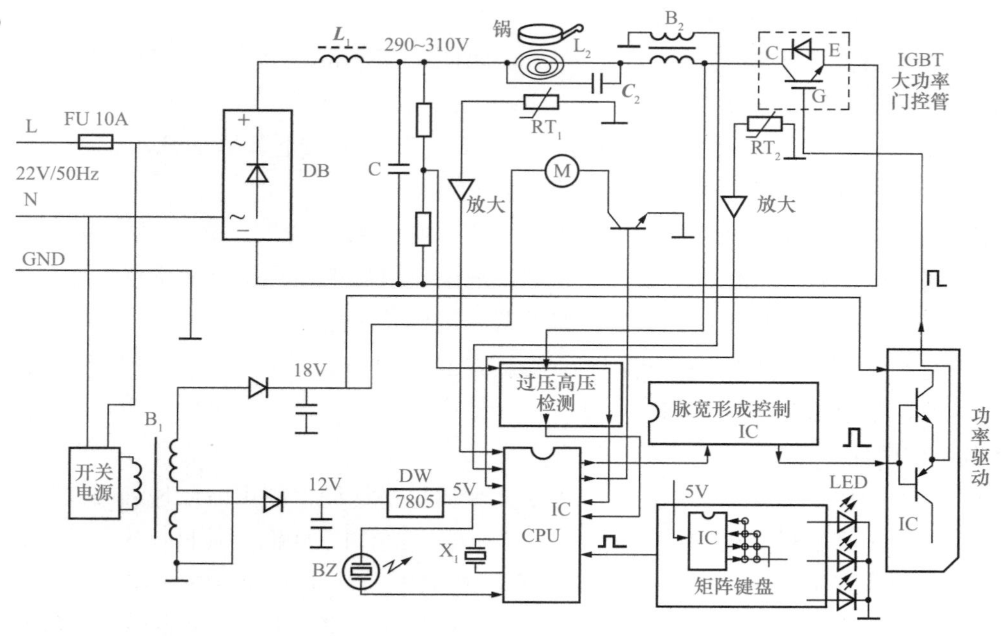

图11-16　电脑型电磁炉典型电路简图

生高频磁场，在锅底上立刻形成强大的涡流，在电流的热效应作用下，锅底很快发热完成烹饪过程。

（4）火力调节

通过矩阵键盘电路控制CPU，CPU输出相应的比较调制脉冲，改变励磁线圈工作电流大小而实现控制锅底涡流大小，改变烹饪温度火力。

（5）空载保护

当电磁炉启动后而灶面没有锅底放置时，功率管IGBT的工作电流极小，检测保护脉冲送至CPU并立刻停止基准时钟输出，功率门控管停止工作保护。

（6）锅底超温保护

当锅出现干烧时，锅底温度传给励磁线圈盘芯中央处的热敏电阻器引起电压降低，经CPU输出关机保护指令，脉宽调制、功率驱动及IGBT管停止工作。

（7）IGBT 管温度保护

当功率管IGBT散热片温度升高时，其热敏电阻器的阻值变小，信号放大后送至CPU。CPU输出脉冲信号去改变驱动脉宽与频率，使IGBT管的平均导通电流减小，降低温升。当IGBT管散热片温度超过警戒值时，CPU输出关机指令进行自动关机与保护。

3　电磁炉的维护

（1）选购要点

1）规格选择。电磁炉的规格按额定功率表示，可按人数来确定。

2）品牌选择。要选择通过国际ISO 9001质量保证体系认证和中国、美国、英国等国

家的产品质量认证的企业产品。

3）外观检查。电磁炉的外表，特别是灶面，应光洁，无任何机械损伤；标志清晰；塑料件无起泡、开裂、凹缩等缺陷；电源线和电源插头应完好无损。

4）安装可靠性。用双手捧起电磁炉，前后、左右、上下各摇动几次，凭手感和听觉来检查灶内紧固件有无松动或脱落。

5）试通电。在灶面板上放一个盛有水的锅具，接通电源，分别将功率调至微、弱、中、强等各挡位，发光二极管应清晰、准确地显示在相应位置。然后不放锅或放上导磁小物体，通电后报警装置应准确发声报警。

6）售后服务。选购好的电磁炉，包装完好，合格证、说明书、保修卡等完整无缺，维修服务单位名称、电话、地址齐全。

（2）使用注意事项

1）正确配用锅具。电磁炉的加热方法与普通电炉不同，使用前应仔细阅读使用说明书。正确配用直径12～26cm、能与灶面板贴合的平底锅，其材料应为铁、铸铁、搪瓷、导磁性不锈钢。锅的形状和材料对能否产生热量及热效率的高低关系极大。非导磁体（如陶瓷、玻璃、铜或非导磁不锈钢等）材料制成的锅都不能使用。

2）正确操作。在接通电源前要先确认功率调节开关处在“关”的位置，然后才能插上电源。把合适的锅具放到加热范围圈内，若偏离中心，热效率将降低。锅内一定要有水。电磁炉用毕，要将功率调节开关置于“关”的位置，同时拔下电源插头，以防发生事故。

3）散热防潮。电磁炉工作时应注意散热通风和防潮防尘。距离墙壁或其他物体至少10cm。不要靠近暖气、水龙头等易受热、受潮或灰尘过多，易受振动、冲击的地方。

4）防止锅内空烧。加热空锅会使温度过高而烧坏锅具、灶面板，甚至产生其他故障。

5）防灶面板开裂。要防止重物掉落在灶面板上或用力敲击灶面导致的灶面板开裂。

6）防烫伤。当被加热的锅体移开后，灶面板尚留有余热，勿立即触摸，以防烫伤。

7）防磁。电磁灶不用时，也不要将手表、磁带等易受磁场影响的物品放在灶面板上。

（3）维护须知

1）先断电后维护清洁。清洁灶面时要先拔去电源插头，然后用湿抹布揩擦，切忌用水直接冲洗，以防受潮而损坏内部机件。

2）忌用洗涤剂。清除污垢时，切忌使用强洗涤剂、汽油、香蕉水及金属刷等。

3）清除尘埃。及时清除进、排气口的灰尘，可用软刷或布揩擦，保持空气畅通无阻。

4）不要自行拆卸。若发现电磁炉有故障，应送特约修理部检修，切勿自行拆卸，以免产生新的故障而增加修理难度。

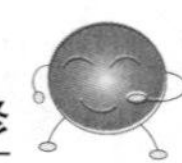

知识拓展：电磁炉的故障代码

故障代码可让使用者初步明确电磁炉的故障原因并及时维护，减小电磁炉的损坏概率。不同品牌的电磁炉故障代码不同，一般在购买产品时，使用说明书上会明确。这里只列举九阳电磁炉的故障代码，其他企业的可上网查找。九阳电磁炉的故障代码如表11-4所示。

表11-4　九阳电磁炉的故障代码

故障代码	故障可能原因
E0	内部电路故障
E1	无锅或锅具（材质、大小、形状、位置）不合适
E2	机器内部散热不畅或机内温度传感器故障
E3	电网电压过高
E4	电网电压过低
E5	陶瓷板温度传感器断裂、开路
E6	锅具发生干烧、锅具温度过高
E8	机器内部潮湿或有异物造成按键闭合

思考与练习

1．你家里的电磁炉是什么品牌的？哪种类型？你使用了电磁炉的哪些功能？有生产标准吗？

2．请大家讨论电磁炉加热食物的原理是什么？

3．请大家思考一下，电磁炉中易损的元器件是哪些？分别会出现什么故障现象？

4．电磁炉能不能使用铝锅，为什么？

5．如何检测门控管H20R1202？

项目12
抽油烟机的拆装与维修

学习目标

知识目标☞

1. 了解抽油烟机的类型、结构。
2. 理解抽油烟机的电路工作原理。
3. 了解抽油烟机油烟分离的基本原理。
4. 掌握抽油烟机的技术标准。
5. 了解抽油烟机的选购、使用与维护。

技能目标☞

1. 会拆卸与组装抽油烟机。
2. 能认识抽油烟机的主要部件。
3. 会检测抽油烟机的相关部件。
4. 能排除抽油烟机的典型故障。

抽油烟机又称吸油烟机，是一种净化厨房环境的电动器具。它能迅速有效地排除厨房因炉灶燃烧的废物和烹饪过程中产生的有害气体和油烟，保持厨房的清洁卫生和空气清新。

中国第一台抽油烟机是我国商务部在德国慕尼黑商品博览会上引进由帅康生产，但当时没有结合中国人自己的烹饪方式，未能普及。因为外国家庭烹饪主要强调保持蔬菜的营养和原汁原味，基本采用蒸煮煎炸的烹饪方式，不会产生多大的油烟，而中国人强调的猛火爆炒会产生大量的油烟。从1984年开始，中国一些厂家才开始制造符合中国国情的抽油烟机，但短短的20多年，中国的抽油烟机就历经了3代以上的变革，企业从几家发展到几百家，总计年产量从一万多台发展到几千万台，品种、花色、样式可谓是多种多样。

任务12.1 抽油烟机的拆卸与组装

任务目标

1．会拆卸与组装抽油烟机。

2．能认识抽油烟机的主要部件。

任务分析

拆卸与组装抽油烟机的工作流程如下。

确定抽油烟机的类型 ⇨ 认识抽油烟机的外形 ⇨ 拆卸与认识抽油烟机 ⇨ 认识抽油烟机的主要部件 ⇨ 组装抽油烟机

12.1.1 实践操作：拆卸与组装抽油烟机

微课 拆卸与组装抽油烟机

1 确定抽油烟机的类型和认识抽油烟机的外形

抽油烟机的类型有中式抽油烟机、欧式抽油烟机、侧吸式抽油烟机、智能抽油烟机等，如图12-1所示。抽油烟机虽类型各异，但都主要由风机系统、滤油装置、控制系统、外壳、照明灯、排气管等几部分组成。

（a）中式抽油烟机

（b）欧式抽油烟机（翼型）

（c）欧式抽油烟机

（d）侧吸式抽油烟机

（e）智能抽油烟机

（f）下吸式抽油烟机（集成灶）

（g）嵌入式抽油烟机

图12-1 常见的抽油烟机

图12-2所示为CXW-198-B7型机械控制的中式抽油烟机；图12-3所示为CXW-230-EU88型电脑控制的欧式抽油烟机。从外形来看，抽油烟机有排烟口、止回阀、机壳、控制按键、照明灯、集烟罩、电源线、油网、进烟口、集油杯等部件。

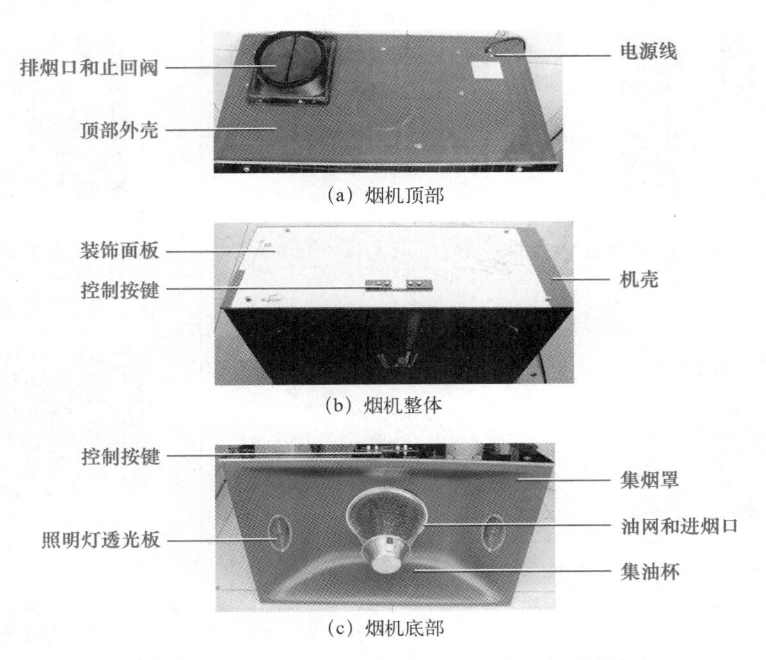

图12-2　CXW-198-B7型机械控制的中式抽油烟机

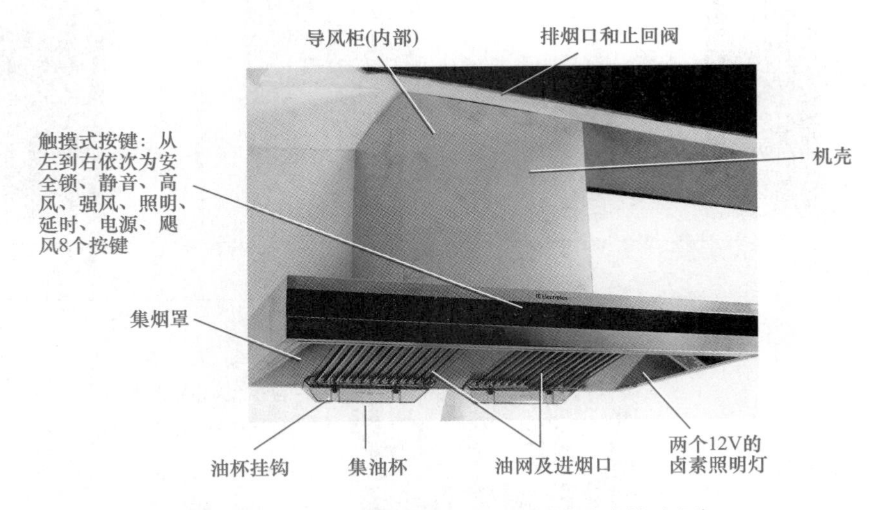

图12-3　CXW-230-EU88型电脑控制的欧式抽油烟机

2 拆卸与认识抽油烟机

（1）CXW-198-B7 中式抽油烟机的拆卸与认识

CXW-198-B7中式抽油烟机的拆卸比较简单，下面分解其拆卸步骤。

第一步　拆卸抽油烟机外壳附件。

① 先用手旋出集油杯。	② 再用合适的螺钉旋具旋出固定油网的螺钉。	③ 取下油网。

④ 用螺钉旋具旋出固定透光板的螺钉。	⑤ 取下两个透光板，可观察到风叶和灯泡。	⑥ 在抽油烟机顶部用螺钉旋具旋出固定止回阀的4颗螺钉，取下止回阀。
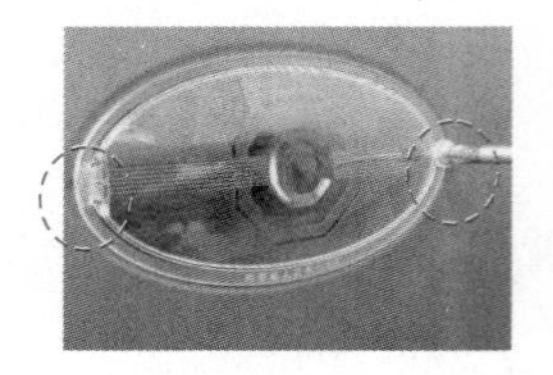	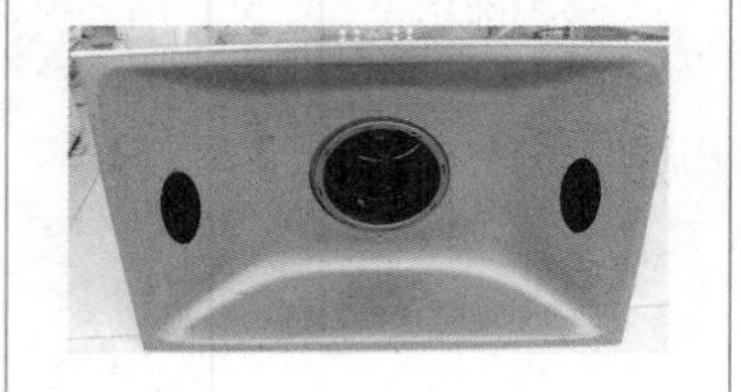	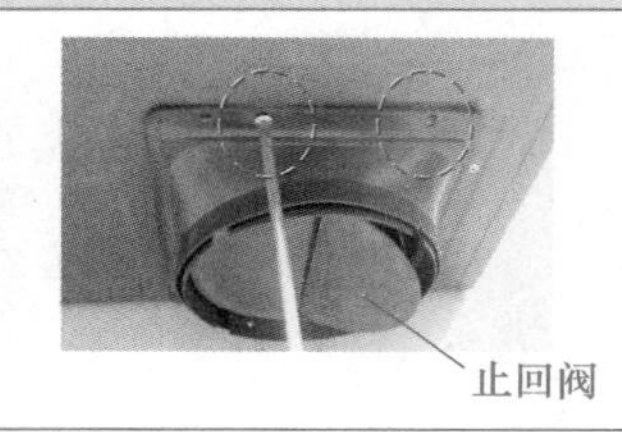

第二步　拆卸抽油烟机集烟罩。

① 将抽油烟机侧立，可见在靠墙的一面有固定集烟罩的4颗螺钉。	② 用螺钉旋具旋出螺钉。	③ 撬开集烟罩并取出。
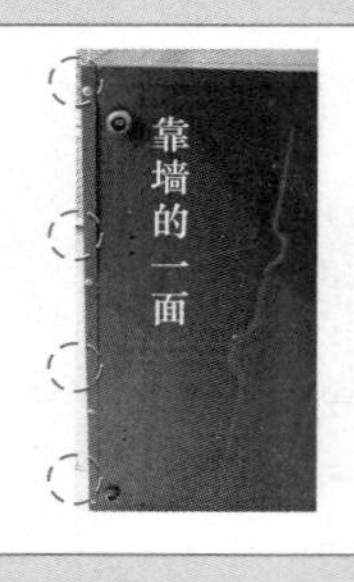		

④ 观察到内部结构。

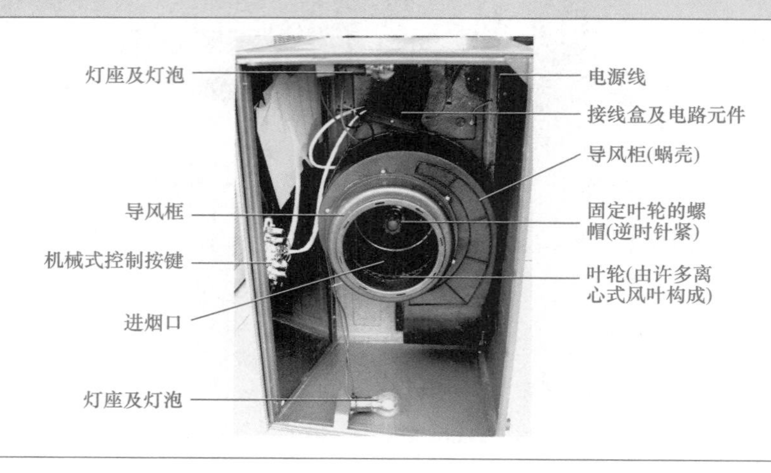

第三步 拆卸灯泡、控制按键、导风框和叶轮，可见叶轮是由许多具有一定角度的离心式风叶构成的。

① 取下灯泡。	② 旋出固定控制按键的螺钉。	③ 取下控制按键。
④ 旋出固定导风框螺钉。	⑤ 顺时针旋出固定叶轮的螺帽。	⑥ 取出叶轮。
导风框		叶轮

第四步 取出接线盒盖和电动机。

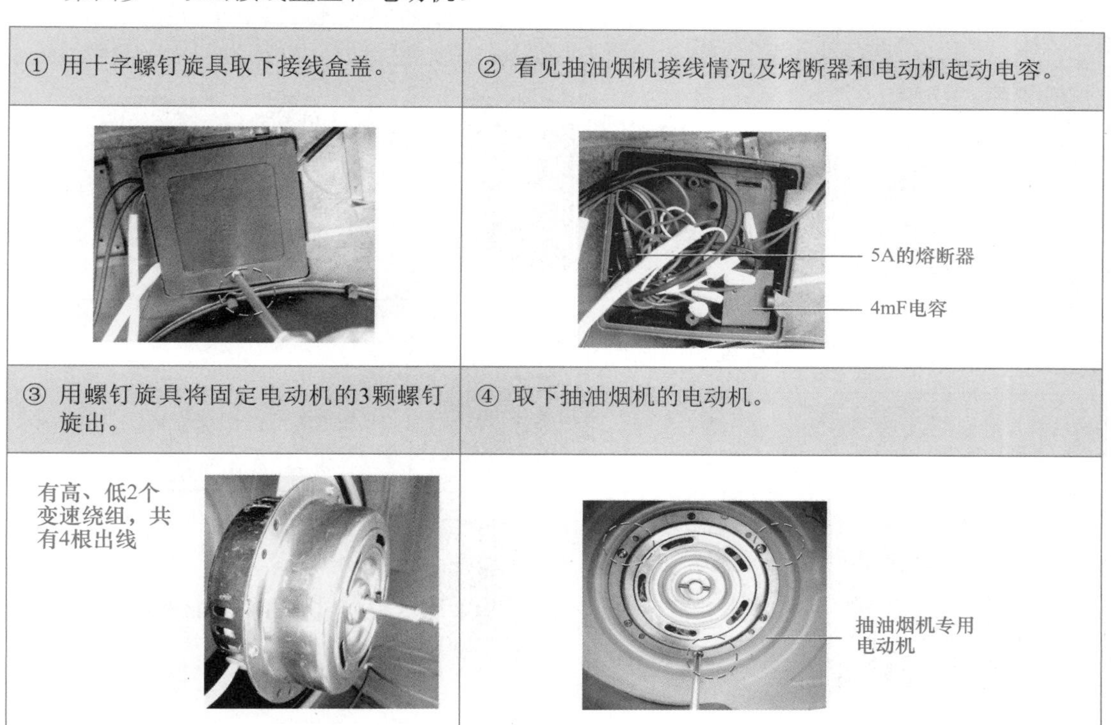

① 用十字螺钉旋具取下接线盒盖。	② 看见抽油烟机接线情况及熔断器和电动机起动电容。
	5A的熔断器 4mF电容
③ 用螺钉旋具将固定电动机的3颗螺钉旋出。	④ 取下抽油烟机的电动机。
有高、低2个变速绕组，共有4根出线	抽油烟机专用电动机

（2）CXW-230-EU88 欧式抽油烟机的拆卸

CXW-230-EU88欧式抽油烟机的拆卸也不难，下面分解其拆卸步骤。

第一步　取下油杯和油网。

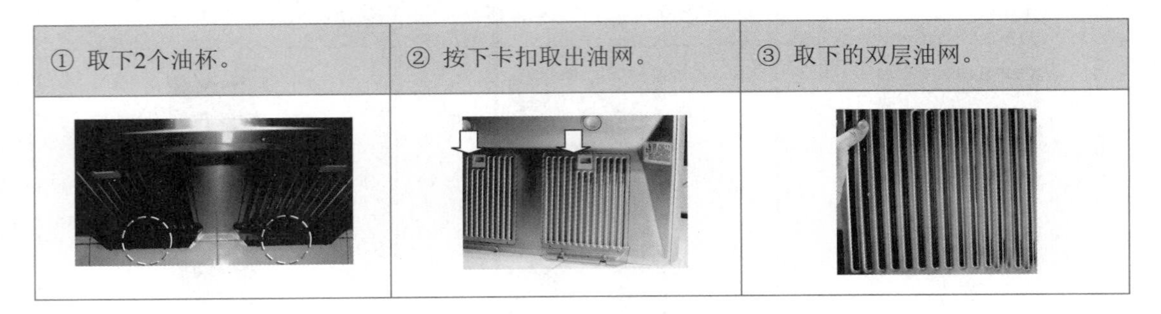

① 取下2个油杯。	② 按下卡扣取出油网。	③ 取下的双层油网。

第二步　拆卸烟道和叶轮的后盖。

① 从墙上取下抽油烟机。	② 将抽油烟机放在操作台上观察结构。	③ 认识2个挂钩。
④ 旋出固定叶轮后盖螺钉。	⑤ 取下后盖，可见叶轮。	⑥ 旋下固定烟道后盖螺钉。

第三步　拆卸叶轮、电动机和印制电路板。

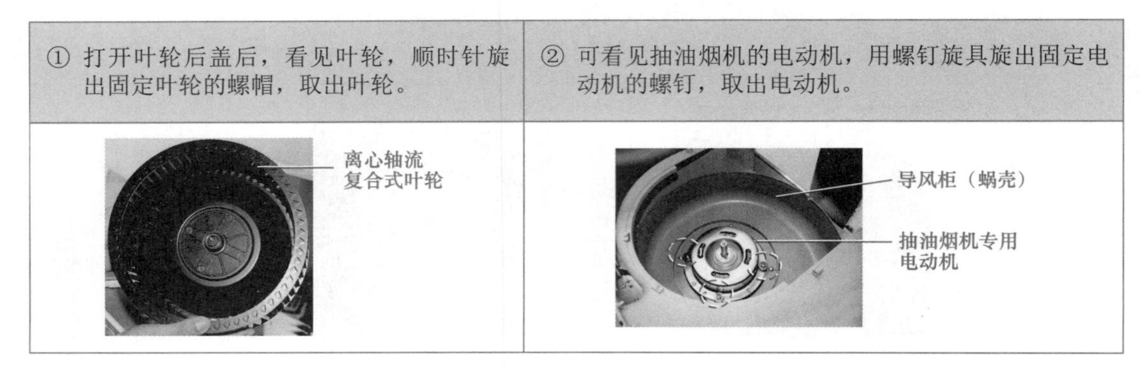

① 打开叶轮后盖后，看见叶轮，顺时针旋出固定叶轮的螺帽，取出叶轮。	② 可看见抽油烟机的电动机，用螺钉旋具旋出固定电动机的螺钉，取出电动机。

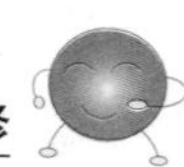

③ 在抽油烟机的顶部可看见一方盒，打开其盖子，就能看见抽油烟机的控制电路及元器件都在这里，电源的进线也是从这里进来的，通过一根排线与抽油烟机面板的触摸控制键相连。	④ 抽油烟机印制电路板背面。
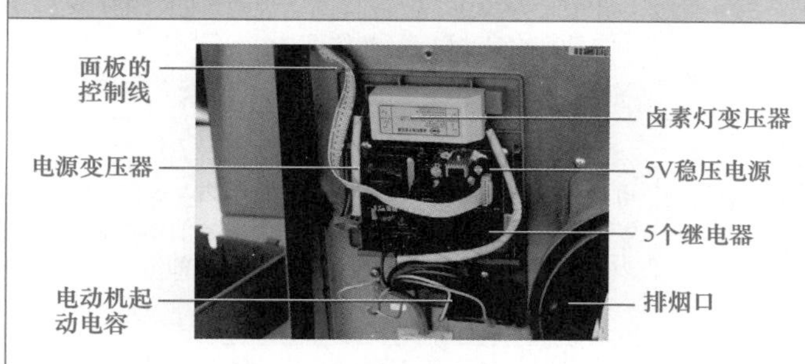	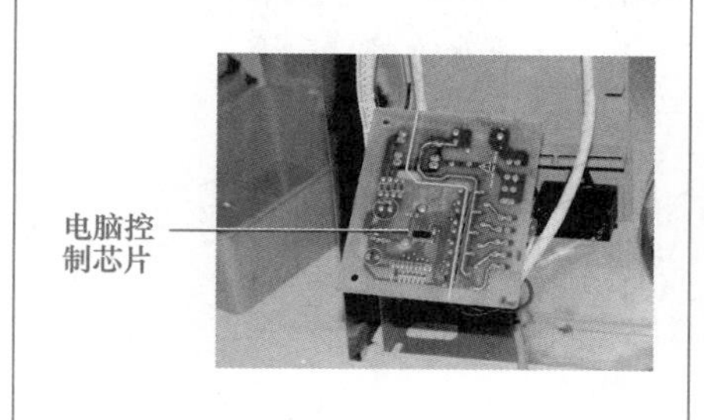

第四步　检查排烟口的止回阀性能。观察排烟口的止回阀，检查其开闭性能。

① 排烟口关闭（止回阀关闭）。　② 排烟口打开（止回阀开启）。

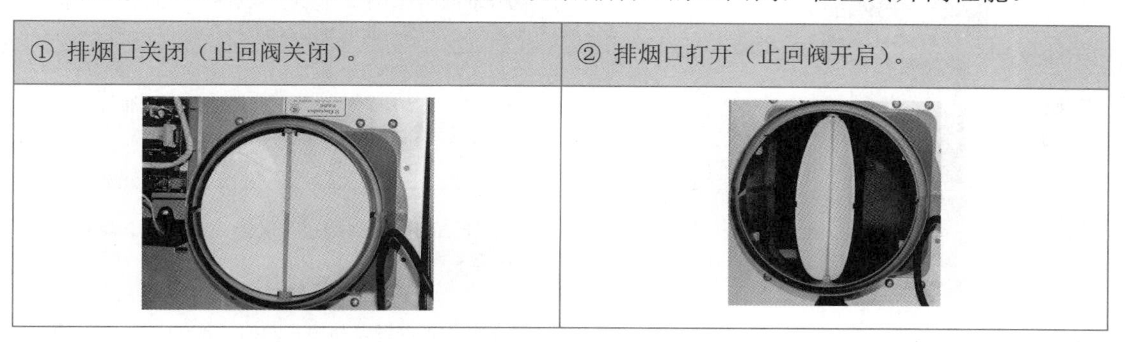

CXW-230-EU88欧式抽油烟机属于电脑控制方式，有8个触摸式印制按键、1块印制电路板（有电源降压变压器、整流滤波电路、5V稳压电路、电脑芯片、5个继电器等）、1个起动电容、1个电动机、1个卤素变压器和2个12V的卤素灯泡。

3 认识抽油烟机的主要部件

CXW-198-B7中式抽油烟机主要部件的外形、图形符号、特点及主要作用等如表12-1所示。

表12-1　中式抽油烟机主要部件的外形、图形符号、特点及主要作用

部件名称	基本外形	图形符号	特点及主要作用
灯泡		HL	采用2个220V25W的灯泡，用于照明
机械按键		SB4 SB3 SB2 SB1 （SB1是单刀双掷开关）	4个开关型号均为SW-3，规格为4A/250V。完成总电源控制、照明控制、电动机开停控制和叶轮高速与低速控制
熔断器		FU	采用5A/250V的熔断丝，外有保险盒。对电路的短路起保护作用

续表

部件名称	基本外形	图形符号	特点及主要作用
电容器		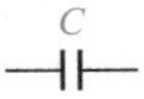 C	采用型号为CBB61无极性电容，规格为4μF/450V AC。对电动机的启动和运行起作用
电动机		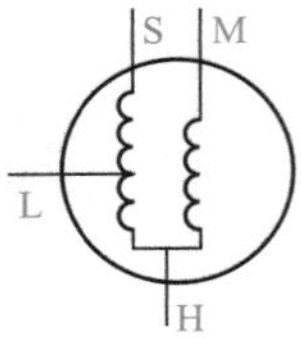 S M L H	电动机型号为YCY160C-4，规格为220V 50Hz 160W 0.72A 4P B级，属电容运转式，为抽油烟机提供动力，带动叶轮高速或低速运转，实现吸油烟
叶轮			由许多有一定角度的风叶构成，风叶都采用离心轴流复合式，由铝质或合金材料制成，中间铆合一个轴孔为8mm的铝质轴套，也称“双层母子风叶式”，属机械结构。能吸入油烟并进行油气分离
导风柜（蜗壳）			利用空气动力原理，吸入上升的油烟，经油气分离，从下往上的排出到室外。属机械结构
油网	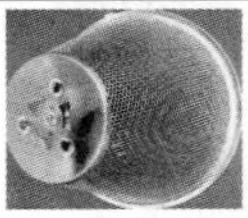		既能让油烟吸入到烟道，又能吸附油珠。属机械结构，金属网状
集油杯			收集叶轮和油网分离出来的油。属机械结构，有油量指示
排烟止回阀			只能让室内烟向外排，而室外的气体不能向室内排。属机械结构

4 组装抽油烟机

CXW-198-B7中式抽油烟机组装过程与拆卸过程相反，从里往外进行安装和紧固，其具体步骤如下。

第一步　组装电动机、叶轮和导风框。

① 整理电动机线路，放置电动机在对应位置并紧固。	② 在电动机转轴上安装叶轮，并用螺帽逆时针紧固。	③ 密封安装导风框，并用6颗螺钉紧固在风道入口。
	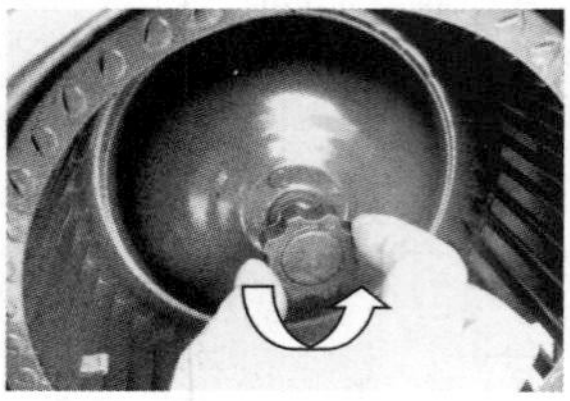	

第二步　安装控制按键和接线盒盖。

① 在前面板上安装控制按键。	② 用螺钉紧固控制按键。	③ 整理并绑扎线路接头，放于接线盒中，盖上盖子并用螺钉紧固。

第三步　安装灯泡并盖上集烟罩，螺钉紧固集烟罩。安装上两个灯泡，再安装集烟罩，并用4颗螺钉紧固集烟罩。

第四步　安装透光板后再安装油网、油杯以及止回阀。在集烟罩上对应位置把照明灯的透光板安装并紧固；最后把油网、油杯、排烟口的止回阀安装在相应位置。

第五步　检查安装情况及通电前检测。检查整机组装情况：按下电源按键后按下灯泡按键，在插头处检测灯泡线路是否正常；再按下电动机控制按键，在插头处检测电动机绕组情况，同时按下或弹起风速按键。

操作评价　抽油烟机的拆卸与组装操作评价表

评分内容	技术要求	配分	评分细则	评分记录
认识外形	能正确描述抽油烟机外观部件的名称	10	操作错误每次扣1分，扣完为止	
拆卸抽油烟机	1．能正确顺利拆卸	20	操作错误每次扣2分	
	2．拆卸的配件完好无损，并做好记录	10	配件损坏每处扣2分	
认识部件	能够认识抽油烟机组成部件的名称	10	操作错误每次扣1分	
组装抽油烟机	1．能正确组装并还原整机	20	操作错误每次扣2分	
	2．螺钉装配正确，配件不错装、不遗漏配件	20	错装、漏装每处扣2分	
安全文明操作	能按安全规程、规范要求操作	10	不按安全规程操作酌情扣分，严重者终止操作	
额定时间	每超过5min扣5分			
开始时间	结束时间	实际时间	成绩	
综合评议意见				

12.1.2　相关知识：抽油烟机的类型、结构及其油烟分离原理

1　抽油烟机的类型与结构

（1）抽油烟机的类型

抽烟烟机是专供厨房使用的电动器具，按不同的分类方法有不同的类型，常见的类型如表12-2所示。

表12-2　抽油烟机的类型

分类	类型	特点
拆洗方式	免拆洗	免拆洗是第一代抽油烟机，在进风口上加过滤油网，能起到一定的滤油作用，但长时间不清洗，会导致吸力下降，易损坏电动机，并造成细菌滋生，免拆洗并不等于永久不拆洗
	易拆洗	易拆洗是第二代抽油烟机，易拆洗抽油烟机的油网拆卸方便，但需要自己经常亲自动手为其“服务”
	自动清洗	自动清洗是第三代抽油烟机，自动清洗抽油烟机增加了清洗泵、清洗水壶、控制电路、导液管等装置，能随着风机的旋转和清洗液的喷射，自动清洗抽油烟机
控制方式	机械控制	抽油烟机的照明、电动机起停控制采用机械式按键或琴键开关，必须通过人工操作来控制；电路简单、成本低，但易接触不良，易损坏
	电子控制	采用了气敏传感器，空气中的油烟或煤气浓度达到一定值时，抽油烟机可自动启动并及时排出这些气体。可实现吸油烟自动化控制
	电脑控制	采用专用的抽油烟机电脑芯片，能实现触摸按键（或轻触按键）控制、与灶联体、液晶屏显示工作状态、延时控制等，操作轻松方便，智能化控制。目前抽油烟机多数为电脑控制方式
吸油烟方式	顶吸式	抽油烟机安装在灶台上方，通过上面的风机把油烟抽走，但炒菜时会带来碰头、滴油等诸多不便。可以说传统的顶吸式抽油烟机已不适于中国的国情，正逐步被抽油烟效果更好的侧吸式和下吸式抽油烟机所替代
	侧吸式	侧吸式（也叫近吸式）抽油烟机改变了传统抽油烟机设计和抽油烟方式，烹饪时从侧面将产生的油烟吸走，基本达到了清除油烟的效果，而侧吸式抽油烟机中的专利产品——油烟分离板，彻底解决了中式烹调猛火炒菜油烟难清除的难题。这种抽油烟机由于采用了侧面进风及油烟分离的技术，使得油烟吸净率高达99%，油烟净化率高达90%左右，成为真正符合中国家庭烹饪习惯的抽油烟机。不足之处是噪声较大
	下吸式	油烟从灶的下面排走，集成灶一般采用这种方式。这种抽油烟机取消了传统的抽油烟机机箱，灶台上方宽敞。目前这种下吸式抽油烟机吸油烟效果很好
集烟罩深浅不同	浅形罩	其集烟罩很浅，体积小，外形流畅，价格比较便宜，但集烟罩太浅，抽油烟的效果很差，已淘汰
	深形罩	深罩型包括深型或柜型，这两种形式的抽油烟机设置了较深（容积较大）的集烟罩，风机高速运转时，集烟罩上方形成一定的负压区，用来容纳来不及抽排走的油烟，起到了缓冲的作用，从而避免了大量油烟外溢扩散的现象。柜式的油烟抽净率可达到90%左右
设计样式	中式	浅形罩和深形罩抽油烟机都属于中式烟机，浅吸式就是普通的排气扇，直接把油烟排到室外，目前已被淘汰。深吸式抽油烟机效果不错，价格便宜，但最大的问题是占用空间，噪声大，容易碰头，滴油，清洗不方便
	欧式	利用多层油网过滤（5～7层），增加电动机功率以达到最佳效果，一般功率都在200W以上。多为平网型过滤油网，吊挂式安装结构。目前，中国的欧式抽油烟机只是外形是像“欧式”，内部结构都中国化了
	侧吸式	利用空气动力学和流体力学设计，先利用表面的油烟分离板把油烟分离再排出干净空气的原理。它的特点是抽油烟效果好、不滴油、不碰头，可隐藏在橱柜里同橱柜融为一体，不占空间。电动机不粘油，使用寿命长，清洗方便
	水帘式	新型净油烟机不仅“抽烟，更能净烟”。水帘式净油烟机采用洗涤吸收法，利用添加有洗涤剂的水溶液，在吸排油烟的同时自动将雾化的水溶液与油雾发生乳化和皂化反应，烟尘也同时被润湿洗涤下来，燃料燃烧时产生的有害物质及烹饪过程中产生的油烟绝大部分被水溶液中和净化
	展翼式	多媒体智能抽油烟机代表，采用现代工业自动控制技术、互联网技术与多媒体技术的完美组合，为现代智能厨房提供了样板，带领现代厨房步入娱乐与享受的动感时代

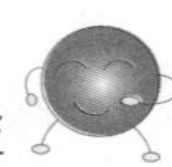

（2）抽油烟机的基本结构

抽油烟机种类较多，但它们都主要由风机系统、滤油装置、控制系统、机壳（箱体）、照明灯、排烟管、电源线等组成。图12-4为中式抽油烟机的内部结构图。

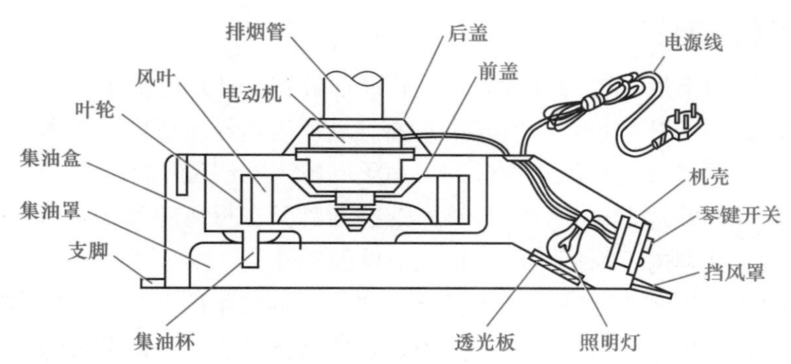

图12-4　中式抽油烟机的内部结构图

风机系统主要由进风口、叶轮、电动机、出风口、导风柜（蜗壳）等组成。电动机是抽油烟机的主要部件，是抽油烟机的动力源，通常均采用电容运转式单相异步电动机。叶轮大都采用离心式结构，即利用离心式抽气扇将油烟吸进，滤除油污成分，再经过排气管排出室外。电动机与叶轮性能决定抽油烟机的排烟效果。

滤油装置由集油盒（或油网）、排油管和集油杯组成。抽油烟机将吸入的油烟分离后，其中油污成分被甩向集油盒或顺着排油管流入集油杯。而侧吸式抽油烟机采用了油烟分离板技术，在进烟口就实现了油烟分离。

控制系统按控制方式分为机械控制式、电子控制式和电脑控制式3类。机械控制式一般由4～5按键开关连接有关元件构成，可进行高速、低速、停止及照明控制；电子控制式则通过集成电子线路实现抽油烟机各项功能的控制；电脑控制式通过单片机现实智能控制。

2 抽油烟机的质量标准

《吸油烟机》（GB/T 17713—2011）规定，吸油烟机的风量不低于7m^3/s，风压标称值不低于80Pa，噪声不超过60dB，吸油烟机的型号为CXW。规格用输入功率（W）表示。

质量标准按《家用和类似用途电器的安全　吸油烟机的特殊要求》（GB 4706.28—2008）、《吸油烟机》（QB/T 17713—2011）和《家用和类似用途电器噪声限值》（GB 19606—2004）的规定，主要质量指标如下。

1）绝缘电阻。不小于2MΩ。

2）电气强度。能承受交流电压：1250V试验，历时1min无击穿或闪络。

3）额定风量。不小于250m^3/h(≥4.16m^3/min)。

4）额定风压。不小于90Pa。

5）噪声限值。不大于表12-3的规定。

6）排气效率。排除一氧化碳的效率不小于90%。

表12-3　风量对应噪声要求

风量/（m^3/min）	噪声/dB
≥7～10	71
≥10～12	72
≥12	73

7）面板上设有气敏开关自动按钮装置。按下自动键后，当使用场所的一氧化碳等有害气体或烟雾超过一定浓度时，蜂鸣器报警并驱动电动机工作。当有害气体或烟雾低于一定浓度后，延时1min即自动停机。

3 抽油烟机的油烟分离原理

普通抽油烟机通电后，电动机将驱动叶轮高速旋转，在风叶周围产生空气负压区，迫使灶台上方的油烟气上升被集烟罩所收集，由进风口进入导风柜内，进入导风柜内的油烟气，首先经过油烟过滤板进行第一次过滤。由于叶轮为双层母子风叶，迫使气体中的油分子颗粒附在子风叶的叶片上，积聚成油滴，这些油滴又在母风叶和离心力的作用下，脱离风叶顺着油道流入油杯内，而废气则从出风口排到室外。

自动监控抽油烟机在普通抽油烟机基础上增加了自动监控电路，当厨房的油烟或可燃有害气体达到一定浓度时，气敏传感器可使监控电路自动启动，油烟分离原理与普通型抽油烟机相同。

侧吸式抽油烟机在进风口采用了油烟分离技术——油烟分离板。油烟分离板采用双层油网错层结构设计，当油烟在上升过程中改变方向，会有一部分油烟颗粒滴落，被第一层油网接住，由于温差凝结在第一层油网上，凝结的油会顺着第一层油网流到第二层油网上，再接着流入油杯。残余的油再由叶轮分离出来。

任务12.2 抽油烟机的维修

任务目标

1. 会检测抽油烟机的主要部件。
2. 学会维修抽油烟机的常见故障。

任务分析

学会检测抽油烟机的主要部件，学会维修抽油烟机常见故障。

12.2.1 实践操作：抽油烟机主要部件检测与常见故障排除

1 检测抽油烟机的主要部件

中式抽油烟机主要部件的质量检测如表12-4所示。

表12-4　中式抽油烟机主要部件的质量检测

部件名称	质量检测（数字万用表DT9205检测）	部件名称	质量检测（数字万用表DT9205检测）
灯泡	可直观灯丝情况，灯泡不松动。也可用万用表的20kΩ挡检测灯泡，应有约2kΩ的阻值	叶轮	观察叶片是否断裂、变形，检查动平衡片

续表

部件名称	质量检测（数字万用表DT9205检测）	部件名称	质量检测（数字万用表DT9205检测）
机械按键	手动检查是否灵活，万用表的200Ω挡检测3个开关是否接触良好，能闭合或完全断开	导风柜（蜗壳）	检查连接处有无漏气，风道有无破裂，烟道内有无异物阻塞，有无污物，有则修补及清除、清洗
熔断器	可直接观察熔丝是否断裂；也可用万用表200Ω挡检测应为0	油网	检查油网有无变形、孔是否被堵塞、油污是否过多，有则修复和清除
电容器CBB61	万用表20μF电容挡检测其容量应接近4μF。注意检测前电容器先放电	油杯	检查油杯油污破裂，取下与装上是否牢固、方便
电动机	用手转动转轴看转动是否灵活；用万用表的200Ω挡检测主绕组接近100Ω，副绕组超过100Ω。另用绝缘电阻表测量绕组间以及与电动机机壳间绝缘电阻应大于2MΩ	止回阀	单向阀，检查其是否灵活，能否实现应有功能

2 排除抽油烟机的常见故障

中式抽油烟机的常见故障现象及解决办法如表12-5所示。

表12-5　中式抽油烟机的常见故障现象及解决办法

故障现象	故障分析	产生原因	故障排除
接通电源，按下控制开关，叶轮不转动，电动机无“嗡嗡”声	说明电动机损坏或供电线路存在开路故障	电源插头、电源线、插座接触不好或有断线	检查，找出断线点重新接牢或更换
		开关损坏或触点接触不良	打开集烟罩，用万用表测量控制开关性能，损坏则更换
		机内连接导线脱焊或脱落	拆开抽油烟机后，仔细检查电路，也可用万用表电阻挡配合检查。找出断路点后，重新接牢并固定好
		电动机定子绕组引线开路或绕组烧毁	用万用表电阻挡检测电动机。若是引线脱落或断裂，则将引线重新焊(接)牢；若电动机绕组烧毁，则更换绕组或整个电动机
接通电源，按下控制开关，叶轮不转动，但电动机发出“嗡嗡”声	说明电动机供电线路正常，是电动机机械故障被卡死或启动有问题	受外力碰撞后，电动机转轴严重弯曲，启动时被卡死而不能转动	拆开电动机内外壳，取出转子，将转轴进行细微的调校，使径向跳动量在1～4μm范围之内，重新装好转子。如无法修复则更换电动机
		电动机转轴与含油轴承配合过紧或不同心，导致转子与定子互相卡死，造成通电后电动机不能运转	拆下叶轮后，用手拨动电动机转轴，检查转动是否灵活。如转动困难，便要拆开电动机进行修复或更换含油轴承
		转子、定子的气隙有异物堵塞或含油轴承损坏、严重磨损，导致转子、定子相碰后堵转	拆下电动机后，检查电动机定子、转子间气隙，调整修复或更换电动机
		电容器失效	如电动机完好，则应重点检查电容器。拆下电容器后，用万用表的电容挡测量电容器有无容量，如损坏则更换同规格电容器
		电动机起动绕组损坏	万用表检测电动机绕组情况。若绕组断路或短路故障，则修复电动机或更换

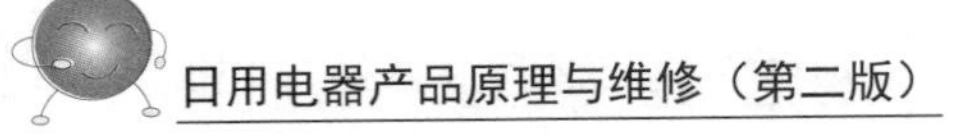

续表

故障现象	故障分析	产生原因	故障排除
电动机转速变慢	说明问题在于电动机本身或运行电容故障	电容器容量明显减小使转速明显降低	如电动机完好，可拆下电容器后用万用表检测，如失效则更换
		电动机定子绕组匝间短路，造成通电后转矩减小	通电后电动机外壳短时间内便很烫手，则电动机肯定存在匝间短路，可拆开电动机后修理或者更换电动机
运转时噪声大，声音异常	一般是装配不良或螺钉松动或风叶变形造成	电动机装配不良，端盖螺钉松动，运转时因震动而发出噪声	如噪声来自电动机，可断电后仔细检查，确认后重新安装固定好
		叶轮装配不良，与顶壳相碰或叶轮松动，使叶轮产生轴向窜动	拆下叶轮后噪声消失，则噪声源在叶轮。如装配位置有误，则可重新装好叶轮；如叶轮固定套紧固螺钉松动，则可调整好叶轮位置后，将紧固螺钉拧紧
		风叶变形严重，运转时因抖动而发出噪声或与外壳相擦而发出噪声	断电后拨动风叶，检查有无相擦现象。拆下叶轮后进一步检查，如风叶变形不大可进行适当校正；无法校正的只能更换风叶
排烟效果差	主要是风机系统安装不合理，或导风管道漏气	抽油烟机与灶具距离过大，使它产生的吸力不足	重新正确安装抽油烟机，与灶间距离要合适，一般控制在650～750mm
		排烟管过长、拐弯过多或管内有障碍物，造成排烟不通畅	重新安装排烟管，减小长度和拐弯次数；如管内有障碍物则应清除干净
		排烟管道接口严重漏气或集油盒密封条破损	检查确认后，将漏气部位密封好；若集油盒密封条破损，则更换贴牢

操作评价　抽油烟机的维修操作评价表

评分内容	技术要求	配分	评分细则	评分记录
检测元件	能正确检测抽油烟机部件的好坏	20	操作错误每次扣5分	
排除抽油烟机的故障	1. 能够正确描述故障现象、分析故障，确定故障范围及可能原因	20	不能，每项扣5分，扣完为止	
	2. 能够正确拆装抽油烟机	20	操作错误每次扣2分	
	3. 能够根据原因确定故障点，并能排除故障点	20	不能，扣10分；基本能，扣5～10分	
安全使用	安全检查，正确使用抽油烟机	10	操作错误每次扣5分	
安全文明操作	能按安全规程、规范要求操作	10	不按安全规程操作酌情扣分，严重者终止操作	
额定时间	每超过5min扣5分			
开始时间	结束时间	实际时间	成绩	
综合评议意见				

12.2.2 相关知识：抽油烟机的工作原理与维护

1 抽油烟机电路的工作原理

CXW-198-B7中式抽油烟机采用机械控制方式，其电路工作原理图如图12-5所示。

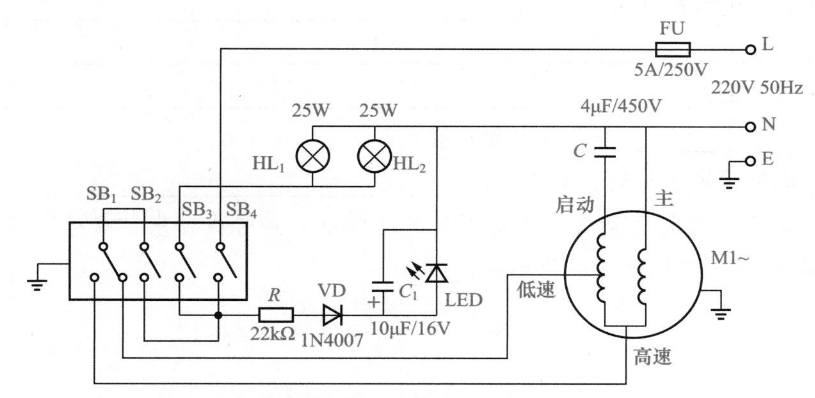

图12-5　CXW-198-B7中式抽油烟机电路工作原理图

图12-5中，按键SB_1是风机高速/低速切换开关；SB_2是电动机开/停控制开关；SB_3是照明亮/灭控制开关；SB_4是电源开/关控制开关。当抽油烟机接通电源后，按下SB_4，抽油烟机通电，指示灯LED发出蓝色光。

按下SB_3时，照明灯HL_1和HL_2发光照明。

按下SB_2时，电动机低速挡通电，风机运转抽吸油烟，电容器C为电动机的启动运行电容。

按下SB_1时，电动机高速挡通电，风机高速运转。

电源指示电路由电阻器R、整流二极管VD、滤波电容器C_1、发光二极管LED组成，当SB_4按下后，220V电源经R降压，VD整流，C_1滤波产生直流电压供发光二极管LED发光。

2 抽油烟机的维护

抽油烟机应在烹调一开始就打开，直到整个烹调结束后再经过5～6min关机。这是因为天然气或液化石油气，在抽油烟机停用的情况下，只要燃烧几分钟氮化物就超过标准5倍，而一氧化碳气体可达到标准的65倍以上，因此在烧菜煮饭过程工作中，抽油烟机应全程工作，将厨房内残留的有害气体最大限度地排出去，不使其滞留在厨房内，以防危害人体健康。

每次烹饪后必须清洁抽油烟机表面，定期清洁油网、油杯以及叶轮，一段时间后还要清洁风机系统，检查电气系统的绝缘性能。要使抽油烟机使用寿命长、效果好，须按照烟机说明书正确使用，“防”比“治”更重要。

思考与练习

1．抽油烟机按控制方式分，主要类型有＿＿＿＿＿＿＿＿、＿＿＿＿＿＿＿＿、＿＿＿＿＿＿＿＿。

2．中式抽油烟机的拆卸要点是＿＿。

3．抽油烟机主要由＿＿＿＿＿＿＿、＿＿＿＿＿＿＿、＿＿＿＿＿＿＿、＿＿＿＿＿＿＿、＿＿＿＿＿＿＿、＿＿＿＿＿＿＿等几部分组成。

4．抽油烟机都采用了叶轮，其作用是＿＿＿＿＿＿＿＿＿＿＿＿＿＿＿＿。

5．中式抽油烟机通电后风机不转动，且电动机没有声音或发出“嗡嗡”声，这两种故障哪一种主要是由于机械方面的原因引起的?

项目 13

空调扇的拆装与维修

学习目标

知识目标 ☞

1. 了解空调扇的类型及功能特点。
2. 理解空调扇电路工作原理。
3. 掌握空调扇的使用方法。
4. 掌握空调扇的维护方法。

技能目标 ☞

1. 能认识空调扇的外形结构及主要部件。
2. 会拆卸与组装空调扇。
3. 会检测空调扇的相关部件。
4. 能排除空调扇的常见故障。

空调扇是一种性能介于电风扇与空调之间的家居类日用电器，适用于小范围的制冷或制热环境。空调扇集送风、制冷、加湿等多功能于一体，以水为介质，可送出低于室温的冷风，也可送出温暖湿润的暖风。大部分空调扇还有空气过滤网可以过滤空气中的灰尘，若过滤网上有一层光触媒还可以起到杀菌的效果。空调扇在启动制冷时只需60～80W，与冰箱功率相似，所以不费电。空调扇的类型较多，本项目主要介绍奥克斯NFS-20DR18冷暖型空调扇的原理、拆装及故障维修。

任务13.1 空调扇的拆卸与组装

任务目标

1．会拆卸空调扇。
2．会组装空调扇。
3．能认识空调扇的主要部件。

任务分析

拆卸与组装空调扇的工作流程如下。

认识空调扇的外形结构 ⇨ 拆卸空调扇 ⇨ 认识空调扇的主要部件 ⇨ 组装空调扇

13.1.1 实践操作：拆卸与组装空调扇

1 认识空调扇的外形结构

空调扇外形结构主要由触控面板、出风摆页、下水箱、空气过滤网、上接水盒盖板等组成。空调扇外形结构如图13-1所示。

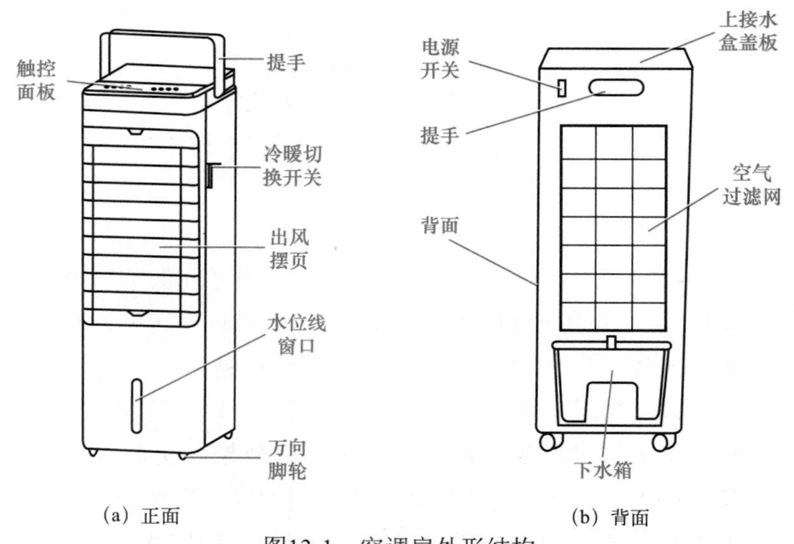

（a）正面　（b）背面

图13-1　空调扇外形结构

2 拆卸空调扇

断开电源后，拆卸空调扇的步骤如下。

第一步　拆卸空调扇后面的空气过滤网。

① 用螺钉旋具旋松背面紧固空气过滤网的2颗螺钉。	② 用手向外拉出空气过滤网，再将其取下。
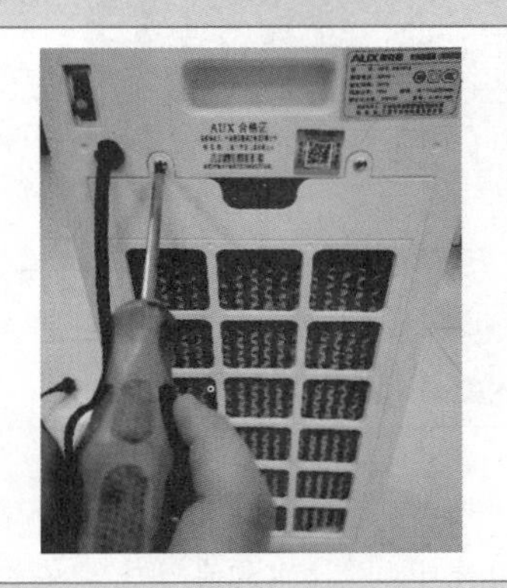	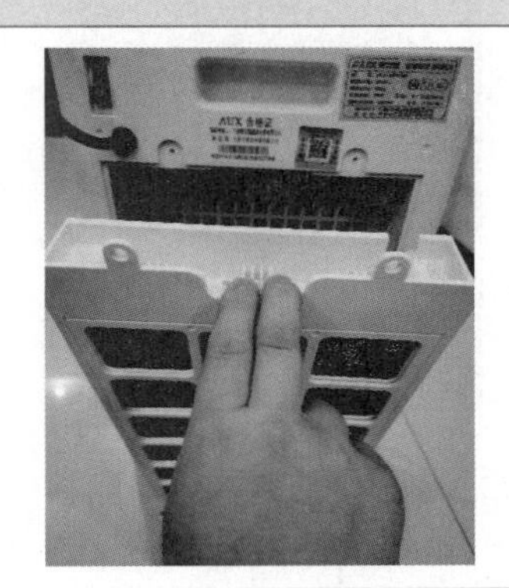
③ 前面为空气防尘过滤网。	④ 后面为湿窗纸。

第二步　拆卸空调扇水箱及水泵。

① 手向外拉出背面底部的水箱。	② 拉出水箱后面，取出水位检测探头和水泵。

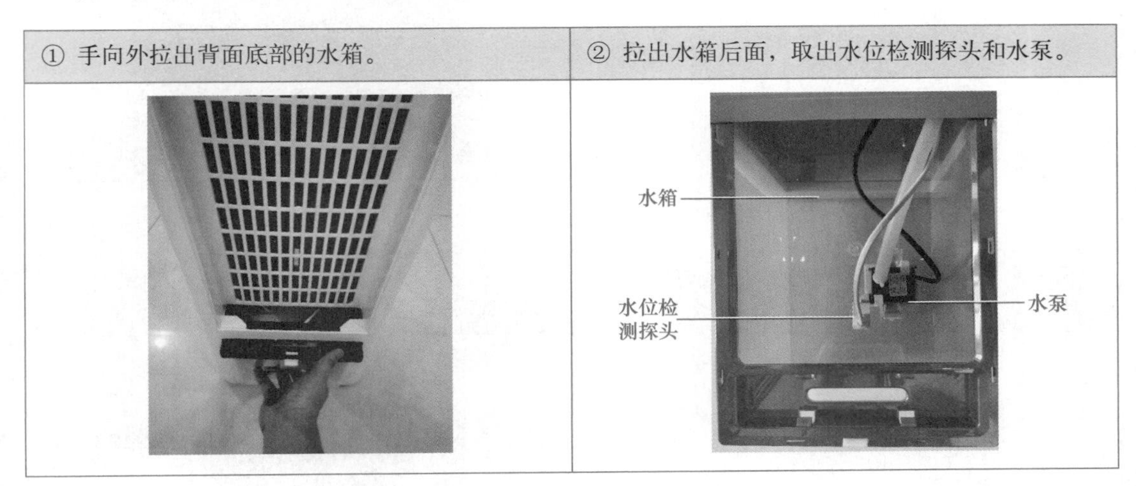

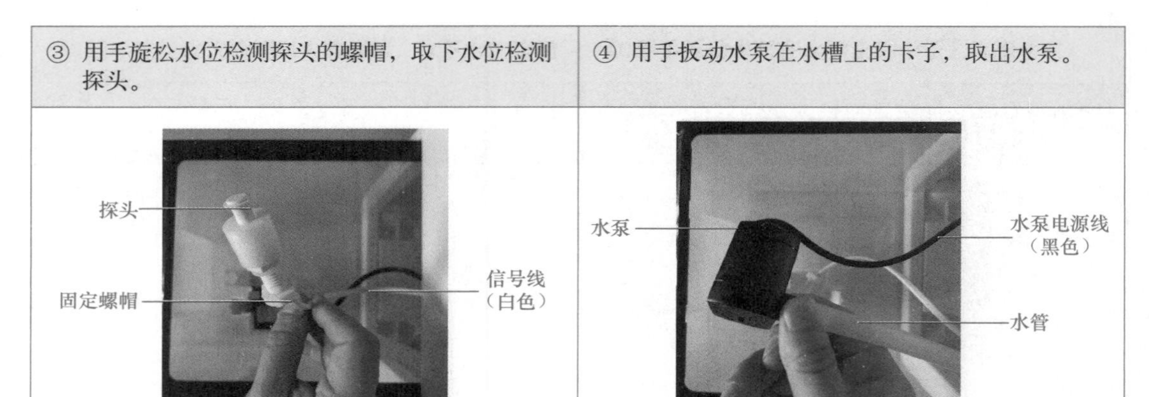

③ 用手旋松水位检测探头的螺帽，取下水位检测探头。	④ 用手扳动水泵在水槽上的卡子，取出水泵。

第三步　拆卸空调扇触控面板。

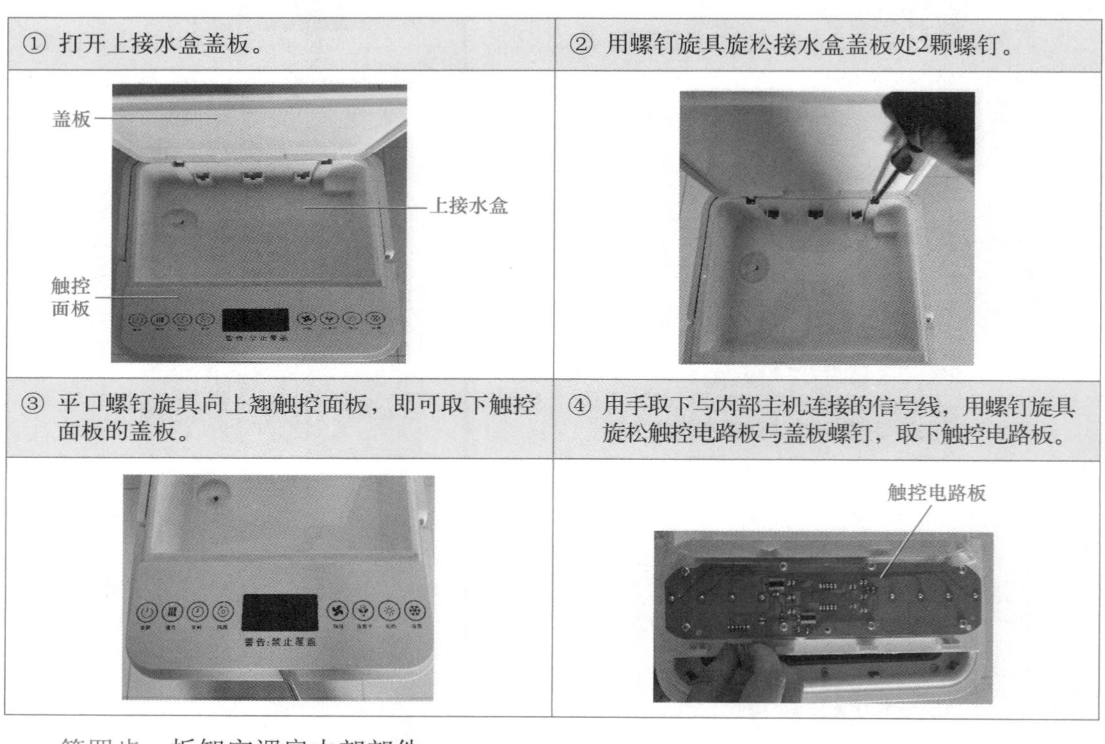

① 打开上接水盒盖板。	② 用螺钉旋具旋松接水盒盖板处2颗螺钉。
③ 平口螺钉旋具向上翘触控面板，即可取下触控面板的盖板。	④ 用手取下与内部主机连接的信号线，用螺钉旋具旋松触控电路板与盖板螺钉，取下触控电路板。

第四步　拆卸空调扇内部部件。

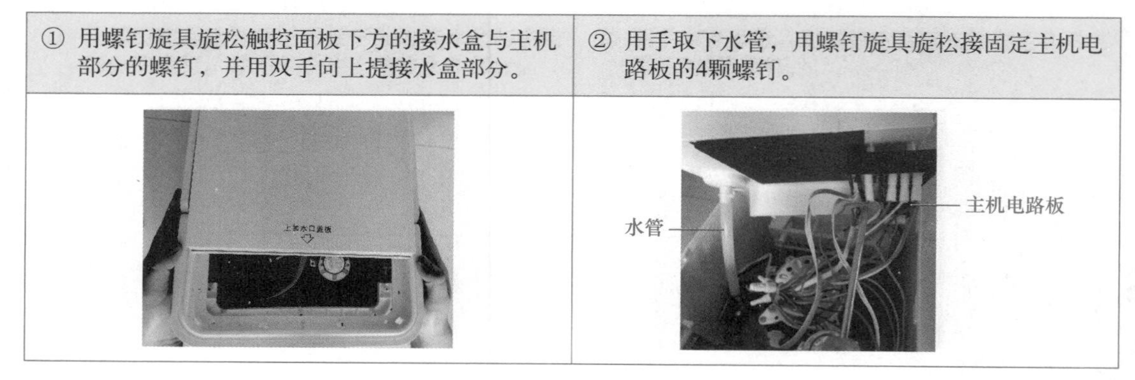

① 用螺钉旋具旋松触控面板下方的接水盒与主机部分的螺钉，并用双手向上提接水盒部分。	② 用手取下水管，用螺钉旋具旋松接固定主机电路板的4颗螺钉。

③ 取下整个上接水盒部分，认识内部各部件。

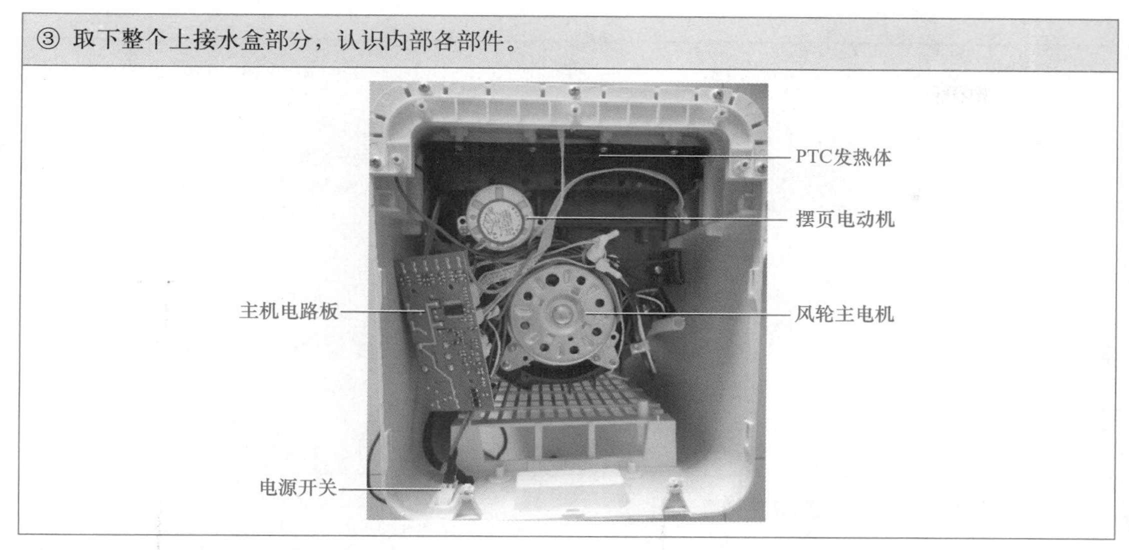

3 认识空调扇的主要部件

空调扇主要部件有水泵、风轮、电源开关、冷暖切换开关、触控电脑板等，它们的外形、特点及作用如表13-1所示。

表13-1　空调扇的主要部件

部件名称	外形	主要特点及作用
底部水箱		储存冷水，并接回顶部向下流回的水
上接水盒		在顶部暂存水泵抽来的水，并循环向下流动
水泵		AP-600潜水泵，额定电压AC 220V，额定频率50Hz，额定功率8W，流量180L/h。其作用是抽水，不停地将底部水箱的水抽到上接水盒

续表

部件名称	外形	主要特点及作用
水位检测开关		水位检测开关只能上置、下置安装，浮体式水位开关的浮体被水浮动到一定位置时，接通开关。主要用来检测水箱内的水位情况，低水位时发出报警声
冰晶盒		通过在冰箱冷冻后，再放入水箱，用来降低水温
风轮		在主电动机的带动下转动，将湿窗纸周围的冷空气吹出
主电动机		YSZ-50电容运转异步电动机，带动风轮转动。额定电压AC 220V，额定频率50Hz，额定功率18W，额定转速1250r/min。电动机外接总共有6根线，具体接线如下图所示
摆页电动机		49TYJ爪极式永磁同步电动机，带动摆页转动额定电压AC 220V，额定频率50Hz，额定输入功率18W、输出功率0.5W，额定转速2.5r/min。在电动机的定子绕组中通入交流电后，就会在定子绕组中形成旋转磁场，由于在转子上安装了永磁体，永磁体的磁极是固定的，根据磁极异性相吸同性相斥的原理，在定子中产生的旋转磁场会带动转子进行旋转，最终转子的旋转速度与定子中产生的旋转磁极的转速相等
PTC发热体		发热后经风轮吹出暖风
负离子发生器		XA-503负离子发生器，输入电压AC 220～240V，输出电压DC 2.5～4.5kV。红线和黑线为电源输入线，白线为高压电离负离子输出线。其工作原理与自然现象“打雷闪电”时产生负离子的原理一致。利用高压电晕增加空气中负离子成分，释放到周围的空气中，净化空气

续表

部件名称	外形	主要特点及作用
电源开关		主机总电源开关，接通和断开电源
冷暖切换开关		接通和断开PTC发热体电源
触控电路板		由具有电源、摆页、定时、分类、风速、负离子、加热、冷风、液晶显示等控制功能的电脑板组成，控制空调扇的工作状态
主机电路板		控制空调扇的各个部件

4 组装空调扇

空调扇的组装过程与拆卸过程相反，由内到外进行安装和紧固，其具体步骤如下。

第一步　组装内部部件。

① 将内部各连接部件线路连接好，注意连接线位置要正确。

② 将主机电路板固定回接水盒底部。

③ 将水管与接水盒管口连接好。

④ 将接水盒整体部分扣回主机主体部分，并用螺钉旋具紧固接水盒与主机部分的螺钉。

第二步　安装触控面板。

① 用螺钉旋具紧固触控电路板与盖板的螺钉，用手连接回与内部主机连接的信号线。

② 将触控面板扣回接水盒位置。

③ 用螺钉旋具紧固接水盒盖板处的2颗螺钉。

第三步　安装水箱及水泵。

① 将水泵顺着卡子位置安装回水箱。

② 将水位检测探头安装回水箱。

③ 用手将水箱推回整机底部位置。

第四步　安装空气过滤网。

① 将湿窗纸部分朝里，空气防尘过滤网部分朝外，顺着整机背面插回原位置。

② 用螺钉旋具紧固空气过滤网与整机的两颗螺钉。

第五步　检查安装情况及通电检测。

① 检查整机电路连接线是否连接正确，各部件是否安装到位。

② 使用万用表蜂鸣挡测量电源插头是否有电路严重短路现象。

③ 最后通电，试用各功能按键是否正常工作。

操作评价　空调扇的拆卸与组装操作评价表

<table>
<tr><th>评分内容</th><th colspan="3">技术要求</th><th>配分</th><th colspan="2">评分细则</th><th>评分记录</th></tr>
<tr><td>认识空调扇外形结构</td><td colspan="3">能正确描述空调扇外形结构各部分的名称</td><td>10</td><td colspan="2">操作错误每次扣1分</td><td></td></tr>
<tr><td rowspan="2">拆卸空调扇</td><td colspan="3">1．能正确顺利拆卸</td><td>20</td><td colspan="2">操作错误每次扣2分</td><td></td></tr>
<tr><td colspan="3">2．拆卸的配件完好无损，并做好记录</td><td>10</td><td colspan="2">配件损坏每处扣2分</td><td></td></tr>
<tr><td>认识空调扇部件</td><td colspan="3">能够认识空调扇组成部件的名称</td><td>10</td><td colspan="2">操作错误每次扣1分</td><td></td></tr>
<tr><td rowspan="2">组装空调扇</td><td colspan="3">1．能正确组装并还原整机</td><td>20</td><td colspan="2">操作错误每次扣2分</td><td></td></tr>
<tr><td colspan="3">2．螺钉装配正确，配件不错装、不遗漏配件</td><td>20</td><td colspan="2">错装、漏装每处扣2分</td><td></td></tr>
<tr><td>安全文明操作</td><td colspan="3">能按安全规程、规范要求操作</td><td>10</td><td colspan="2">不按安全规程操作酌情扣分，严重者终止操作</td><td></td></tr>
<tr><td>额定时间</td><td colspan="3">每超过5min扣5分</td><td></td><td colspan="2"></td><td></td></tr>
<tr><td>开始时间</td><td></td><td>结束时间</td><td></td><td>实际时间</td><td></td><td>成绩</td><td></td></tr>
<tr><td>综合评议意见</td><td colspan="7"></td></tr>
</table>

13.1.2　相关知识：空调扇的类型、功能及使用方法

1　电风扇的类型及结构

空调扇是在电风扇的基础上产生的，先来认识一下电风扇的类型及结构。电风扇按电动机结构可分为单相电容式、单相罩极式、三相感应式、串激整流子式；按控制方式分为机械控制、遥控控制；按进出风分类可分为轴流扇、离心扇和横流扇等；按用途可分为家用电风扇和工业用排风扇。其中家用电风扇从安装（或放置）方式不同分为吊扇、落地扇、台扇、壁扇、转页扇等如图13-2所示。

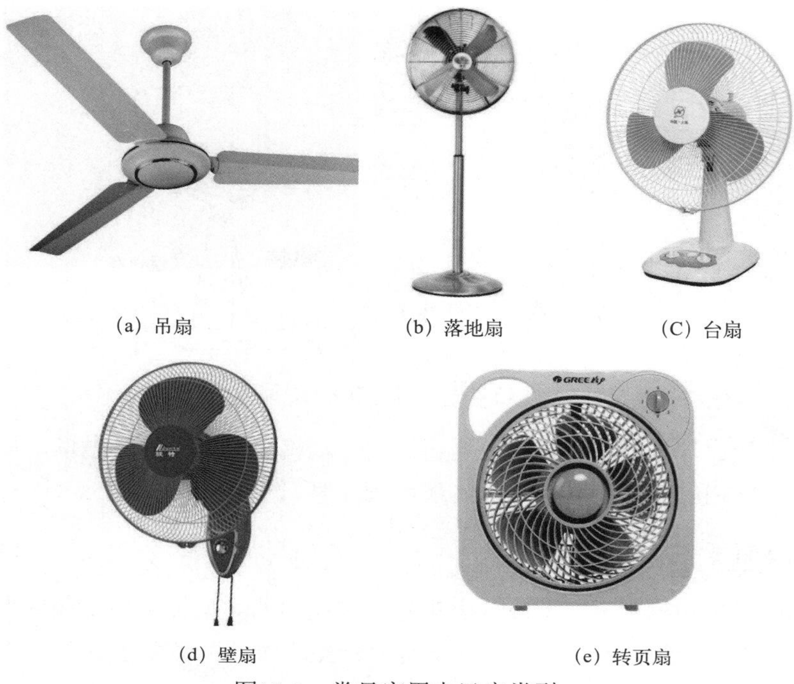

(a) 吊扇　(b) 落地扇　(C) 台扇

(d) 壁扇　(e) 转页扇

图13-2　常见家用电风扇类型

电风扇中吊扇主要由悬吊装置、扇头、扇叶和调速器4部分组成，其基本结构如图13-3所示。台扇主要由网罩、扇叶、扇头（包括电动机、前后外壳、摇头机构）、支承机构、调速开关和定时器等组成，其基本结构如图13-4所示。其他电风扇基本结构与台扇差不多。

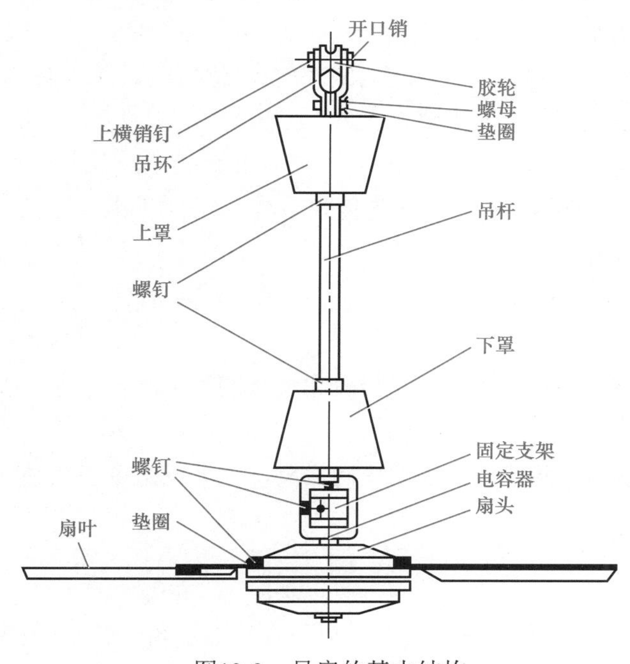

图13-3　吊扇的基本结构

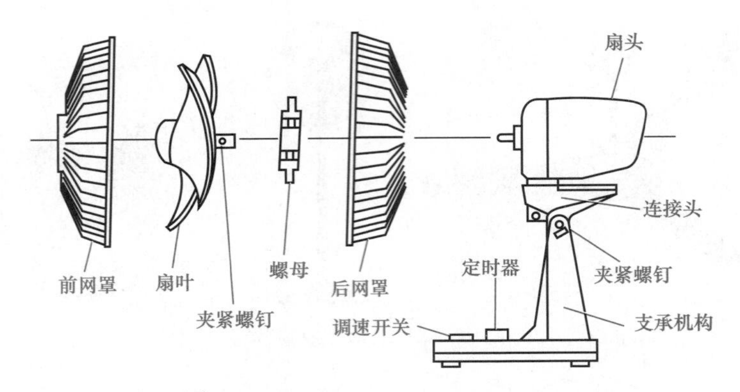

图13-4　台扇的基本结构

电风扇的工作原理大体一样，都是通电后由电动机绕组产生旋转磁场，使转子带动扇叶旋转，加速房间内的空气流动，从而实现通风降温。

2 空调扇的类型

空调扇比电风扇功能更多、制冷效果更好。空调扇的类型按控制方式分为机械式、遥控式；按功能分为单冷型、冷暖型、附带其他功能型（过滤、负离子等）。

3 空调扇的功能特点

（1）冷风（加湿）功能

利用水泵将水箱中冷水抽到机体顶部后经过湿帘纸流下，再由转动的风轮把湿帘纸周围具有一定湿度的冷空气吹出。因为水分蒸发吸热，从而达到降温和加湿的功能。

（2）防空转干烧功能

在水箱中安装了水位开关，时时监控水箱内的水位情况，无水时发出“嘀 、嘀”报警声，防止水泵在无水状态下空转干烧。

（3）加热取暖功能

采用无光源的PTC发热体加热，电热转换效率高，升温迅速。

（4）风速、风类可调

三挡风速，3种风类，送风量大，并可实现左右、上下送风。

（5）负离子功能

采用负离子发生技术，在工作的同时释放大量负离子，清新空气、强力杀菌。

（6）广角送风功能

自动摆页，风向水平广角送风；手动横向摆页，上下风向可任意选择。

4 空调扇的使用方法

（1）加水方法

本机有两种加水方法：第一种从机体背部下方拉出水箱，使水箱外露1/3，向水箱中加入清洁的自来水即可；第二种打开机体顶部上接水盒盖板向上接水盒中慢慢加入清洁的

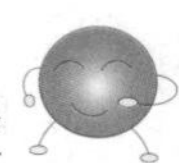

自来水，水会从上接水盒流入机体底部的水箱中。水箱加水如图13-5所示。

加水时注意事项如下。

① 拔掉电源插头。

② 注意如图13-6所示水位窗上的“水位指示”，水位不可超过“MAX”（最高）指示刻度。

③ 冷风加湿时，应控制水箱的总水位不可低于“MIN”（最低）指示刻度。

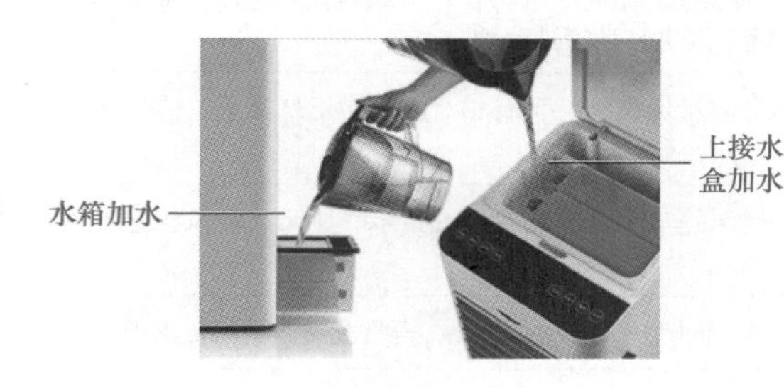

图13-5　水箱加水

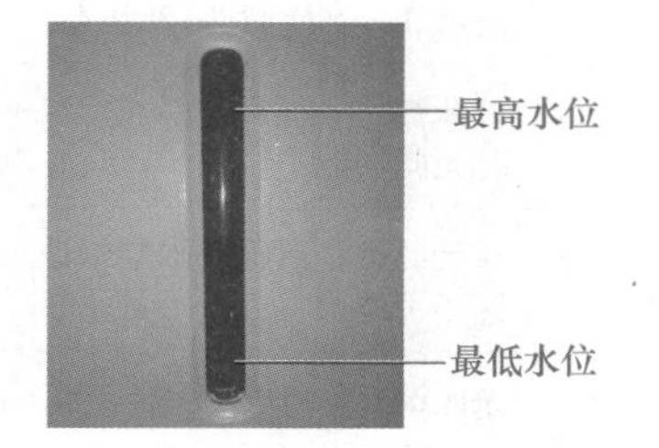

图13-6　水位指示

（2）冰晶盒的使用方法

冰晶盒具有独特的蓄冷保温特性，能慢慢地吸收水中的热量，使水箱中的水温低于环境温度，使吹出的风更凉爽。使用方法如下。

① 将冰晶盒直接放入冰箱冷冻室至冰晶盒内完全结冰。

② 拉出水箱，把已经结冰的冰晶盒放入水箱中。

③ 如欲加强降温效果，也可在上接水盒中放入冰块。

④ 加入冰块或冰晶盒后，水箱总水位不可超过MAX（最高）指示刻度。

（3）触控按键的使用方法

空调扇的触控面板如图13-7所示，由液晶显示窗口和8个触控按键组成。液晶显示窗口实时显示室温，同时实时显示空调扇所设置的功能。8个触控按键的使用方法如表13-2所示。

图13-7　空调扇的触控面板

表13-2 触控按键的使用方法

触控按键名称	使用方法
电源	插上电源后，打开机体背面的电源总开关，空调扇处于待机状态，同时蜂鸣器发出Bi的提示音，按下“电源”键，开启空调扇；空调扇以中速启动，随后转入低速运行；再按动此键，关闭空调扇。备注：在工作状态下，长按“电源”键3s，指示灯灭即息屏。按任意键，指示灯亮
摆页	按此键，风向可左右自动摆动，再按此键，取消该功能。手动横向摆页，上下风向可任意选择
定时	在空调扇工作状态下，按一下此键，进入定时状态，定时时间可在1～12h内任意选择，每按一次递增1h。在定时为12h状态下，再按一下此键，则定时功能被取消
风类	按此键，可循环选择正常风→自然风→睡眠风3种风类型，且有相对应的指示灯显示。使用暖风时无此功能
风速	按动此键，可循环选择低速→中速→高速3种风速度，且有相对应的指示灯显示。暖风状态下风速不可调节
负离子	按此键，负离子发生器开始工作，释放负离子，同时负离子指示灯亮，再按此键，关闭负离子
加热	使用暖风时，请先将“冷暖转换开关”扳到“暖风”挡，否则加热键无效。按下此键启动加热取暖功能，连续按此键，对应功能为低热→高热→取消加热。当暖风功能启动后，关机时延时30s关机
冷风	使用冷风时，请先将“冷暖转换开关”扳到“冷风”挡，否则冷风键无效。按下此键，启动冷风加湿功能，此时若在水箱中加入经过冰冻的冰晶盒或冰块，几分钟后出风口温度可降低3℃左右。再按此键，取消该功能

（4）遥控器的使用方法

空调扇的遥控器如图13-8所示。打开遥控器背部电池盖，装上两节7号电池即可使用。遥控器上各按键功能与触控面板上的功能相同。使用时遥控器应对准遥控接收窗，有效距离为5m。

图13-8 空调扇的遥控器

任务13.2 空调扇的维修

任务目标

1. 会检测空调扇的主要部件。
2. 会维修空调扇的常见故障。

任务分析

通过学习本任务的内容后，学会检测空调扇的主要部件，学会维修空调扇的常见故障。

13.2.1 实践操作：空调扇主要部件检测与常见故障排除

1 检测空调扇的主要部件

空调扇主要部件的质量检测如表13-3所示。

表13-3 主要部件的质量检测

部件名称	质量检测（万用表DT9205）
主电动机	用手转动转轴，看转动是否灵活。用万用表电阻挡检测电动机主绕组黑线与调速绕组抽头线（快速红线、中速白线、慢速蓝线）、副绕组黄线的电阻值是依次增大的关系，且阻值一般在几百到几千欧之间，如果太大或太小都说明绕组有问题。另用绝缘电阻表测量绕组间以及与电动机机壳间绝缘电阻应大于2MΩ
摆页电动机	用手转动转轴，看转动是否灵活。用万用表电阻挡检测电动机定子绕组两个外接线，阻值一般在几十到几百欧之间，如果太大或太小都说明定子绕组有问题。另用绝缘电阻表测量绕组与电动机机壳间绝缘电阻应大于2MΩ
电容器（CBB61）	用万用表2μF电容挡检测其容量应接近1.2μF，容差5%。注意电容器检测前需先放电
主电路板熔断器	先观察主电路板熔断器玻璃管内的熔断丝是否熔断，也可用万用表蜂鸣挡进一步检测其是否熔断，如蜂鸣器不发声说明已经熔断，需要更换
水泵	用万用表电阻挡检测水泵电源线两端有无严重短路或断路
水位检测探头	无水或水位很低时，用万用表电阻挡检测其引出线两端阻值为∞，当水位达到一定高度时，浮体被浮起，用万用表电阻挡检测其引出线两端阻值应为0

2 排除空调扇常见故障

空调扇的常见故障现象、原因以及处理办法如表13-4所示。

表13-4　空调扇的常见故障现象、原因以及处理方法

故障现象	故障原因	故障处理方法
整机不工作	可能是电源线没有插好	重新插电源或换插座
	可能是机体背面的电源总开关失灵	断电情况下，使用万用表蜂鸣挡测量开关两端，如打开和关闭开关，蜂鸣器都不响，说明开关已坏，更换开关即可
	可能是触控面板上的开关失灵	由于触控开关下面弹簧与电路相连，可以适当调整一下弹簧，再试开关
其他功能正常，冷暖风都吹不出来	主电动机电源线折断或接线脱落	用万用表检查电源引线或重新连接线
	主电动机主绕组或副绕组断路。因通电后只有一个绕组得电，不能形成旋转磁场	用万用表测量电动机绕组，如阻值为∞，说明该绕组断路，只能重绕绕组或更换电动机
启动困难	电容器损坏。电容器失效会使电动机产生的转矩不足，造成启动困难	用万用表的电阻挡检测电容器，如损坏则更换
	电动机绕组存在匝间短路。当电动机绕组存在匝间短路时，除了会引起不正常的温升外，还会使电动机通电后不能产生足够的转矩，从而启动困难	手摸电动机外壳是否烫手，用万用表测电流是否明显偏大。如是，说明绕组内部存在短路现象，只能重绕绕组或更换电动机
	轴承润滑不良或有异物阻滞使电动机转动受阻	拨一下扇叶，看转动是否灵活。如明显受阻，则应拆开电动机后再进行检查和修理
不能调风速	调速开关失灵	拆开调速开关进行检查，如开关已无法修复，则只能更换开关
	调速电路连接线接触不良或电路元器件损坏	重新连接电路线或更换已经损坏的电路元器件
	调速器中的电抗器线圈匝间短路。某些部分的匝间短路，可以使对应部分的两挡速度（即加在电动机上的电压）无明显的变化	用万用表电阻挡测量，通过与同样产品比较来判断是否存在短路现象，也可在断电后立即用手碰触电抗器，看是否烫手。如确有短路存在，则应更换电抗器或调速器
水泵不工作	水泵连续工作超过8h	断开电源，休息一刻钟后再通电
	水箱中的水位低于最低水位线	向水箱中加水，重新启动
	水位检测开关一直处于断开状态	用万用表检测水位检测开关，如已经达到接通开关水位，水位检测开关还是断开，就需要更换水位检测开关
	进风口被异物堵住	移除进风口的异物

操作评价　空调扇的维修操作评价表

评分内容	技术要求			配分	评分细则		评分记录
检测部件	能正确检测空调扇部件的好坏			20	操作错误每次扣5分		
排除空调扇的故障	1．能够正确描述故障现象，分析故障原因，确定解决办法			20	不能描述，每项扣5分，扣完为止		
	2．能够正确拆装空调扇			20	操作错误每次扣2分		
	3．能够根据原因确定故障点，并能排除故障			20	不能，扣10分；基本能，扣5～10分		
安全使用	安全检查，正确使用空调扇			10	操作错误每次扣5分		
安全文明操作	能按安全规程、规范要求操作			10	不按安全规程操作酌情扣分，严重者终止操作		
额定时间	每超过5min扣5分						
开始时间		结束时间		实际时间		成绩	
综合评议意见							

13.2.2　相关知识：空调扇的工作原理与维护

1　空调扇的电路工作原理

奥克斯NFS-20DR18冷暖型空调扇的电路原理图如图13-9所示。

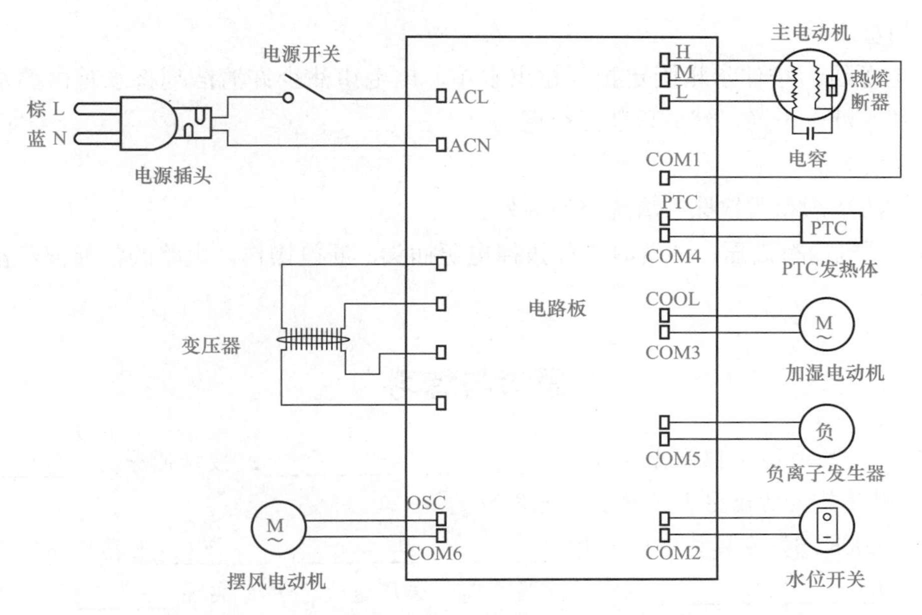

图13-9　NFS-20DR18冷暖型空调扇的电路原理图

电路原理图中，COM1～COM6都连接在一起与ACN（零线）连通；H为高风速控制端与主电动机红线连接、M为中风速控制端与主电动机白线连接、L为低风速控制端与主电动机蓝线连接。

工作原理为：①当电路接入电源后，按下电源总开关，经变压器降压再经整流滤波后的直流电压为触控电路部分供电。②若水位开关接通（即水位开关没有处于超低水位以下），再按一下触控面板上电源开关，开启主电动机，以中速启动。③若“冷暖转换开关”处于冷风位置，按一下触控冷风开关，加湿电动机启动，则可以选择风速和风类型吹出对应冷风。④若“冷暖转换开关”处于暖风位置，按一下触控加热开关，即可吹出暖风。⑤吹出冷暖风后，按一下摆页开关，摆风电动机启动，风向可左右自动摆动。⑥如按一下负离子开关，即可产生负离子随风吹出。

2 空调扇的维护

空调扇经长时间运行后，过滤网和湿窗纸因灰尘等污物堵塞影响进风量和除尘效果，水箱和外壳都建议根据实际情况定时清洗。

（1）清洗空气过滤网

拔掉电源插头，拧下过滤网顶部的2颗螺丝，然后握住空气过滤网的把手往外拉，即可拆下空气过滤网，取出空气过滤网中的湿帘纸，用中性的清洗剂和软毛刷刷洗空气过滤网并用清水冲洗干净，再装回空调扇上。

（2）清洗湿帘纸

拔掉电源插头，先取下空气过滤网，再取出空气过滤网中的湿帘纸，用中性清洗剂和软毛刷刷洗湿帘纸并用清水冲洗干净，再装回空调扇上。注意湿帘纸要安装平整，避免漏水。

（3）清洗水箱

拔掉电源线，按住水箱固定扣，拉出水箱，用毛巾沾少许清洁剂将水箱内的水垢擦净，并用清水冲洗干净，然后再装回空调扇上。

（4）清洗外壳

用中性清洗剂和柔软抹布清洗空调扇外壳。

警告：因机内有高压，清洗时必须拔掉电源插头，断电操作。电路的任何部分都不可沾水。

思考与练习

1．空调扇的类型按控制方式分为__________、__________；按功能分为__________、________、附带其他功能型（过滤、负离子等）。

2．NFS-20DR18型冷暖型空调扇有_________、_________、_________三挡风速可调，有________、________、________3种风类型可选，送风量大，并可实现________风向自动摆

动、________风向可任意选择。

3. NFS-20DR18型冷暖型空调扇有从机体背部下方________和顶部上方________两种加水方法。

4. 空调扇的主电动机为________型，其作用是________；摆页电动机为________型，其作用是________。

5. 简述空调扇冷风（加湿）功能是如何实现的。

6. 简述空调扇水位开关的作用。

7. 分析空调扇接通电源，其他正常，但水泵不工作的故障原因？如何排除故障？

项目 14 扫地机器人的拆装与维修

学习目标

知识目标

1. 了解扫地机器人的类型及功能特点。
2. 理解扫地机器人电路工作原理。
3. 掌握扫地机器人的使用方法。
4. 掌握扫地机器人的维护方法。

技能目标

1. 能认识扫地机器人的外形结构及主要部件。
2. 会拆卸与组装扫地机器人。
3. 会检测扫地机器人的相关部件。
4. 能排除扫地机器人的常见故障。

扫地机器人又叫懒人扫地机、真空吸尘器、智能吸尘器等，是一种采用自动刷扫和真空吸入方式，将地面细小灰尘、纸屑、毛发等杂物吸纳进入自身的垃圾收纳盒中，从而完成地面清洁功能的智能家居类日用电器。因为它能对房间大小、家具摆放、地面清洁度等因素进行检测，并依靠内置的程序，制定合理的清洁路线，所以被人们称为机器人。一般来说，将完成清扫、吸尘、擦地工作的机器人，统一归为扫地机器人。扫地机器人的发展方向，将是人工智能发展带来的更好的清扫效果、更好的清扫效率、更大的清扫面积。扫地机器人的类型较多，本项目主要介绍科沃斯CEN530扫地机器人的原理、拆装及故障维修。

任务14.1 扫地机器人的拆卸与组装

任务目标

1. 会拆卸扫地机器人。
2. 会组装扫地机器人。
3. 能认识扫地机器人的主要部件。

任务分析

拆卸与组装扫地机器人的工作流程如下。

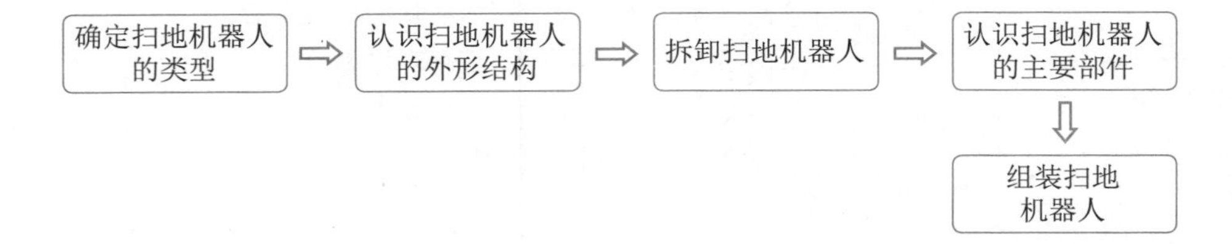

14.1.1 实践操作：拆卸与组装扫地机器人

1 认识扫地机器人的外形结构

扫地机器人的外形结构主要由主机和充电座两部分组成。扫地机器人主机的外形结构如图14-1所示，充电座外形结构如图14-2所示。

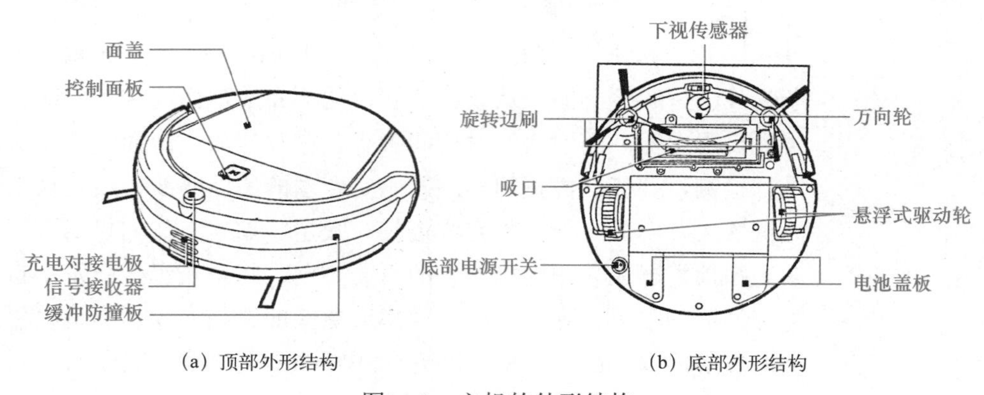

（a）顶部外形结构　（b）底部外形结构

图14-1　主机的外形结构

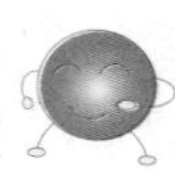

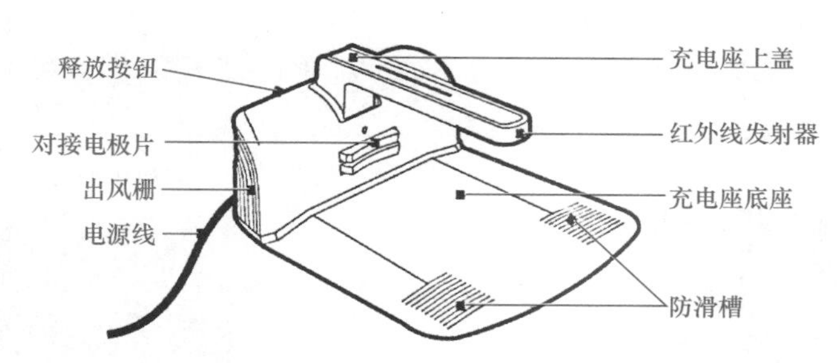

图14-2　充电座的外形结构

2 拆卸扫地机器人

断开电源后，拆卸扫地机器人的步骤如下。

第一步　拆卸主机的尘盒。

① 用手向上打开面盖。	② 将尘盒提手向上拉，即可拉松提手。
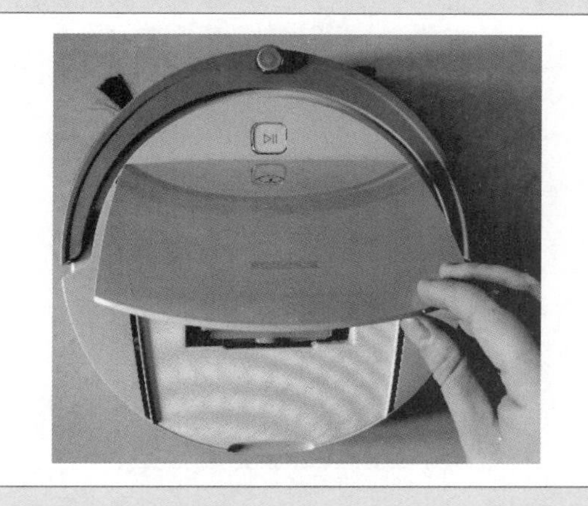	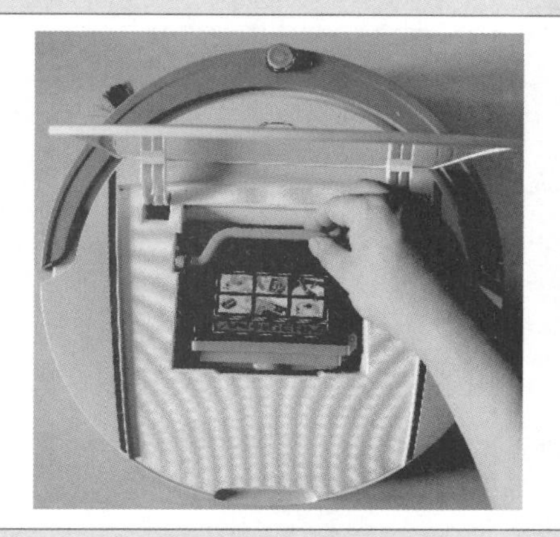
③ 握住提手取出尘盒。	④ 用手按住尘盒密封盖两端，即可打开尘盒密封盖。
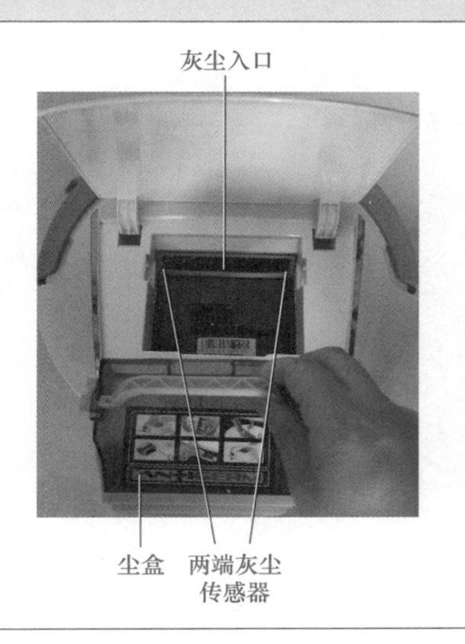	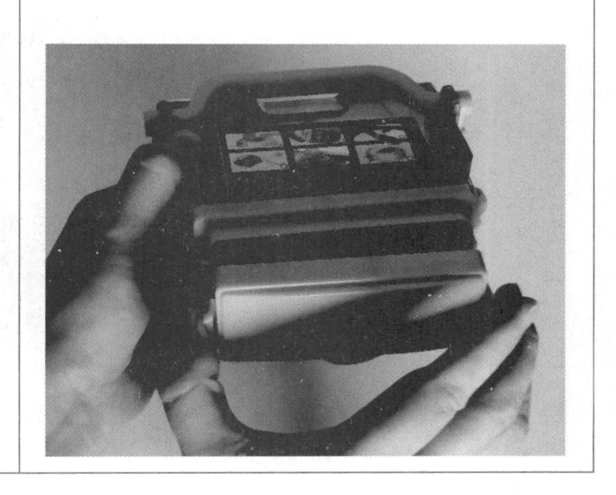

⑤ 向上拉白条，即可拉出高效空气过滤器，可用手取出精细过滤棉。

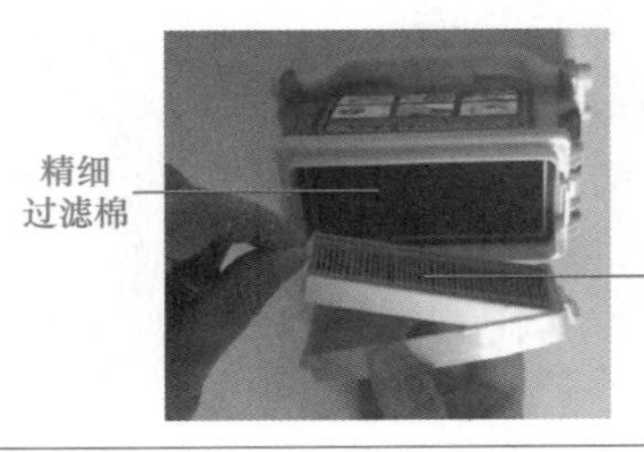

⑥ 扳动尘盒盖架锁扣，即可打开盖架。

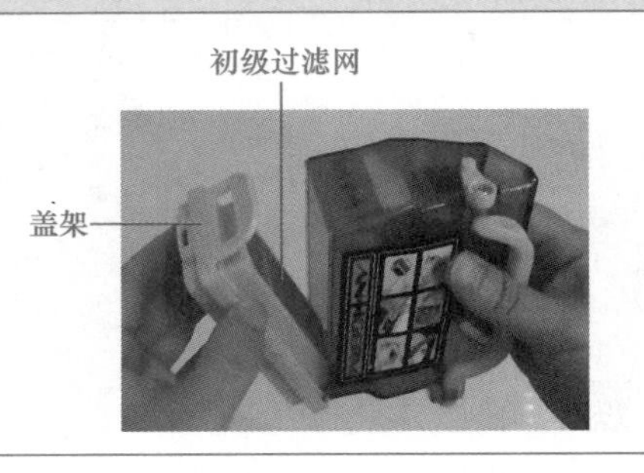

第二步 拆卸主机的旋转边刷。

① 用手按住绿色旋转边刷根部，用力向外拔，即可取出绿色旋转边刷。

② 用手按住红色旋转边刷根部，用力向外拔，即可取出红色旋转边刷。

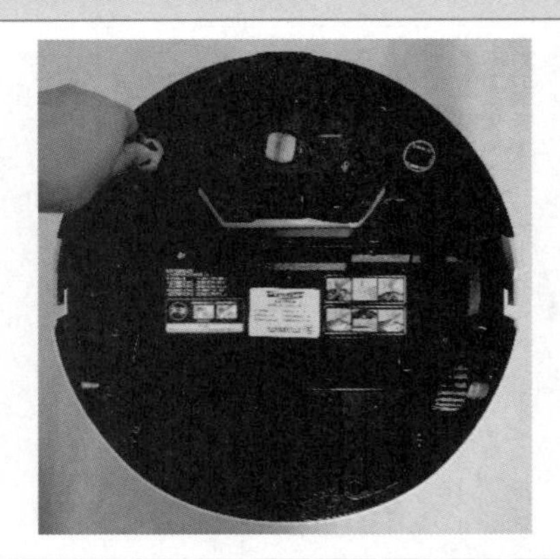

③ 取出边刷后，观察边刷的卡槽。

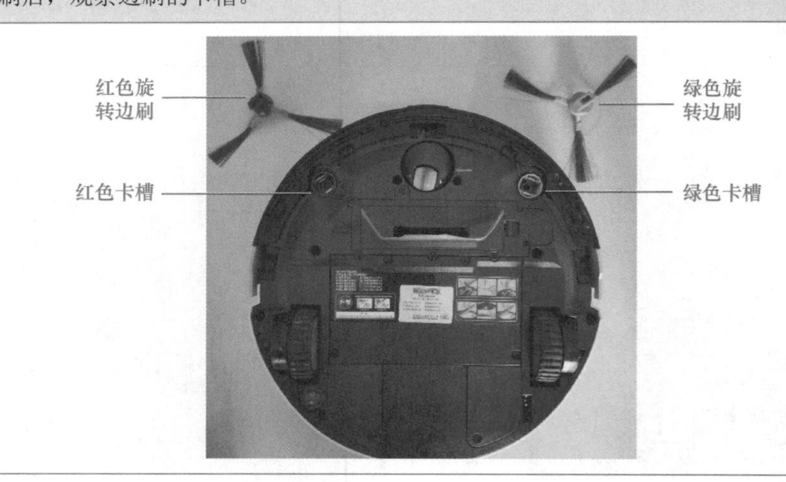

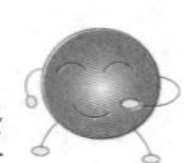

第三步　拆卸主机的吸口。

① 用螺钉旋具旋松固定吸口与主机的螺钉。	② 用手向上提，即可取出吸口。

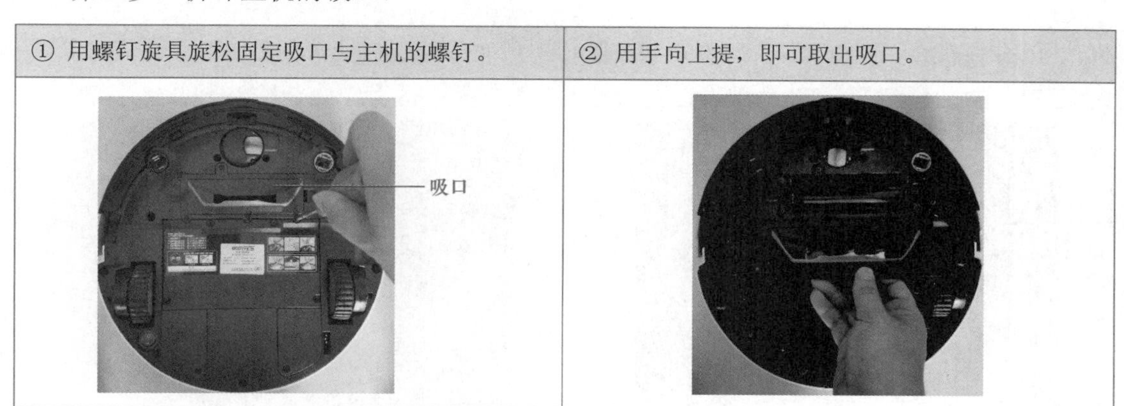

第四步　拆卸主机的电路板。

① 用螺钉旋具旋松主机电路板盖板。	② 取下盖板，松动螺钉，即可取下电路板。

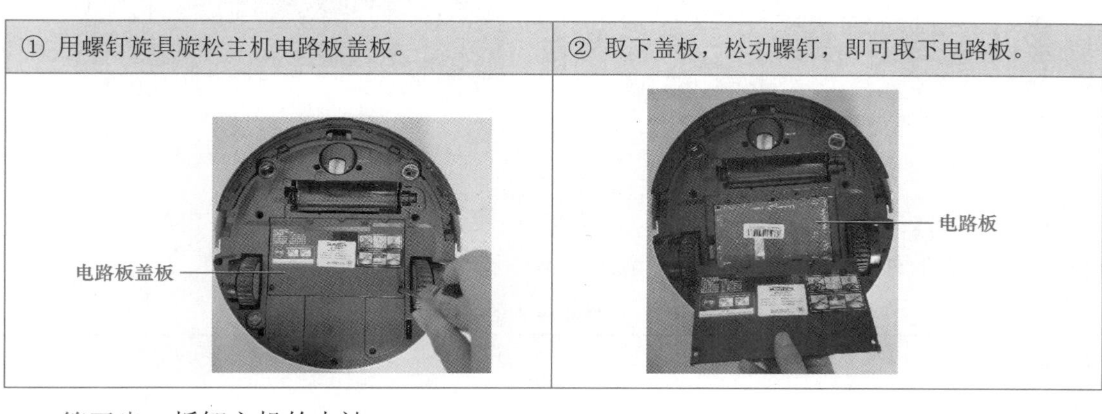

第五步　拆卸主机的电池。

① 用螺钉旋具旋松电磁盖板上的螺钉。	② 取下电池盖板，用螺丝刀往外撬，即可取出里面的电池。

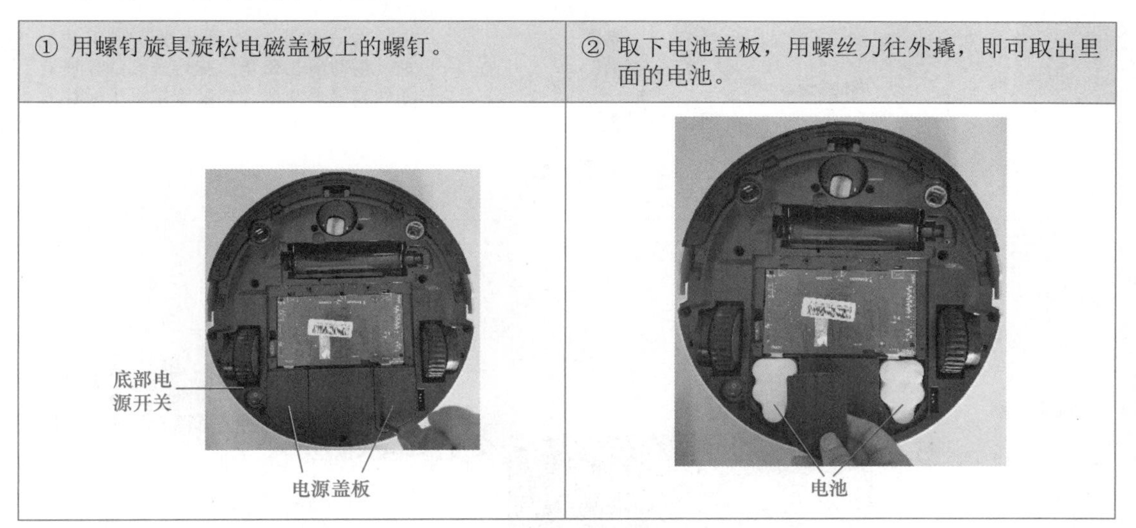

第六步　拆卸充电座。

① 用手指向右滑动释放按钮，即可松动充电座上盖。	② 用手握住充电座上盖稍用力向上提，即可取下上盖。
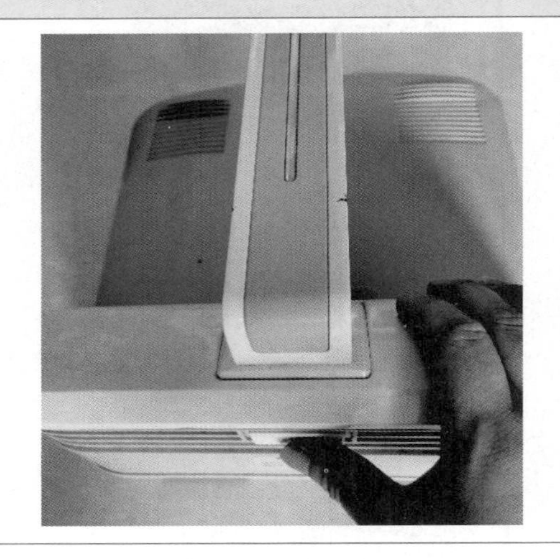	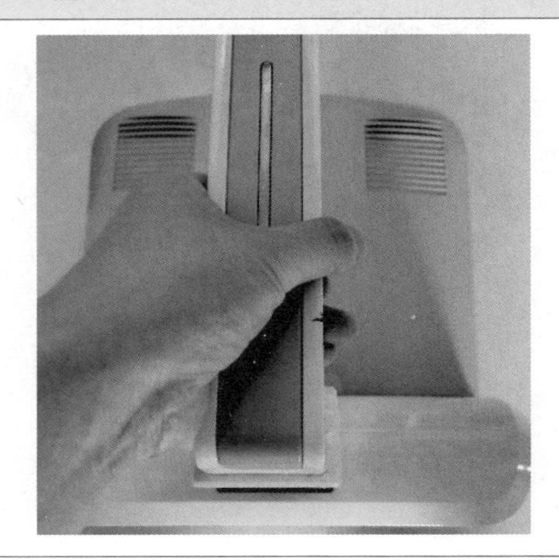

3 认识扫地机器人的主要部件

扫地机器人主要部件有旋转边刷、过滤材质、万向轮、主机电路板、电池、底部电源开关等，它们的外形、主要特点及作用如表14-1所示。

表14-1　扫地机器人的主要部件

部件名称	外形	主要特点及作用
旋转边刷		旋转边刷的刷毛为材质坚固耐用的尼龙，帮助清扫死角。旋转边刷的插座有红色和绿色两个，安装到主机上时注意对应卡槽颜色
过滤材质		上面白色竖条网部分为高效空气过滤器，下面黑色部分为精细过滤海绵，安装在尘盒后端密封盖里面，用来过滤吸口吸入的空气

续表

部件名称	外形	主要特点及作用
万向轮		在扫地机器人工作时，可带动机器人任意角度旋转
主机电路板		主机电路板为控制扫地机器人工作的核心电路部分，接入电源后，与遥控板配合控制扫地机器人工作
电池		扫地机器人为高倍率镍氢电池，额定电压6V，额定容量3500mAh，电池可反复充电，使用持久，环保安全
底部电源开关		圆形防水防尘电源开关，置于O断开，置于I闭合

4 组装扫地机器人

扫地机器人的组装过程与拆卸过程相反，先组装充电座，再组装主机，从内往外进行安装和紧固，其具体步骤如下。

第一步　组装充电座。

① 将充电座上盖对准充电座底座插槽插入。

② 用手指向左滑动释放按钮，即可锁住充电座上盖。

第二步　安装主机的电池。

① 将两块电池对准电池卡槽水平插入，盖上电池盖板。

② 用螺钉旋具紧固电池盖板上的螺钉。

第三步　安装主机电路板。

① 电路板沿主机原位置放入，用螺钉旋具紧固螺钉。

② 盖上电路板上面的盖板，用螺钉旋具紧固盖板上的螺钉。

第四步　安装主机的吸口。

① 将吸口安装回机体原位置。

② 螺钉旋具紧固吸口的螺钉。

第五步　安装主机的旋转边刷。

① 将红色旋转边刷插入红色卡槽，用力按下后听到“咔嚓”一声，即安装到位。

② 将绿色旋转边刷插入绿色卡槽，用力按下后听到“咔嚓”一声，即安装到位。

第六步　安装主机的尘盒。

① 稍微用力安装回尘盒盖架，锁扣锁住。

② 将高效空气过滤器安装回尘盒密封盖，将精细过滤棉安装回尘盒盖架。

③ 将尘盒密封盖安装回盖架并卡住。

④ 将尘盒安装回主机内，并将提手按下锁住，盖上面盖。

第七步　对接主机与充电座。

① 分别组装完主机和充电座后，将主机充电极对准充电座电极片。

② 使用万用表蜂鸣挡测量电源插头是否有短路现象。

③ 最后通电试用各功能按键是否正常工作。

操作评价　扫地机器人的拆卸与组装操作评价表

评分内容	技术要求		配分	评分细则		评分记录
认识扫地机器人外形结构	能正确描述扫地机器人外形结构各部分的名称		10	操作错误每次扣1分		
拆卸扫地机器人	1．能正确顺利拆卸		20	操作错误每次扣2分		
	2．拆卸的配件完好无损，并做好记录		10	配件损坏每处扣2分		
认识扫地机器人部件	能够认识扫地机器人组成部件的名称		10	操作错误每次扣1分		
组装扫地机器人	1．能正确组装并还原整机		20	操作错误每次扣2分		
	2．螺钉装配正确，配件不错装、不遗漏		20	错装、漏装每处扣2分		
安全文明操作	能按安全规程、规范要求操作		10	不按安全规程操作酌情扣分，严重者终止操作		
额定时间	每超过5min扣5分					
开始时间		结束时间		实际时间		成绩
综合评议意见						

14.1.2 相关知识：扫地机器人的类型、结构、侦测技术、功能特点与使用方法

1 扫地机器人的类型、结构

扫地机器人根据清洁系统不同分为单吸口式、中刷对夹式、升降V刷清扫式。按侦测系统不同分为红外线传感式和超声波仿生式。按功能不同分为扫地机器人、拖地机器人、扫拖地机器人。按使用环境不同分为商用扫地机和家用扫地机器人。

家用扫地机器人靠刷子和真空吸力扫地，主要清扫家里的灰尘、头发、棉絮、碎屑等垃圾，凭借自身重力压着一块抹布，模仿人手擦地姿势，重复干擦或湿擦地面。扫拖地机器人的干净水箱里装入自来水之后可以启动，采用四段式清扫，即先扫吸稍大的颗粒垃圾，再喷洒出干净的水，然后刷子高速旋转刷洗地板，最后把脏水吸回脏水箱。科沃斯CEN530扫地机器人底部外形结构如图14-3所示。

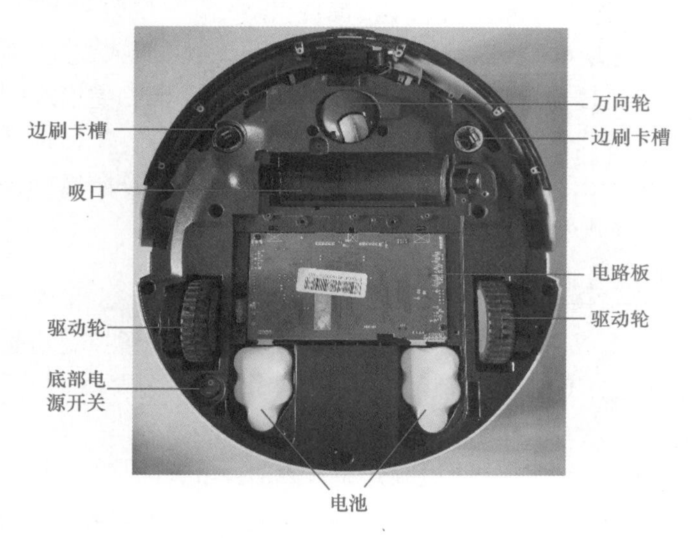

图14-3 科沃斯CEN530扫地机器人底部外形结构

商用扫地机又可以分为驾驶式扫地机（图14-4）和手推式扫地机（图14-5），商用扫地机无论是功率、清洁效果、清洁技术等都比家用扫地机器人要高，但需要人为一直操控，而家用扫地机器人智能化程度更高。

图14-4 驾驶式扫地机

图14-5 手推式扫地机

2 扫地机器人的侦测技术

目前扫地机器人主要使用的侦测技术为红外线传感技术和超声波仿生技术。

（1）红外线传感技术

利用红外线的光感应原理，红外辐射可对材料表面进行检测。红外线传输距离远，但对使用环境有相当高的要求，当遇上浅色或是深色的家居物品时无法反射回来，会造成机器与家居物品发生碰撞。

（2）超声波仿生技术

采用仿生超声波仿生技术，类似鲸鱼、蝙蝠采用声波来侦测，判断家居物品及空间方位，灵敏度高，技术成本也高。

3 扫地机器人的功能特点

科沃斯CEN530扫地机器人主要有以下功能特点。

1）吸力强：通过电动机的高速旋转，形成高速气流强劲吸入灰尘等脏物。

2）自动回充：通过提前规划路线自动进行区域清扫，清扫完毕或电量不足时能自动返回充电座充电。

3）双重防撞保护：在扫地机器人的前端外围有机械的缓冲防撞板和电子传感器检测障碍物距离，实现双重防撞保护。

4 扫地机器人的使用方法

科沃斯CEN530扫地机器人在使用时，可以通过遥控板设置控制功能，也可通过提前设置规划路线来完成清扫任务。

（1）主机电源开关及控制按键的使用方法

在扫地机器人主机的底部有一个电源开关，如图14-6所示，该按键可打开和关闭主机电源。在扫地机器人主机的顶部有一个启动/停止按键，如图14-7所示，按动该按键可启动和停止主机自动清扫功能。

图14-6　电源开关

图14-7　启动/停止按键

（2）主机充电的方法

将扫地机器人充电座底座和上盖安装好后，靠墙平稳放置于显眼位置，周边一定范围内勿放置物品，扫地机器人主机充电有3种方式，如表14-2所示。当主机上的启动/停止按

键上的指示灯闪烁，表示主机开始充电，充电完成后，该键指示灯长亮。

表14-2 主机充电的方法

充电方式	具体充电方法
自动返回	主机工作时，能感知自身电量不足，随即启动[返回充电]模式，自动寻找充电座
人工选择	通过遥控器或主机控制面板可随时控制，启动[返回充电]模式
手动操作	打开主机底部电源开关，手动将其放至充电座，注意对准充电吸片

（3）遥控器的使用方法

扫地机器人的遥控器如图14-8所示。打开遥控器背部电池盖，装上两节7号电池即可使用。遥控器上各按键功能的使用方法如表14-3所示。使用时遥控器在一定范围内对准主机遥控接收窗即可有效使用。

图14-8 遥控器

表14-3 遥控器按键的使用方法

按键名称	使用方法
暂停键	主机处于任意工作模式下，按下此键，扫地机器人暂停工作
方向键	主机处于任意工作模式下，按向前、向后、左转、右转按键，即可控制主机向对应方向行进
AUTO 自动模式键	最常用的模式，清扫覆盖面积最大。按此键，主机直线行进清扫，遇障碍物后改变方向。若清扫中，感知灰尘量较多，它将自动以“扇形”或“螺旋形”路线清扫当前地面，之后再转回直线清扫
精扫模式键	清扫效果最佳的模式。按此键，主机以精扫模式工作，灰尘感应灵敏度加大，清扫更细致
定点模式键	处理地面上较为集中的垃圾。按此键，主机呈螺旋式自内而外，重点对某一区域进行集中清扫一次，清扫范围为1.2m直径的圆形区域
返回充电键	按动此键，启动主机自动返回充电座充电
沿边模式键	针对室内的边角处进行清扫。按动此键，主机沿固定物体（如墙壁）周边进行清扫
循环定时键	长按遥控器上的循环定时按键，主机接收到信息后发出蜂鸣提示音，表示定时设置成功。通过本功能，主机能够在定时后，每天在相同时间自动开始工作

任务14.2 扫地机器人的维修

任务目标

1．会检测扫地机器人的主要部件。

2．会维修扫地机器人常见故障。

任务分析

通过本任务的学习，学会检测扫地机器人的主要部件，学会维修扫地机器人常见故障。

14.2.1 实践操作：扫地机器人主要部件检测与常见故障排除

1 检测扫地机器人主要部件

扫地机器人主要部件的检测如表14-4所示。

表14-4 主要部件的检测

部件名称	检测方法（万用表DT9205）
充电座	插上电源，使用万用表20V直流电压挡，测量充电座两对接电极片输出电压应为14.5V左右，如过高或过低说明充电座电路有故障
主机电池	充电时一定要先打开底部电源开关。首次充电，主机应先连续充电12h以上，以后每次充2～3h即可充满。使用万用表20V直流电压挡可测量充电池输出电压应为6V左右，如电压过低说明充电池不能存储电量，需要更换
主机电路板	使用万用表电阻挡检测主机电路板引出线阻值，如电阻值很小趋于0，说明电路有可能有短路现象
电源开关	使用万用表蜂鸣挡测量电源开关，检测其性能，断开时，蜂鸣器不发声，闭合时蜂鸣器发声。否则开关有问题需更换

2 排除扫地机器人常见故障

扫地机器人的常见故障现象、原因和处理方法如表14-5所示。

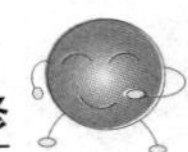

表14-5　扫地机器人常见故障现象、原因和处理方法

故障现象	故障原因	故障处理方法
主机无法充电	主机底部电源开关未打开，开始/停止键呈红色报警状态，此时无法充电	打开主机底部电源开关
	主机与充电座的充电对接电吸片未充分接触	主机充电，应确保其与充电座的对接电吸片充分对接
	充电座电源被关闭，主机电源开关是打开状态，导致电量损耗	主机充满电后将转入小电流补充，保持充电状态直至开启下次任务
	电池处于深度放电状态	激活电池。请参考前文“主机充电的方法”
主机开机后原地打转后退	主机底部下视传感器被灰尘遮蔽	用半干棉布擦拭下视传感器
	驱动轮被异物缠绕	清理驱动轮上异物
	用手碰触主机缓冲板，若不能自动反弹，应为主机故障	需联系生产厂家售后服务维修
主机不按设定模式工作且边刷不转	电量不足，主机自动返回充电且边刷停转	将主机充满电后调至自动清扫模式，然后启动工作
主机工作时陷入困境	主机被地面上散乱的电线、下垂的窗帘布或地毯须边等缠绕或阻碍	主机将尝试各种方法脱困一旦无法摆脱，请手动帮其摆脱困境并移除障碍物
主机工作时间很短	主机的工作时间，因实际房间复杂程度、垃圾量和清扫模式而有差异	清扫前，请将电源线、桌椅等有序摆放
	电池在深度放电状态，没有足够的电量进行工作	激活电池
主机行进速度减慢、倒退或小范围转圈	主机灰尘传感器感知地面灰尘量较多时，自动选择慢行或旋形路线	此为正常状态，无须解决
	灰尘传感器脏污	用半干棉布擦拭传感器
主机工作时不能感知楼梯（主机能感知地面高度大于8cm落差）	下视传感器脏污	用半干棉布擦拭传感器
	该处地面反光较强，导致主机探测落差的能力降低	在此放置防护栏，以防主机跌落
	下视传感器故障	请联系公司售后服务进行维修
主机工作时边刷不转	边刷被头发或异物缠绕造成无法运转	清理边刷
	边刷未安装到位	重新安装边刷，注意按照与卡槽对应颜色正确安装
	边刷固定处塑料件破裂	更换边刷
	排除以上情况后，情况依旧	请联系公司售后服务进行维修

续表

故障现象	故障原因	故障处理方法
主机工作时，滚刷不转（适用于含滚刷的机型）	关机后，用手转动滚刷，若无法正常转动，表示滚刷卡死	拆下滚刷重新正确安装
	滚刷被头发或异物缠绕	清理滚刷
	滚刷在长毛地毯上可能出现卡死情况	主机不可清扫毛长超过2.5cm的地毯
	排除以上状况后，情况依旧	请联系公司售后服务进行维修
主机工作时间变短	尘盒过滤网位置加入纸巾导致机器运行电流偏大，工作时间变短	去除纸巾
	滚刷、边刷长时间缠绕，清理次数少，导致电动机电流偏大，工作时间变短	清理滚刷、边刷
	电池深度放电或者长期未使用时，其容量可能会减小导致工作时间变短	激活电池
噪声变大，吸力降低	滚刷吸口处可能有异物堵塞或者滚刷两端的轴承处有较多毛发缠绕	清理滚刷、吸口组件
主机尘盒中垃圾漏出	尘盒中垃圾过多	清理尘盒
	滚刷被毛发等缠绕	清理滚刷
	拿取主机的方法不当	拿取主机时注意将印有DEEBOT那端微微斜向上
主机吸取液体	①立即关闭主机底部电源开关；②取出尘盒及滚刷，清理干净后擦干；③全部部件在阳光下干燥12h	正确安装后重启主机
遥控器失灵（遥控器有效控制范围是5m）	遥控器电池电量不足	更换新电池并正确安装
	主机底部电源开关未打开或主机电量不足	确保主机电源开关已开启并有充足电量完成操作
	遥控器红外线发射或者主机接收器脏污，无法发射或者接收信号	用干净棉布擦拭遥控器的红外线发射器及主机的红外线接收器
	主机附近有产生红外线的设备干扰信号	避免在其他红外线设备附近使用遥控器
主机面板容易刮花	对于带抹布的机器，在安装抹布时，将主机反扣在地，主机面板与地面摩擦而被刮花	安装抹布时，请将主机置放于柔软的物体上，尽量避免主机面板与地面直接接触
	主机进出床/沙发等较低物体底部时产生摩擦而被刮花	在清扫床和沙发等底部地面时，建议将其垫高

操作评价 扫地机器人的维修操作评价表

<table>
<tr><th>评分内容</th><th colspan="3">技术要求</th><th colspan="2">配分</th><th colspan="2">评分细则</th><th>评分记录</th></tr>
<tr><td>检测部件</td><td colspan="3">能正确检测扫地机器人主要部件的好坏</td><td colspan="2">20</td><td colspan="2">操作错误每次扣5分</td><td></td></tr>
<tr><td rowspan="3">排除扫地机器人的故障</td><td colspan="3">1. 能够正确描述故障现象，分析故障原因，确定解决办法</td><td colspan="2">20</td><td colspan="2">不能描述，每项扣5分，扣完为止</td><td></td></tr>
<tr><td colspan="3">2. 能够正确拆装扫地机器人</td><td colspan="2">20</td><td colspan="2">操作错误每次扣2分</td><td></td></tr>
<tr><td colspan="3">3. 能够根据原因确定故障点，并能排除故障</td><td colspan="2">20</td><td colspan="2">不能，扣10分；基本能，扣5～10分</td><td></td></tr>
<tr><td>安全使用</td><td colspan="3">安全检查，正确使用扫地机器人</td><td colspan="2">10</td><td colspan="2">操作错误每次扣5分</td><td></td></tr>
<tr><td>安全文明操作</td><td colspan="3">能按安全规程、规范要求操作</td><td colspan="2">10</td><td colspan="2">不按安全规程操作酌情扣分，严重者终止操作</td><td></td></tr>
<tr><td>额定时间</td><td colspan="3">每超过5min扣5分</td><td colspan="2"></td><td colspan="2"></td><td></td></tr>
<tr><td>开始时间</td><td></td><td>结束时间</td><td></td><td>实际时间</td><td colspan="2"></td><td>成绩</td><td></td></tr>
<tr><td>综合评议意见</td><td colspan="8"></td></tr>
</table>

14.2.2 相关知识：扫地机器人的工作原理与维护

1 扫地机器人的工作原理

（1）扫地机器人传感器工作原理

扫地机器人的顶部共设有3个超声波距离传感器，清扫机底部前方边沿安装有5个接近开关，接近开关与超声波距离传感器一起，构成清扫机测距系统。在吸口两端安装有2个灰尘传感器，可以感知吸入灰尘量的多少，从而使主机决定采用何种清扫方式更为有效。前端安装有下视传感器，感知高度大于8cm的地面落差，防止跌落。

（2）扫地机器人电路控制系统工作原理

扫地机器人采用框架式结构。从下至上分隔成3个空间。第1层装配各运动部件的驱动电动机和传动机构；第2层为垃圾存储空间；第3层装配机器人控制系统、接线板、电源电池、开关等。扫地机器人控制系统硬件主要是以单片机作为核心，辅助其外围电路、电动机驱动电路、传感器检测电路以及红外遥控电路等，各模块在单片机的控制下，相互协调工作，保证自动清扫机器人各种功能的实现。该控制系统框图如图14-9所示。

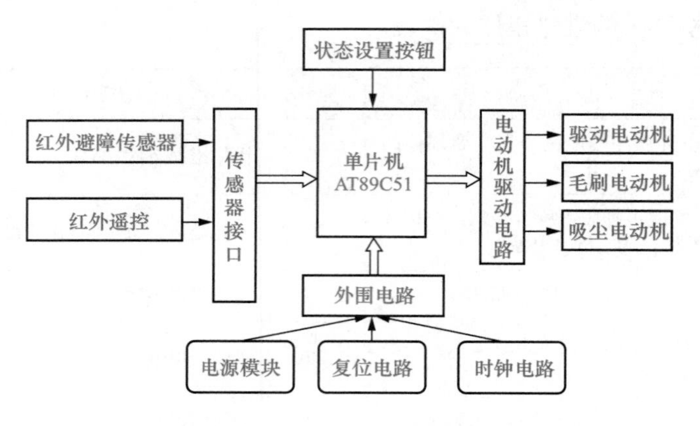

图14-9　控制系统框图

（3）步进电动机的控制电路工作原理

步进电动机作为执行元件，广泛应用于各种自动化设备中，如图14-10所示为步进电动机驱动电路。步进电动机和普通电动机不同之处在于它是一种可以将电脉冲信号转化为角位移的执行机构，工作中传递转矩的同时还可以控制角位移或速度。本电路中采用2台步进电机分别驱动2个驱动轮，通过通电方式的不同使扫地机器人的行走机构达到前进、后退、左转、右转的运动姿态。扫地机器人的吸尘器则采用直流电动机（H桥式电路）驱动。

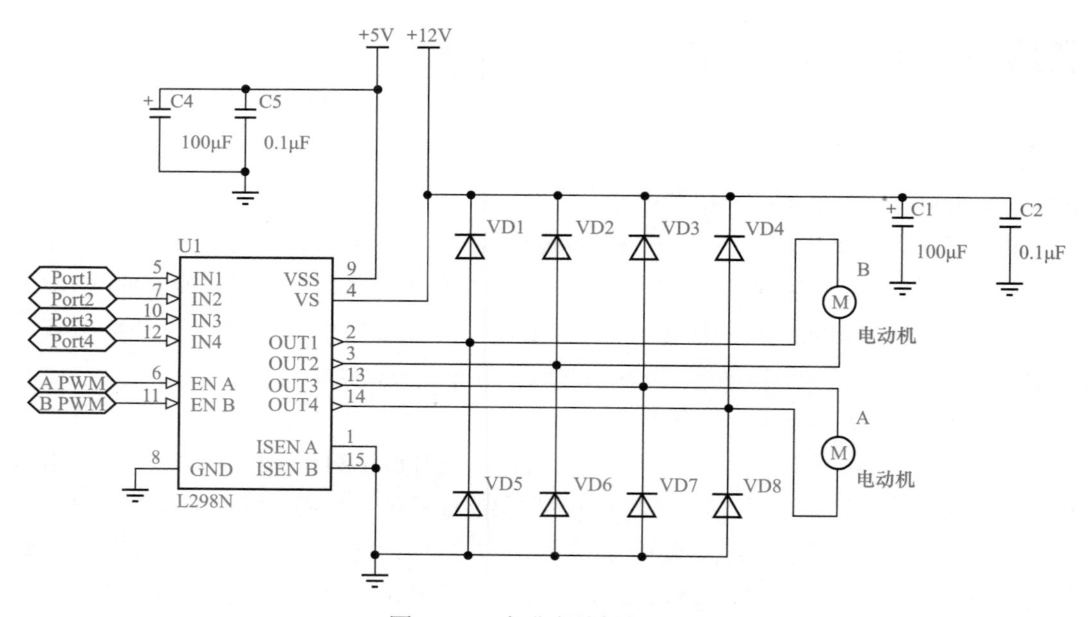

图14-10　步进电动机驱动电路

2 扫地机器人的维护

扫地机器人经长时间运行后，滤网、进出风口、风机等，因灰尘等污物堵塞影响进风量和空气净化效果，建议根据实际情况定时清洗。

（1）清洁尘盒与滤材

在关机状态下，打开主机面盖，取出尘盒（注意将倒灰口略微向上，以免漏灰），将尘盒内灰尘倒出，也可用水清洗。打开尘盒后盖，取出高效空气过滤器及精细过滤棉，轻轻拍打去除灰尘（可适当用水清洗，晾干后再使用）。如使用时间很长或灰尘太多，建议更换滤网，再装回尘盒后盖里。

（2）清洁吸尘口

在关机状态下，推开吸尘口侧面的按键，取出组件，清洁吸口，用干布清洁主机的空位，清理完后，重新装回吸口。

（3）清洁边刷

在关机状态下，按住边刷根部，向外拔出，用干布擦拭边刷各部分，若边刷有破损应及时更换，然后再安装回边刷。

（4）清洁轮子

使用专配滚轮刷定期清理万向轮和驱动轮上的污垢和毛发等。

（5）清洁主机及充电座

拔掉电源线，用干毛巾擦拭主机及充电座各个部分。

警告：因充电座接入220V电压，清洗时必须拔掉电源插头，断电操作。电路的任何部分都不可沾水。

思考与练习

1．扫地机器人根据清洁系统不同分为＿＿＿＿＿、＿＿＿＿＿、升降V刷清扫式；根据功能不同分为＿＿＿＿、＿＿＿＿、扫拖地机器人；根据使用环境不同分为商用扫地机、＿＿＿＿。

2．CEN530型扫地机器人充电时，主机与＿＿＿＿＿对接，主机充电时有3种方式分别是＿＿＿＿、＿＿＿＿、＿＿＿＿。

3．CEN530型扫地机器人清扫地面时，有＿＿＿＿模式、＿＿＿＿模式、＿＿＿＿模式以及沿边模式。

4．CEN530型扫地机器人采用2台＿＿＿＿分别驱动2个＿＿＿＿，通过通电方式的不同使自动清扫机器人的行走机构达到＿＿＿＿、后退、＿＿＿＿、右转的运动姿态。

5．简述扫地机器人采用的框架结构。

6．请分析CEN530型扫地机器人行进速度减慢、倒退或小范围转圈的故障原因。如何排除故障？

项目 15
空气净化器的拆装与维修

学习目标

知识目标

1. 了解空气净化器的类型及功能特点。
2. 理解空气净化器电路工作原理。
3. 掌握空气净化器的使用方法。
4. 掌握空气净化器的维护方法。

技能目标

1. 能认识空气净化器的外形结构及主要部件。
2. 会拆卸与组装空气净化器。
3. 会检测空气净化器的相关部件。
4. 能排除空气净化器的常见故障。

空气净化器又称为空气清洁器、空气清新机、净化器，是指能够吸附、分解或转化各种空气污染物（一般包括细菌、过敏原、PM2.5、粉尘、花粉、异味、甲醛之类的装修污染等），有效提高空气清洁度的家居类日用电器，还广泛应用在医院、写字楼、金融、宾馆等场所。空气净化器的类型较多，本项目主要介绍思乐智BAP400空气净化器的原理、拆装及故障维修。

任务15.1 空气净化器的拆卸与组装

任务目标

1．会拆卸空气净化器。

2．会组装空气净化器。

3．能认识空气净化器的主要部件。

任务分析

拆卸与组装空气净化器的工作流程如下。

认识空气净化器的外形结构 ⇨ 拆卸空气净化器 ⇨ 认识空气净化器的主要部件 ⇨ 组装空气净化器

15.1.1 实践操作：拆卸与组装空气净化器

1 认识空气净化器的外形结构

空气净化器外形结构主要由底座、前盖壳、后机壳、两侧进风口、顶端出风口、液晶触控面板等组成。空气净化器的外形结构如图15-1所示。

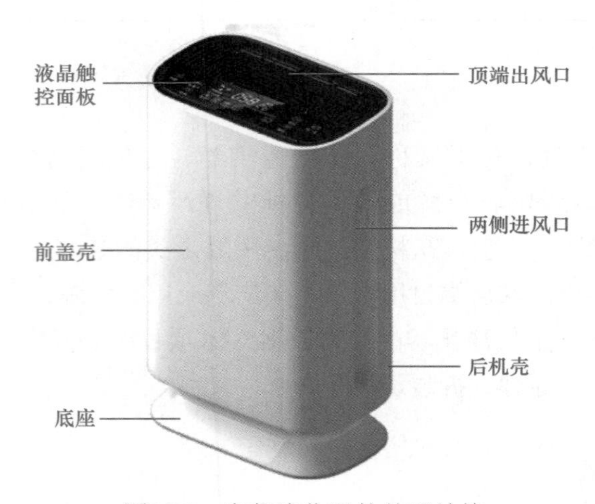

图15-1　空气净化器的外形结构

2 拆卸空气净化器

断开电源后，拆卸空气净化器的步骤如下。

第一步　拆卸空气净化器的前盖壳及滤网。

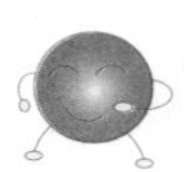

① 用双手扣住前盖壳两侧凹槽，用力由内向外拉，可打开盖壳。	② 用手将白色拉条向外拉，即可拉出滤网。
	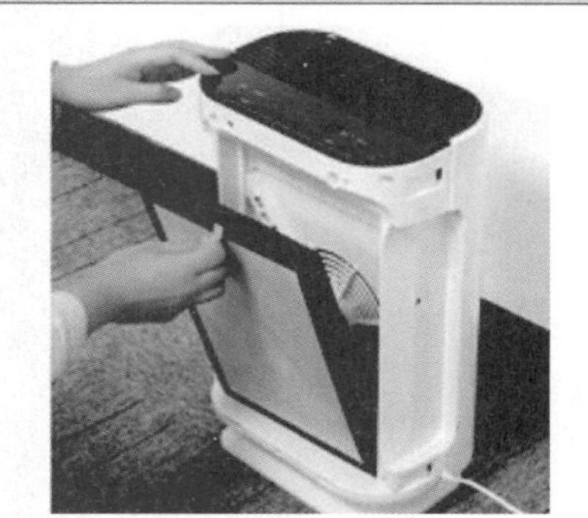
③ 滤网的前面蓝色部分为初滤网。	④ 滤网的后面黑色部分为蜂窝活性炭滤网。

第二步　拆卸空气净化器的后盖。

① 用螺钉旋具旋松四周螺钉，即可打开后机壳。	② 将机体翻过来，用双手扣住后机壳向外拉，即可取下后机壳。

<table>
<tr><td>③ 打开后机壳后，观察里面的重要部件。</td></tr>
<tr><td>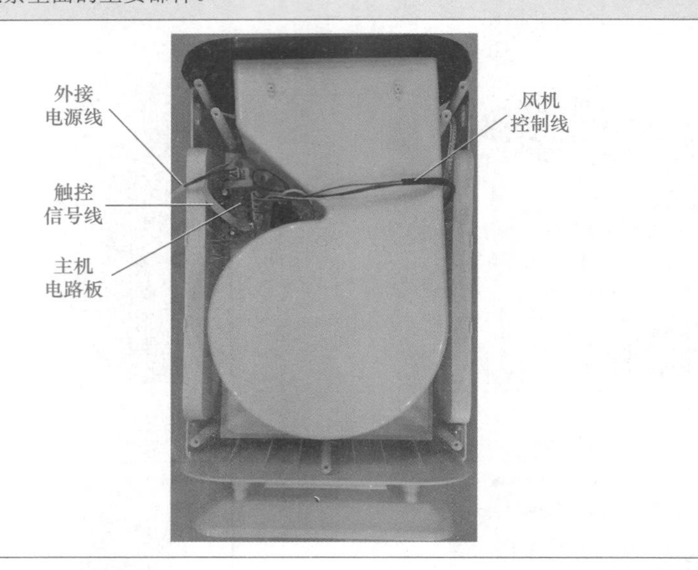
</td></tr>
</table>

第三步　拆卸空气净化器的触控电路板。

<table>
<tr><td>① 取下主电路与触控电路板连接的信号线。</td><td>② 双手向上提，即可取下触控电路板的盖板。</td></tr>
<tr><td>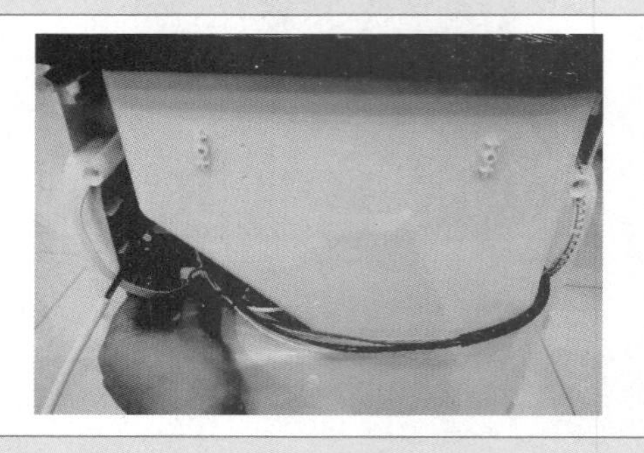</td><td>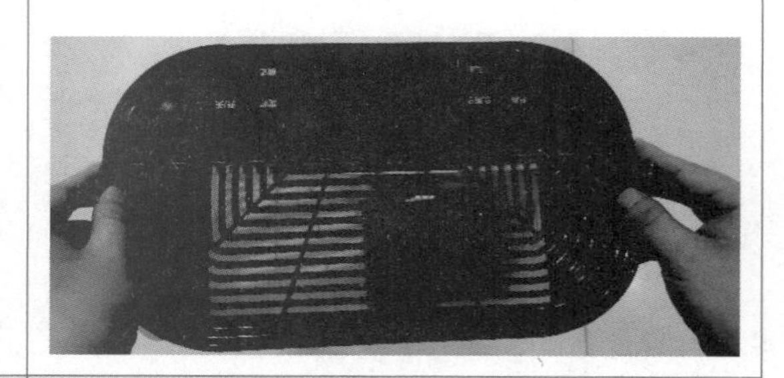</td></tr>
<tr><td>③ 用手取下与空气质量传感器连接的信号线。</td><td>④ 用螺钉旋具旋松触控电路板与盖板的螺钉。</td></tr>
<tr><td>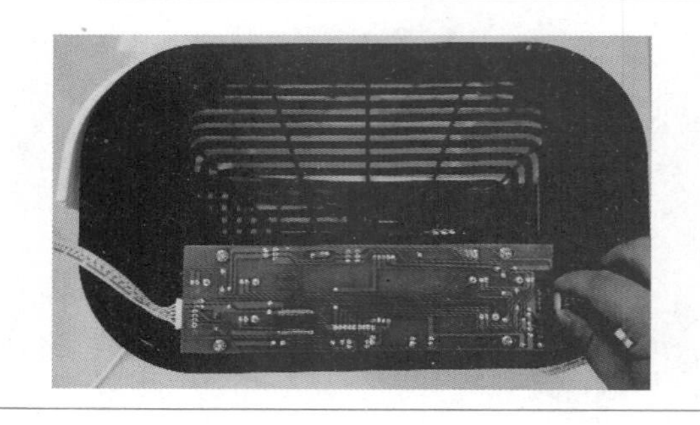</td><td>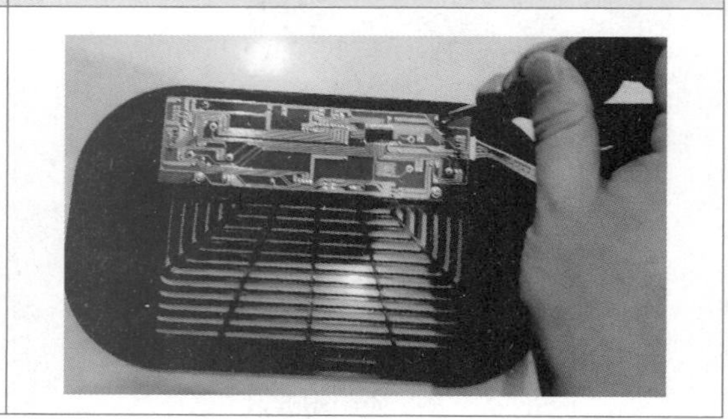</td></tr>
</table>

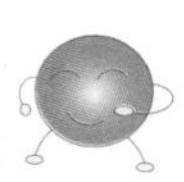

⑤ 将触控电路板翻过来，观察电路板。
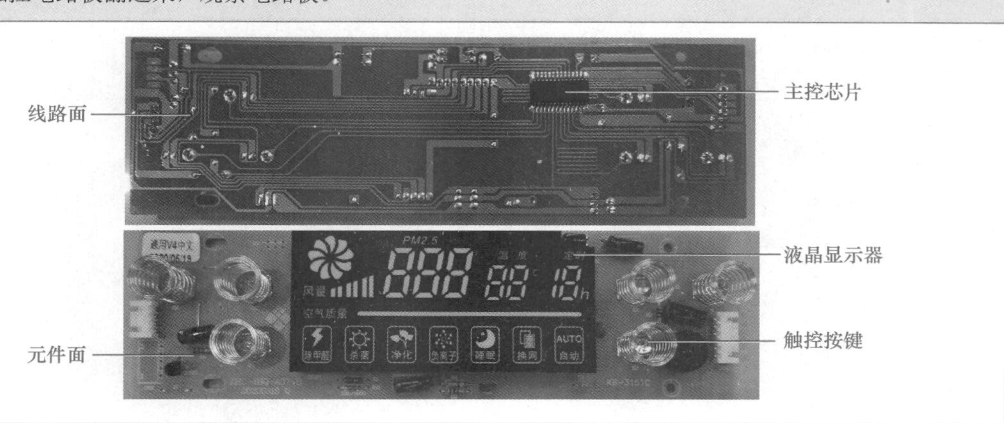

第四步　拆卸空气净化器的主机电路板。

① 用手取下与主机电路板连接的电源接线插头，电动机接线插头，负离子发生器插头。	② 用螺钉旋具旋松固定负离子发生器的螺钉，取下负离子发生器。
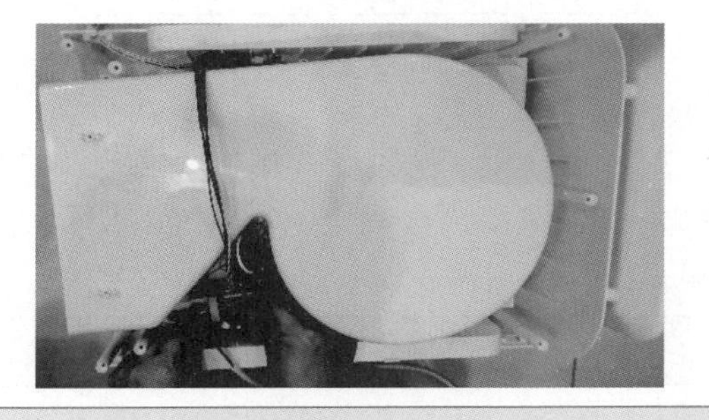	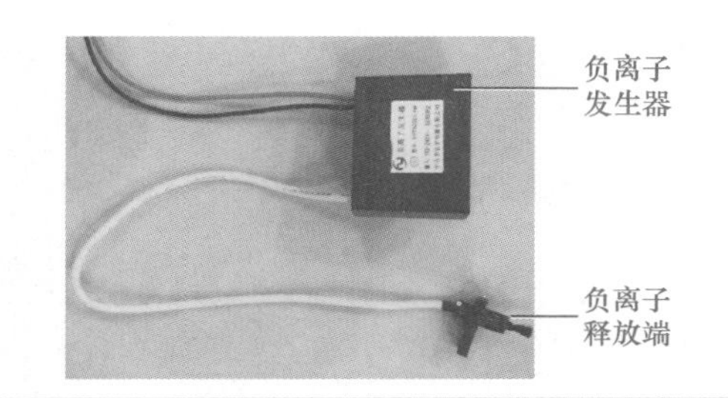
③ 用螺钉旋具旋松固定主机电路板的螺钉，取下主机电路板。	
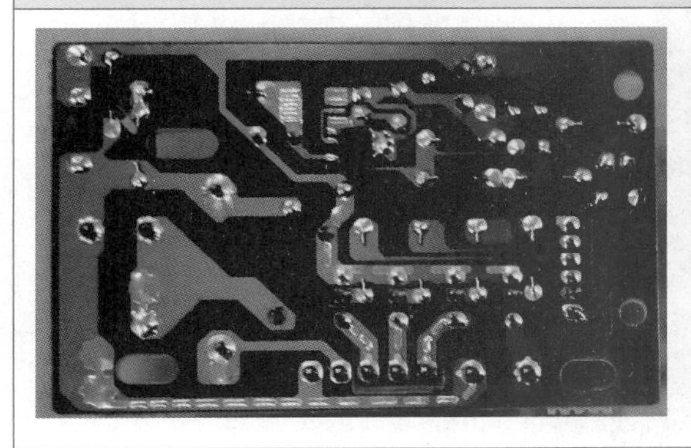	

第五步　拆卸空气净化器出风道的集风罩。

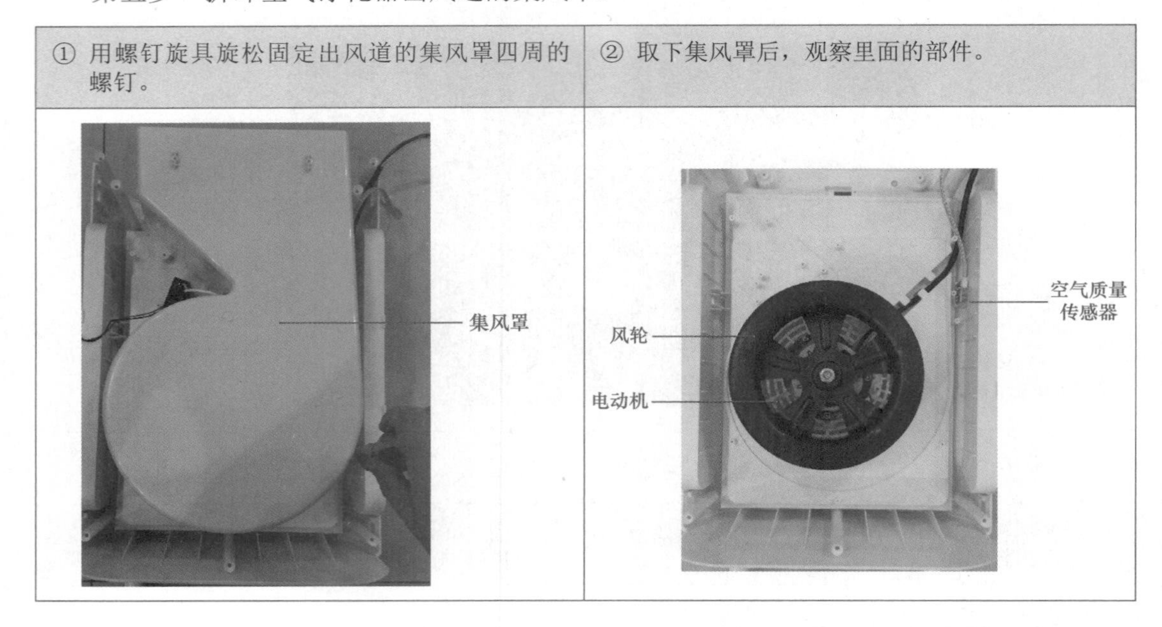

① 用螺钉旋具旋松固定出风道的集风罩四周的螺钉。	② 取下集风罩后，观察里面的部件。

3 认识空气净化器的主要部件

空气净化器主要部件有滤网、主机电路板、触控电路板、负离子发生器、空气质量传感器、风机等，它们的外形、主要特点及作用如表15-1所示。

表15-1　空气净化器的外形主要特点及作用

部件名称	外形	主要特点及作用
滤网		滤网采用“初滤网+高效空气过滤器+蜂窝活性炭”三重复合滤网。初滤网拦截较大微粒及毛发，高效空气过滤器可以吸附雾霾PM2.5、PM0.3、粉尘以及部分细菌病毒等，蜂窝活性炭滤网采用蜂窝式设计可以降低风阻、净化甲醛、去除室内异味等
主机电路板		主机电路板接入电源，与触控电路配合控制电源、风机、负离子发生器等工作

续表

部件名称	外形	主要特点及作用
触控电路板		触控电路板可以发出电源、定时、模式、负离子、风速、杀菌等控制信号
负离子发生器		HYFZ220≤1W负离子发生器，输入电压AC 110～240V。红线和黑线为电源输入线，白线为高压电离负离子输出线。其工作原理与自然现象“打雷闪电”时产生负离子的原理相一致。利用高压电晕增加空气中负离子成分，释放到周围的空气中，净化空气
空气质量传感器		空气质量传感器随时监测周围空气质量
风机		由风轮和电动机组成，在电动机的带动下风轮转动，吸入经过滤后的空气，从上面吹出高速、中速或低速的净化空气

4 组装空气净化器

空气净化器的组装过程与拆卸过程相反，由内向外进行安装和紧固，其具体步骤如下。

第一步　安装出风道的集风罩。

① 将空气质量传感器安装回原位置。

② 将集风罩按原位置扣回风机上面。

③ 用螺钉旋具紧固集风罩与主机周围所有的螺钉。

第二步　安装主机电路板。

① 用螺钉旋具固定主机电路板的螺钉。

② 用螺钉旋具固定负离子发生器的螺钉。

③ 用手插回与主机电路板连接的电源线插头、电动机线插头、负离子发生器插头。

第三步　安装触控电路板。

① 用螺钉旋具固定触控电路板与盖板的螺钉。

② 用手插回与空间质量传感器连接的信号线。

③ 将触控电路板按原位置扣回主机顶端。

④ 接回主电路与触控电路板连接的信号线。

第四步　安装后机壳。

① 将机体后机壳按原位置扣回机体。

② 将机体翻过来，用螺钉旋具紧固主机与后机壳的螺钉。

第五步　安装滤网。

① 将滤网安装回机体原位置，注意有白色拉条那面朝外。

② 用双手按原位置扣回前盖壳。

③ 使用万用表蜂鸣挡测量电源插头是否有电路严重短路现象。

④ 最后通电试用各功能按键是否正常工作。

操作评价　空气净化器的拆卸与组装操作评价表

评分内容	技术要求	配分	评分细则	评分记录
认识外形	能正确描述空气净化器外形结构各部分的名称	10	操作错误每次扣1分	
拆卸空气净化器	1．能正确顺利拆卸	20	操作错误每次扣2分	
	2．拆卸的配件完好无损，并做好记录	10	配件损坏每处扣2分	
认识部件	3．能够认识空气净化器组成部件的名称	10	操作错误每次扣1分	
组装空气净化器	1．能正确组装并还原整机	20	操作错误每次扣2分	
	2．螺钉装配正确，配件不错装、不遗漏配件	20	错装、漏装每处扣2分	
安全文明操作	能按安全规程、规范要求操作	10	不按安全规程操作酌情扣分，严重者终止操作	
额定时间	每超过5min扣5分			
开始时间	结束时间	实际时间	成绩	
综合评议意见				

15.1.2　相关知识：空气净化器的类型、结构、技术材料、功能特点与使用方法

1 空气净化器的类型、结构

空气净化器根据工作方式不同可分为被动式、主动式、主被动混合式；根据空气中颗

粒物去除技术不同可分为机械滤网式、静电驻极滤网式、高压静电集尘式、负离子和等离子体等；根据净化需求不同可分为纯净化型、加湿净化型、车载型、桌面型、大中型、中央空调系统型。不管哪一种类型的空气净化器，其主要内部结构都差不多，如图15-2所示。

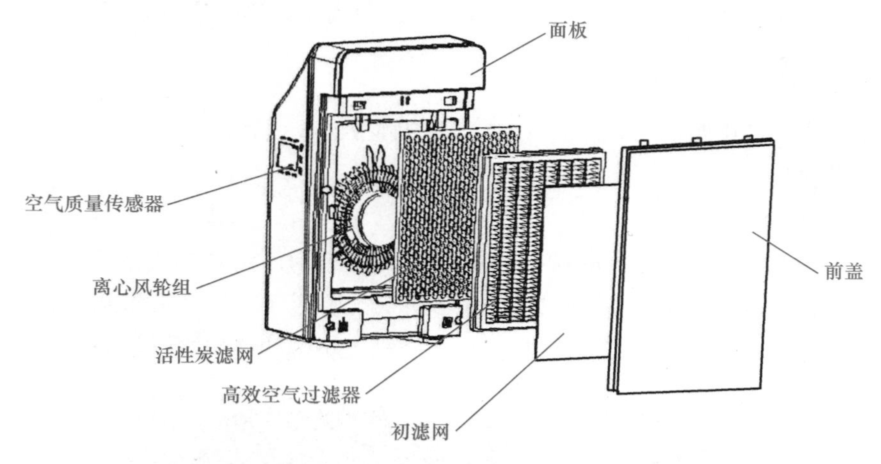

图15-2　空气净化器内部结构

2 空气净化器的技术和材料

空气净化器采用多种不同的技术和材料，使它能够向用户提供清洁和安全的空气。常用的空气净化技术有吸附技术、负（正）离子技术、催化技术、光触媒技术、超结构光矿化技术、高效过滤技术、静电集尘技术等；材料（器件）主要有负离子发生器、光触媒、活性炭、合成纤维、高效材料等。目前的空气净化器多为复合型，即同时采用了多种净化技术和材料。

3 空气净化器的功能特点

（1）两侧进风顶端出风

进风口在机体两侧，内嵌空气质量传感器，随时监测空气质量。出风口设计在顶端，出风面积大、风量大，噪声小。

（2）杀菌功能

能杀死空气中、物体表面的细菌、病毒、霉菌，同时去除空气中的死皮屑、花粉等引起疾病的来源。

（3）过滤空气功能

能过滤空气中的灰尘、煤尘、纤维杂质等各种可吸入悬浮颗粒物。

（4）净化空气功能

能除去化学物品、动物、烟草、油烟、烹调、垃圾中散发的怪味。

（5）除甲醛功能

能中和甲醛、苯及油漆中散发的有害气体。

（6）风速可调

三挡风速可调，可根据环境情况选择。

（7）负离子功能

采用负离子发生技术，在工作的同时释放大量负离子，清新空气。

4 空气净化器的使用方法

空气净化器在使用时，可以通过机体上部的触控面板设置功能，也可通过遥控器进程无线远距离设置功能。

（1）触控面板的使用方法

思乐智BAP400空气净化器的触控面板如图15-3所示，由液晶显示窗口和6个触控按键组成。液晶显示窗口实时显示室温、PM2.5和空气质量（空气质量指示情况如图15-4所示），同时实时显示空气净化器所设置功能。6个触控按键的使用方法如表15-2所示。

图15-3　触控面板

图15-4　空气质量指示

表15-2　触控按键的使用方法

触控键名称	使用方法
电源键	插上电源后，处于待机状态，电源触控键闪烁，按下“电源”键，空气净化器以中风速启动出风，再按动此键，关闭空气净化器
定时键	在空气净化器工作状态下，按一下此键，进入定时状态，定时时间可在1～12h内任意选择，每按一次递增1h。在定时为12h状态下，再按一下此键，则定时功能被取消
模式键	按此键，可循环选择正常→自动→睡眠3种模式，且有相对应的指示灯显示

续表

触控键名称	使用方法
负离子键	按此键，负离子发生器开始工作，释放负离子，同时负离子指示灯亮；再按此键，关闭负离子
风速键	按动此键，可循环选择低速→中速→高速3种风速度，且有相对应的指示灯显示
杀菌键	按动此键，紫外杀菌灯照射滤网，达到杀菌效果，且有相对应的指示灯显示

（2）遥控器的使用方法

空气净化器的遥控器如图15-5所示。打开遥控器背部电池盖，装上一块1.5V纽扣电池即可使用。遥控器上各按键功能与触控面板上的功能相同。使用时遥控器在一定范围内对准遥控接收窗即可控制。

图15-5 遥控器

任务15.2 空气净化器的维修

任务目标

1．会检测空气净化器的主要部件。

2．会维修空气净化器常见故障。

任务分析

通过学习本任务的内容，学会检测空气净化器的主要部件，学会维修空气净化器的常见故障。

15.2.1 实践操作：空气净化器主要部件检测与常见故障排除

1 检测空气净化器的主要部件

空气净化器主要部件的检测方式如表15-3所示。

表15-3 主要部件的检测方式

部件名称	检测方式（万用表DT9205）
主电动机	用手转动转轴，看转动是否灵活。用万用表的电阻挡检测电动机主绕组黑线与调速绕组抽头线（快速红线、中速白线、慢速蓝线）、副绕组黄线的电阻值是依次增大的关系，且阻值一般在几百到几千欧之间，如果太大或太小都说明绕组有问题。另用绝缘电阻表测量绕组间以及与电动机机壳间绝缘电阻应大于2MΩ

续表

部件名称	检测方式（万用表DT9205）
主电路板熔断器	先观察主电路板熔断器玻璃管内的熔断丝是否熔断，也可用万用表蜂鸣挡检测其是否熔断，如蜂鸣器不发声说明已经熔断，需要更换
主电路板电容器	用万用表电阻挡先测量主电路板上的相应电容器是否击穿，若阻值很小趋于0，则说明击穿，需要更换。再把疑似有问题的电容器，从电路板上取下来，用万用表电容挡检测容量，如容量相差较大，确定电容器必须更换。注意检测前电容器应先放电
主电路板双向可控硅Z0607	用万用表二极管挡检测双向可控硅，T2-T1、T2-G正反向均不导通，而T1-G正反向均导通，说明双向可控硅是好的，反之损坏
触控电路板	用万用表电阻挡检测触控电路板引出线阻值，如电阻值很小趋于0，说明电路有可能有短路现象

2 排除空气净化器常见故障

空气净化器的常见故障现象、可能原因和解决办法如表15-4所示。

表15-4　空气净化器的常见故障及处理

故障现象	故障原因	故障处理方法
插上电源，按电源开关，整机不工作	可能是电源线没有插好	重新插电源或换插座
	可能是触控面板上的电源开关失灵	由于触控开关下面弹簧与电路相连，可以适当调整一下弹簧，再重新开机尝试
其他功能正常出风口没有空气流出	主电动机电源线折断或接线脱落	用万用表检查电源引线或重新连接线
	主电动机主绕组或副绕组断路。因通电后只有一个绕组得电，不能形成旋转磁场	用万用表测量电动机绕组，如阻值为∞，说明该绕组断路，只能重绕绕组或更换电动机
启动困难	电动机绕组存在匝间短路。当电动机绕组存在匝间短路时，除了会引起不正常的温升外，还会使电动机通电后不能产生足够的转矩，从而启动困难	手摸电动机外壳是否烫手，用万用表测电流是否明显偏大。如是，说明绕组内部存在短路现象，只能重绕绕组或更换电动机
	轴承润滑不良或有异物阻滞使电动机转动受阻	拨一下扇叶，看转动是否灵活。如明显受阻，则应拆开电动机后再进行检查和修理
运行一段时间，空气质量仍未改善	室内密封过严，环境空气污染严重	必须开窗开门透风换气
	滤网使用时间较长，过滤功能下降	清洁或更换滤网
运行时发出异常声响	进风口或出风口被异物堵住	移除进风口或出风口的异物
	风机有质量问题	断电检测风机质量，若有异常需要更换风机

操作评价　空气净化器的维修操作评价表

评分内容	技术要求	配分	评分细则	评分记录
检测部件	能正确检测空气净化器部件的好坏	20	操作错误每次扣5分	

续表

<table>
<tr><th>评分内容</th><th colspan="3">技术要求</th><th>配分</th><th colspan="2">评分细则</th><th>评分记录</th></tr>
<tr><td rowspan="3">排除空气净化器的故障</td><td colspan="3">1．能够正确描述故障现象，分析故障原因，确定解决办法</td><td>20</td><td colspan="2">不能描述，每项扣5分，扣完为止</td><td></td></tr>
<tr><td colspan="3">2．能够正确拆装空气净化器</td><td>20</td><td colspan="2">操作错误每次扣2分</td><td></td></tr>
<tr><td colspan="3">3．能够根据原因确定故障点，并能排除故障</td><td>20</td><td colspan="2">不能，扣10分；基本能，扣5～10分</td><td></td></tr>
<tr><td>安全使用</td><td colspan="3">安全检查，正确使用空气净化器</td><td>10</td><td colspan="2">操作错误每次扣5分</td><td></td></tr>
<tr><td>安全文明操作</td><td colspan="3">能按安全规程、规范要求操作</td><td>10</td><td colspan="2">不按安全规程操作酌情扣分，严重者终止操作</td><td></td></tr>
<tr><td>额定时间</td><td colspan="3">每超过5min扣5分</td><td></td><td colspan="2"></td><td></td></tr>
<tr><td>开始时间</td><td></td><td>结束时间</td><td></td><td>实际时间</td><td></td><td>成绩</td><td></td></tr>
<tr><td>综合评议意见</td><td colspan="7"></td></tr>
</table>

15.2.2 相关知识：空气净化器的工作原理与维护

1 空气净化器的工作原理

思乐智BAP400型空气净化器的工作原理图如图15-6所示。

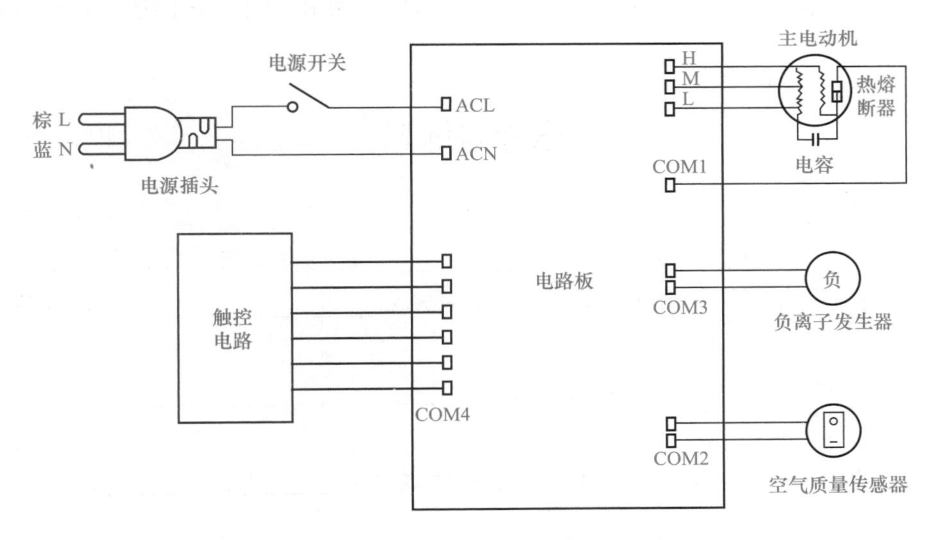

图15-6　空气净化器的工作原理图

电路原理图中，COM1～COM4都连接在一起与ACN（零线）连通。H为高风速控制端与主电动机红线连接、M为中风速控制端与主电动机白线连接、L为低风速控制端与主电动机蓝线连接。电动机、负离子发生器、空气质量传感器等部件的工作，通过触控电路板发生信号控制。

空气净化器的工作原理：机器内的电动机带动风轮旋转使室内空气循环流动。污染的空气在主机两侧吸入，通过机内的空气过滤网将各种污染物清除或吸附，再加装上紫外灯杀菌、负离子发生器产生大量负离子后，被风扇送出，形成清洁、净化气流从顶端的出风口送出。

2 空气净化器的维护

空气净化器经长时间运行后，滤网、进出风口、风机等因灰尘等污物堵塞影响进风量和空气净化效果，建议根据实际情况定时清洗。

（1）清洁滤网

拔掉电源插头，打开主机前盖壳，然后拉出滤网，即可用软毛刷和柔软毛巾清洗滤网表面的灰尘，如使用时间很长或灰尘太多，建议更换滤网，再装回主机上。

（2）清洁进出风口

拔掉电源插头，先取下滤网，用柔软毛巾先清洁两侧进风口灰尘，再打开顶端触控面板盖板，用中性清洗剂和柔软毛巾先清洁顶端出风口，清洁干净后再装回主机。

（3）清洁风机

拔掉电源线，打开风机的集风罩后，用柔软干毛巾先清洁风轮和电动机，清洗干净后再装回主机。

（4）清洗外壳

用中性清洗剂和柔软抹布清洗。

警告：因机内有高压，清洗时必须拔掉电源插头，断电操作。电路的任何部分都不可沾水。

思考与练习

1．根据工作方式不同空气净化器可分为__________、__________、主被动混合式；根据空气中颗粒物去除技术不同可分为__________、静电驻极滤网式、高压静电集尘、________和等离子体法等；根据净化需求不同可分为________、________、车载型、桌面型、大中型、________。

2．思乐智BAP400型空气净化器滤网采用“________、________、________、”三重复合滤网。

3．空气净化器工作时，可以根据环境空气质量选择________、________、________3种风速。

4．简述空气净化器的工作原理。

5．简述负离子发生器的作用及工作原理。

6．请分析空气净化器运行一段时间，空气质量仍未改善的故障原因。如何排除故障？

参考文献

韩广兴，2008. 快修巧修新型电饭煲·电磁灶·微波炉[M]. 北京：电子工业出版社.

牛金生，2005. 电热电动器具原理与维修[M]. 2版. 北京：电子工业出版社.

荣俊昌，2005. 电热电动器具原理与维修[M]. 2版. 北京：高等教育出版社.

杨成伟，2008. 教你检修微波炉[M]. 北京：电子工业出版社.

姚舜封，2008. 现代家电器具实用手册[M]. 上海：上海科学技术出版社.